나노화학

나노

10억 분의 1 미터에서 찾은 현대 과학의 신세계

장홍제 지음

화학

화학자인 나에게 가장 대답하기 어려운 질문은 무엇일까? 복잡한 이론이나 데이터 해석, 예상치 못한 현상을 알기 쉽게 풀어내는 일도 어렵지만, 의외로 '화학이 무엇입니까'라거나 '화학은 왜 재미있습니까' 같은 질문이 더욱 곤혹스럽다. 화학을 전공 분야이자 직업으로 삼고 가르치는 사람이라면 확실하게 자신만의 답이 있어야 하는 질문이 분명하다. 그런데도 어렵다.

물론 화학이 무엇인지 말하기는 어렵지는 않다. 물질에 관한, 전자에 기반한, 변화를 이해하고 조절하는 자연과학이라는 답이 있다. 시간이 충분하다면 유기화학, 무기화학, 분석화학, 물리화학, 생화학 등 화학의 다섯 가지 분야를 소개하고, 여기서 파생한 법화학, 천체화학, 지질화학, 석유화학 등 수많은 분야에 관해 떠들 수도 있다. 하지만 이 모두를 설명한다면 화학에 관한 작은 호기심마저 사라지고 '화학은 어렵고 복잡하고 위험하다'라는 낙인이 찍히며 대화가 마무리되기 십상이다.

나는 혼자 연구하고 재미를 느끼는 데 그치지 않고, 사람들과 공감하고 함께 이해하며 화학의 재미를 나누고 싶다는 생각을 오랫동안 해왔다. 살면서 배운 것 중 하나가 풀기 어려운 문제를 만났을 때 주위의 잘하는 친구들을 따라 하는 것이 나쁘지 않다는 점이다. 그래서 조금 뻔뻔하지만 다른 분야를 참고했다. 흥미로운 물리학 교양서는 고전역학이나 유체역학, 광학, 전자기학 등 수많은 물리학의 분야 모두를 설명하려 하지 않는다. 생명과학 역시 면역학과 생리학, 병리학, 분자생물학이나 세포생물학 전부를 홍보하지 않는다. 하지만 매우 어렵고 복잡해 누구도 완벽히 이해한 사람이 없다는 양자역학의 신묘한 개념을 소개하며 현대물리학의 정수를 설명하고, 너무나도 정교하고 신비로운 뇌와 정신을 파헤치며 뇌과학의 세계를 보여준다.

오랜 시간 쌓여온 지식의 탑을 밑바닥에서부터 위로 올라가는 즐거움도 좋지만, 구름을 뚫고 올라가고 있는 탑의 꼭대기를 먼저 구경하는 것이 더 편하고 신기하다. 화학의 가장 높은 꼭대기나 가장 깊은 지하, 아니면 마지막 경계선은 나노화학이다. 가장 진보했으며 경이롭고 혁신적인 화학이어서가 아니라 그야말로 화학이 성립할 수 있는 마지막 영역이라는 본질적인 이유 때문이다. 물을 자르고, 자르고, 끝없이 잘라 단 하나의 기본단위보다도 작게 잘라지는 순간 남는 것은 전자나 양성자, 중성자 같은 입자들이다. 철도, 돌도, 흙도, 공기도 무엇이든 끝없이 나누다 보면 어느 순간 전자, 양성자, 중성자만 남는다. 물질에 관한 학문에서 더는 물질이 아닌 모든 공통적인 입자만 남는 순간 화학은 흔적도 없다. 그 가장 작은 단위를 우리는 원자라고 불러왔고, 원자의 크기는 나노 세계에 머문다. 나노보다 작은 곳에 화학은 없다. 그곳에는 현상과 이해와 정보만 있을 뿐, 화학의 가장 큰 본질은 없다.

뉴스를 비롯한 대중 매체에서는 나노과학과 나노기술, 나노화학의 업적을 연일 이야기한다. 폐비닐로 만드는 연료나 휘어지는 디스플레이, 세균과 바이러스를 제거하는 우수한 필터, 난치병의 해결과 백신에 모두 나노라는 개념이 사용되고 있다. 영화 속에서도 나노로봇과 나노슈트 등 상상 속에서만 존재하던 발명품들이 웬만큼 재현할 수 있을 듯한 현실적인 모습으로 등장한다. 가장 작은 화학 세계 속의 경이로움이 나노에 숨어 있다.

공상을 풀어내는 것이 아니라 실제 우리가 살아가는 시점에서 나노화학과 과학기술의 위치가 어디인지 가늠하기는 무척 어렵다. 하지만 화학 분야의 첨단 기술을 소개하는 책은 이제껏 없었으니, 이제 한 명의 화학자이자 나노화학 연구자로서 가장 최신의 화학 세계로 가는 첫걸음을 조심스레 안내하려 한다. 모든 화학에 관해 알 수는 없더라도, 화학의 마지막 경계가 어디에 있는지 둘러보는 것은 충분히 흥미로울 것이다.

2023년 5월

장홍제

차례

주기율표

표기법

원자번호
기호
원소명
표준 원자량

- ■ 알칼리 금속
- ■ 알칼리 토금속
- ■ 전이 금속
- ■ 후전이 금속
- ■ 준금속
- ■ 란타넘족
- ■ 악티늄족
- ■ 기타 비금속
- ■ 할로겐족
- ■ 비활성 기체
- ■ 성질이 확인되지 않은 원소

1 **H** 수소 1.008								
3 **Li** 리튬 6.94	4 **Be** 베릴륨 9.012							
11 **Na** 소듐 22.990	12 **Mg** 마그네슘 24.305							
19 **K** 포타슘 39.098	20 **Ca** 칼슘 40.078	21 **Sc** 스칸듐 44.956	22 **Ti** 타이타늄 47.867	23 **V** 바나듐 50.942	24 Cr **크로뮴** 51.996	25 **Mn** 망가니즈 54.938	26 **Fe** 철 55.845	27 **Co** 코발트 58.933
37 **Rb** 루비듐 85.468	38 **Sr** 스트론튬 87.62	39 **Y** 이트륨 88.906	40 **Zr** 지르코늄 91.224	41 **Nb** 나이오븀 92.906	42 **Mo** 몰리브데넘 95.95	43 **Tc** 테크네튬 (97)	44 **Ru** 루테늄 101.07	45 **Rh** 로듐 102.91
55 **Cs** 세슘 132.905	56 **Ba** 바륨 137.327	71 **Lu** 루테튬 174.97	72 **Hf** 하프늄 178.49	73 **Ta** 탄탈럼 180.948	74 **W** 텅스텐 183.84	75 **Re** 레늄 186.21	76 **Os** 오스뮴 190.23	77 **Ir** 이리듐 192.22
87 **Fr** 프랑슘 (223)	88 **Ra** 라듐 (226)	103 **Lr** 로렌슘 (266)	104 **Rf** 러더포듐 (267)	105 **Db** 두브늄 (268)	106 **Sg** 시보귬 (269)	107 **Bh** 보륨 (270)	108 **Hs** 하슘 (277)	109 **Mt** 마이트너륨 (278)

57 **La** 란타넘 138.91	58 **Ce** 세륨 140.12	59 **Pr** 프라세오디뮴 140.91	60 **Nd** 네오디뮴 144.24	61 **Pm** 프로메튬 (145)	62 **Sm** 사마륨 150.36	63 **Eu** 유로퓸 151.96
89 **Ac** 악티늄 (227)	90 **Th** 토륨 232.04	91 **Pa** 프로트악티늄 231.04	92 **U** 우라늄 238.03	93 **Np** 넵투늄 (237)	94 **Pu** 플루토늄 (244)	95 **Am** 아메리슘 (243)

번호	기호	이름	원자량
2	He	헬륨	4.003
5	B	붕소	10.81
6	C	탄소	12.011
7	N	질소	14.007
8	O	산소	15.999
9	F	플루오린	18.998
10	Ne	네온	20.180
13	Al	알루미늄	26.982
14	Si	규소	28.085
15	P	인	30.974
16	S	황	32.06
17	Cl	염소	35.45
18	Ar	아르곤	39.948
28	Ni	니켈	58.693
29	Cu	구리	63.546
30	Zn	아연	65.38
31	Ga	갈륨	69.723
32	Ge	저마늄	72.630
33	As	비소	74.922
34	Se	셀레늄	78.971
35	Br	브로민	79.904
36	Kr	크립톤	83.798
46	Pd	팔라듐	106.42
47	Ag	은	107.87
48	Cd	카드뮴	112.41
49	In	인듐	114.82
50	Sn	주석	118.71
51	Sb	안티모니	121.76
52	Te	텔루륨	127.60
53	I	아이오딘	126.90
54	Xe	제논	131.29
78	Pt	백금	195.08
79	Au	금	196.97
80	Hg	수은	200.59
81	Tl	탈륨	204.38
82	Pb	납	207.2
83	Bi	비스무트	208.98
84	Po	폴로늄	(209)
85	At	아스타틴	(210)
86	Rn	라돈	(222)
110	Ds	다름슈타튬	(281)
111	Rg	뢴트게늄	(282)
112	Cn	코페르니슘	(285)
113	Nh	니호늄	(286)
114	Fl	플레로븀	(289)
115	Mc	모스코븀	(290)
116	Lv	리버모륨	(293)
117	Ts	테네신	(294)
118	Og	오가네손	(294)
64	Gd	가돌리늄	157.25
65	Tb	터븀	158.93
66	Dy	디스프로슘	162.50
67	Ho	홀뮴	164.93
68	Er	어븀	167.26
69	Tm	툴륨	168.93
70	Yb	이터븀	173.05
96	Cm	퀴륨	(247)
97	Bk	버클륨	(247)
98	Cf	캘리포늄	(251)
99	Es	아인슈타이늄	(252)
100	Fm	페르뮴	(257)
101	Md	멘델레븀	(258)
102	No	노벨륨	(259)

1장

나노 세계의 문을 열다

자연과학의 한 요소, 물질을 다루는 가장 기초적인 분야, 변화와 관계의 학문, 심지어 전자의 학문까지 이 모든 말은 입을 모아 한 분야를 이야기한다. 바로 화학이다. 수많은 표현 중 가장 옳은 단어를 고르려 애쓸 필요는 없다. 우주가 생겨나 인간이 탄생하고 지금에 이르기까지 화학이 없던 순간은 단 1초도 없었으니 해석이 다양한 것도 문제 될 것 하나 없겠다. 그만큼 우리가 이야기하려는 화학은 자연과학이라는 범위에서도 가장 넓고 다양한 요소에 뿌리내리고 있다.

화학이 지극히도 실용적이고 실천적인 과정을 통해 형성되었다는 부분도 매력적이다. 언제나 그곳에 있는 밤하늘을 올려다보자. 한 치 앞도 보이지 않는 어두운 밤 한가운데 머리 위를 수놓는 별들의 움직임은 아름답고 숭고하다. 하지만 광활한 우주는 인간의 이해 말고는 그 어떠한 관여도 허락하지 않는다. 마찬가지로 우리가 생명을 가진 존재로 태어나 자라고 늙어서 죽음에 이르는 과정은 노력으로 역행할 수 없는, 자연과 시간이 결정한 섭리다. 하지만 화학의 대상이 되는 주위 모든 물질은 우리 의지로 만지고 먹고 마시며 뒤섞을 수 있는, 곧 인간의 의도가 반영되고 투영될 수 있는 지극히 현실적인 대상이다. 화학은 이 물질 자체를 탐구하는 학문이다. 정확히는 "물질이란 무엇인가!"라는 본질적인 의문을 넘어, 우리는 물질을 어디까지 변형하고 사용할 수 있는가에 도전하는 실험적인 학문이라는 뜻이다.

여기 모든 화학의 시작이 있다. 기억도 기록도 있을 수 없는 오래전 어느 순간, 눈 깜짝할 새 꽝음과 함께 떨어진 벼락에 맞은 나무가 불에 휩싸이는 순간, 아니면 분출하는 용암에서 불이 옮겨붙어 두려움에 휩싸이는 순간, 그 시간과 공간을 공유한 최초의 인간은 당장에는 인식하지 못했더라도 화학과의 첫 만남을 성공적으로 이뤄냈다. 이 장면을 조금만 더 과학적인 표현을 빌려 표현하자면, 물질이 공기 속 산소와 결합하며 빛과 열의 형태로 에너지를 주위로 매우 빠르게 방출하는 연소combustion라는 화학 반응이 진행되는 것이다. 연소는 '최초의 화학 반응'이자 모든 '화학의 기원'으로 여겨진다. 너무나 자연스러운 일상이라서 생각해본 적이 없겠지만, 연소는 인간이 인간다울 수 있도록 만들어준 가장 중요한 변화다. 일차원적으로는 음식을 익혀 기생충과 세균을 제거하며 식사의 즐거움을 일깨우기도 했지만, 첨단 문명에서도 전기를 만들어내는 힘의 원동력이자 지구 너머로 우주선을 쏘아 날리는 추진체에까지 연소는 모든 곳에 작용한다.

물질이 연소할 때 왜 에너지를 방출할까? 이 부분에 대해서도

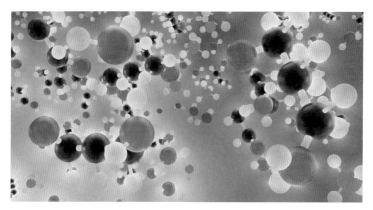

[그림 1-1] 원자의 결합 모든 물질의 기본단위인 원자들이 화학적으로 결합함으로써 분자가 된다.(출처: pixabay)

여러 해석이 있겠지만 결국 모든 물질의 화학적 정체성이라 할 수 있는 원자에서 시작된다. 원자와 원소라 불리는 것들이 어떤 의미와 차이가 있는지는 조금 미뤄두고, 먼저 이 작은 알갱이들이 물질을 이루려면 어떤 원리로 서로 연결되는지 살펴보자. 자유롭게 날아다니는 물체들을 연결하려면 줄로 단단히 묶어두어야 하듯, 원자를 구성하는 여러 전자 중 가장 바깥쪽에서 맴도는 녀석들이 고무줄처럼 원자들을 정해진 규칙에 따라 서로 얽어맨다. 하지만 고무줄은 강철처럼 강인하지 않고, 심지어 단단한 강철조차 견딜 수 없을 정도의 힘을 받으면 부러지고 파괴되는 것처럼, 원자들을 묶어둔 전자 결합도 언제든 끊어질 수 있다. 간혹 묶어둘 수 없을 정도로 자유롭게 날뛰는 물질들(폭발성 물질이나 헬륨$^{helium, He}$, 네온$^{neon, Ne}$ 등의 비활성 기체들)은 스스로 목줄을 풀고 산산이 흩어지기도 하지만, 대부분의 물질은 자신이 원하는 더 안정한 새로운 형태를 꿈꾸며 연결되어 있다. 그리고 여기 연소가 작용한다. 팽팽하게 당겨진 고무줄이 끊어지면 억눌렸던 탄성력이라는 에너지가 강렬하게 변형을 일으키는 것처럼 연소는 원자들 사이의 결합을 깨뜨리고 그 에너지를 빛과 열로 흩뿌린다.

원자 사이의 결합이 끊어지면 연결고리로 작용하던 전자는 어디로 가게 될까. 물질의 연소에 산소가 꼭 필요하다는 사실을 떠올린다면, 물질이 산소와 새롭게 연결됨을 눈치챌 수 있다. 전자는 사라지지 않고 단지 위치를 바꾸는 것뿐이다. 이제껏 118종의 원소가 밝혀졌고, 가장 간단한 수소hydrogen, H부터 원자력 발전의 핵심인 우라늄uranium, U까지 지구를 이루고 있는 92종의 원소는(이보다 크고 무거운 원소들은 인간이 만들어냈다) 그 성질과 특징이 다양하다. 그중 연소의 핵심인 산소는 전자를 끌어당기는 능력이 뛰어나 안정한 물질을 이룬다. 반짝이는 철iron, Fe은 산소와 결합해 녹슬게 되지만, 한번 녹슨 철은 더워도 추워도 오랜 시간 방치해도 더는 변화하지 않는다. 이런 모습은 산소와 결합한 물질이 얼마나 안정해지는지 보여준다.

대표적인 화석연료인 휘발유나 경유 등은 모두 탄소carbon, C와 수소로 이루어진 탄화수소hydrocarbon 물질이다. 구성 원소는 탄소와 수소로 모두 똑같지만, 포함된 원자의 개수가 다른 이 화석연료들(휘발유는 탄소 4~12개, 경유는 14~23개로 이루어진다)은 연소를 통해 이산화탄소CO_2와 수증기H_2O로 바뀐다. 탄소도 수소도 산소와 연결된 새로운 형태로 '관계'가 변화하는 것이며 화학 반응의 본질이 여기에 있다. 물론 이 과정에서 화석연료 속 탄소와 수소의 연결이나 탄소끼리의 연결이 깨어지며 빛과 열을 내뿜는 것은 의심의 여지가 없다.

유기화학과 무기화학의 시작

연소는 시작일 뿐이다. 곡물이나 과일의 발효fermentation를 이용해 술을 빚는 경험, 광석에 함유된 여러 금속 원소를 환원reduction시켜 단단하고 빛나는 금속으로 정련하는 작업 등을 통해 화학은 조금씩 모습을 드러낸다. 이 두 전통적인 화학 반응은 후에 유기화학organic chemistry과 무기화학inorganic chemistry이라는 거대한 두 분야의 시작점이 된다. 탄소가 골격을 이루는 수많은 물질을 다루는 유기화학은 여러 세부 화학 분야 중 그나마 우리에게 친숙하게 들린다. 음식의 단백질이나 탄수화물과 지방, 화장품과 향수, 의약품과 비타민, 술, 연료, 심지어 옷감까지 모든 것이 유기화학이다. 하지만 유기화학의 시작도 그다지 화려하지는 않았다. 약초나 꽃, 풀뿌리에서 정수essence를 추출하려는 단순한 시도에서 기원했기 때문이다. 짓이겨 곤죽이 된 식물을 거르거나 물을 붓고 끓이는, 흡사 소꿉놀이와 다를 바 없던 고대의 유기화학은 치장하기 위해서거나 질병을 치료하려고, 또는 토속 신앙에 따른 단순한 작업이었다. 광물과 금속, 즉 무기물에 대한 학문인 무기화학도 작지만 예술적으로 태동했다. 기원전부터 남겨진 동굴 벽화를 그리는 데 사용된 적색이나 갈색, 황색 등의 염료가 그렇고 석기를 거쳐 청동기와 철기 문명으로 시대를 구분하는 것처럼 무기물은 화학 이외의 역할을 해왔다.

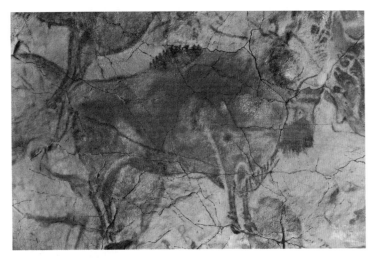

[그림 1-2] **구석기 시대의 무기화학** 알타미라 동굴 벽화에 사용된 염료는 초기 무기화학의 흔적이다.(출처: 위키백과)

당시부터 그 누구도 의심하지 않았던 절대적인 구분이 하나 있었다. 인간과 동식물을 비롯한 생명체를 구성하는 물질과 들판이나 산, 암석 등을 이루는 물질은 분명 다르다는 것이다. 무생물이 생명체로 관계의 변화를 통해 바뀌는 일은 찾아볼 수 없었고, 반대로 생명체가 죽음 이외의 방식으로 무생물로 변화하는 것 또한 관찰된 바 없었으므로 자연스러운 이해였다. 생명은 생물이 가지고 있는 생기에서 비롯되어 무생물과 근본적으로 다른 대상이라 이해하는 생기론^{vitalism}으로 대표되는 해석이었다. 1828년에 이르러 독일의 화학자 프리드리히 뵐러$^{Friedrich\ Wöhler}$가 무기물인 사이안산 암모늄^{CH_4N_2O}에서 유기물인 요소$^{urea,\ CH_4N_2O}$를 합성하는 데 성공하며 점차 물질의 본질에 다가설 때까지 생명체와 무생물은 불합치의 관계였다. 물질에 대한 화학이 유기와 무기로 구분될 수밖에 없었던 것이다. 초기 유기화학과 무기화학은 주위의 물질들을 사용하는 경험적이며 실용적인 학문으로는 충분히 가치가 있었지만, 물질의 구성이나 변화의 과정을 과학적으로 이해하기에는 그 작은 구성 요소 단 하나도 파악할 수 없었기에 모호하고 조악한 상황이었다. 이때 물질과 세상의 구성 요소가 무엇인가에 대해 다시 한번 최초의 화학 반응 연소가 질문을 던진다.

고대 그리스를 시작으로 수많은 철학자가 세상의 근원을 두고 자신만의 해석을 펼쳤지만, 가장 오랫동안 받아들여졌으며 영감이 되기도 했고, 반대로 화학의 성립과 발전을 억누르는 망령이 되기도 했던 해석은 아리스토텔레스^(Aristotle, Ἀριστοτέλης)의 원소설이다. 세상의 모든 것은 불, 물, 공기, 흙의 네 가지 원소가 각각 차고 뜨거움, 습하고 건조함을 바탕으로 이루어진다는 개념이다. 지금 우리에게는 다소 의아하고 오해일 뿐이라고 여겨지기 쉽지만, 나름의 신빙성이 있다. 목재가 연소하는 화학 반응을 들여다보자. 목재는 연소 과정에서 화염에 휩싸여 빛과 열을 내며 되돌아올 수 없는, 즉 비가역적인 물질로 바뀐다. 매캐한 연기를 하늘 높이 날려 보내고 끈적한 나뭇진이 타오르며 새어 나온다. 연소가 끝나면 건조한 재가 그 자리에 홀로 남는다. 이 모든 과정을 거꾸로 되돌아간다면 재(흙)에 나뭇진(물)과 연기(공기)가 흡수되고 화염(불)이 빨려 들어가며 목재가 나타날 것이다. 결국 생명이라 볼 수 없는 네 가지 원소가 조합

됨에 따라 생명체였던 나무가 이루어지는 것이다.

아리스토텔레스의 원소설이 오랫동안 연금술과 초기 화학을 지배할 수 있었던 것은 추론과 관찰, 검증이 수반되어야 하는 과학적 사고에서 관찰을 배제했기 때문이다. 정확히는 도무지 관찰할 방도가 없었다. 물론 원리와 본질을 직접 관찰할 수 없다고 해도 우리가 숨 쉬는 공기나 땅 위에 딛고 설 수 있도록 하는 중력의 존재를 부정할 수는 없다. 하지만 올바른 화학이 형성되는 데 가장 중요한 조건은 관찰할 수 있어야 한다는 점이었다.

관찰은 증거를 찾기 위한 과정이라고도 볼 수도 있다. 밤하늘에서 움직이는 천체들을 더 정확하게 관찰할 수 있게 했던 망원경의 발명은 니콜라우스 코페르니쿠스Nicolaus Copernicus와 갈릴레오 갈릴레이Galileo Galilei, 요하네스 케플러Johannes Kepler를 넘어 아이작 뉴턴Isaac Newton이 인력과 중력, 물리 법칙들을 발전시키는 데 크게 작용한다. 단순히 떨어지는 사과로 인력을 설명하는 게 아니라 더 거대하고 넓은 우주 속에서 작용하는 만유인력이라는 위대한 발견이 완성되는 과정이었다. 생명에 대한 학문의 범위도 로버트 훅Robert Hooke이 현미경으로 미생물과 조직을 관찰하며 세포cell라는 단어를 사용하면서부터 빠르게 깊이를 더해왔다. 하지만 화학에는 그런 기회가 주어지지 않았다. 모든 물질을 구성하는 가장 작은 단위인 원자를 들여다보는 것은 절대 불가능했으며, 아리스토텔레스의 네 가지 원소도 가장 기초적인 물질적 대상이라기보다는 형태나 성질로 인식되는 것이 한계였다. 화학에서도 실험과 관찰이 꼭 필요했으며, 이 과정에서 양적 및 질적 확인을 다루는 분석화학analytical

[그림 1-3] **조지프 라이트, 〈현자의 돌을 찾는 연금술사〉(1771)** 인간이 원소를 관찰하게 되기까지 아주 오랜 시간 연금술이 화학을 대신했다.

chemistry이 성장한다.

원자들을 연결하는 게 전자라는 점을 생각하면 화학을 포함한 자연과학에서 전자가 얼마나 중요한 위치에 있는지 실감할 수 있다. 오늘날 모든 전자기기를 움직이는 데 필요한 전기electricity는 전자의 흐름으로 설명된다. 지금은 화석연료나 태양광, 지열, 조력 등 온갖 원천에서 전기를 얻으려고 발전이 이루어지지만, 전기의 확인과 관찰은 폭풍우 속에서 하늘에 연을 띄워 벼락에서 전기를 포집

했다는 벤저민 프랭클린Benjamin Franklin에 의해 처음 이뤄진다. 이후 알레산드로 볼타Alessandro Volta가 서로 다른 금속판을 쌓아 올리고 전자가 이동할 수 있도록 소금물이나 산acid을 끼얹어 볼타 전지라 불리는 최초의 전지를 발명하면서 인간은 원하는 순간에 전기를 만들 수 있게 되었다. 산업혁명을 전후로 전기는 화학에서 가장 파급력 있던 사건인 '원소 발견 운동'을 촉발한다.

세상의 모든 물질을 구성하는 가장 작은 기본 입자를 원자라고 한다면 이는 양적인 개념에 해당한다. 그리고 원소는 물질의 기본 요소들을 구분하는 질적인 개념이라 이해할 수 있다. 100g의 숯을 이루는 탄소 원자의 개수는 50g 숯의 두 배다. 하지만 양과 무관하게 숯을 이루는 탄소라는 원소는 완벽히 똑같다. 결국 물질의 본질을 찾는 여정에서는 얼마나 많이 있는가보다 무엇이 있는지가 더 중요한 질문이 될 수밖에 없다. 초기 화학이 직면했던 유일한 문제는 끓이고, 거르고, 으깨고, 얼리는 등 당시의 모든 화학 실험 기법을 사용해도 원소로 추정되는 것들이 도무지 분리되지도 관찰되지도 않았다는 데 있었다.

전기는 불가능을 뒤집었다. 전기는 에너지의 한 종류이기도 하지만, 화학 반응에서 가장 대표적인 산화와 환원이 각각 전자를 잃고 얻는 과정이기 때문이다. 원소를 분리하려면 양(+)이나 음(-) 그 어떤 전하도 띠지 않는 중성 상태의 원자를 얻어야만 하는데, 광석이나 화합물, 용액 등에 녹아든 원소들은 일반적으로 이미 공기나 물 등 다른 주위 물질에 전자를 잃거나 얻은 이온ion 상태로 존재한다. 각 이온에 전기의 형태로 전자를 쏟아붓거나 빼앗는다면 중성 상태인 원자를 얻을 수 있다. 간단하지만 혁신적인 전기화학 기술은 몇십 종류의 원소가 우리 눈앞에 나타나도록 만들었다. 이로써 원소 발견의 시대가 시작되었으며, 이는 분석화학의 급격한 발전과 더불어 화학사에서 최고의 발명으로 꼽히는 주기율표^{periodic table}의 탄생까지 연결된다.

나노 세계로 가는 첫걸음

원소의 발견이 원자의 규명보다 앞선 것은 필연적이었지만, 결과적으로 바람직한 순서였다. 보통 우리는 물체를 크기나 형태, 모양과 색상 등 겉모습의 차이점을 통해 구분하곤 한다. 원자를 선명하게 들여다볼 방법은 없었지만, 만약 가능하다고 해도 한눈에 원자의 종류를 구분하기는 매우 어려운 일이었다. 원자의 중앙에는 양성자^{proton}와 중성자^{neutron}가 매우 작고 단단하게 뭉쳐진 핵^{nuclear}이 있다. 그리고 핵 주위를 전자들이 정해진 궤도를 따라 공전하는데, 이는 우리의 관측에 의한 결과일 뿐이다. 실제로는 '확률적으로 어느 위치에서 확인된다' 정도의 불확실한 개념에 속한다. 동그란 모양의 그림자만 보고는 어떤 과일인지 구분할 수 없는 것처럼, 단순히 원자를 관찰함으로써 물질을 구분해낼 여력이 과거에는 없었다.

원소는 더 직관적이다. 원소 종류마다 성질이 다르기 때문이다. 원자번호 1번으로 최초의 원소인 수소는 폭발하는 성질을 갖는 기체이며, 원자번호만 하나가 높아졌을 뿐인 2번 헬륨은 정반대로 불에 직접 가져다 대도 아무런 반응을 보이지 않는다. 주기율표를 따라 한 칸 더 나아가면 은백색의 금속이며 물에 뜰 정도로 가볍고, 물에 넣어두면 폭발을 일으키기도 하는 3번 리튬lithium, Li이 나온다. 원소라는 질적 측면에서는 이들 모두가 극명하게 구분되지만, 원자의 구조는 똑같은데 구성하는 전자, 양성자, 중성자의 개수만 다를 뿐이다.

이윽고 전자나 원자핵, 그것들의 구체적인 구조를 관찰하기 시작한다. 물리학의 발전과 맞물려 이제껏 설명되지 않았던 원자의 구조와 원리의 비밀이 풀리기 시작하며 과학의 교류가 시작된다. 물리학은 화학의 핵심인 원자와 원소를 통해 아주 작은 미시세계로 나아가기 시작했으며, 화학은 물리학의 원리와 개념을 이용해 원자와 원소를 설명하기 시작했다. 이 과정에서 물리화학physical chemistry이 탄생한다.

학문의 발달은 멈추지 않았다. 유기 및 무기화합물의 구조와 특성을 분석하고 물리-화학적 원리를 이해하는 작업은 조금씩 더 효율적으로 이루어졌다. 그 결과 원소의 종류에 따라 원자들이 연결되는 방식이 다양함을 이해하게 되었다. 탄소는 최대 네 개의 다른 원자와 연결될 수 있으며, 산소는 두 개와 연결될 수 있다. 주기율표에서 산소보다 한 칸 아래쪽에 자리했으며 산소보다 훨씬 큰 황sulfur, S은 무려 여섯 개의 원자와 연결될 수 있고, 거대한 금속 원소들은 열 개가 넘는 원자와 결합하기도 한다. 원자들에 선을 긋고 연결해 조합하는 방식을 찾아낸 화학자들에게는 더 복잡한 세상 속으로 뛰어들 기회가 주어졌다. 생명을 구성하는 세포와 단백질, 유

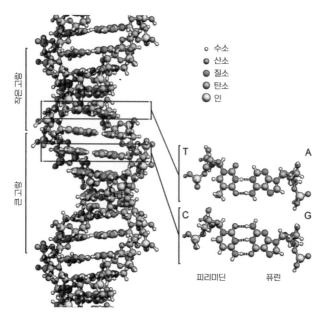

작은 고랑

큰 고랑

[그림 1-4] B형 DNA 이중나선의 구조 원소를 발견하며 급격히 발전한 화학은 생명체의 유전물질 탐구에도 뛰어들었다. (출처: 위키백과)

전물질인 DNA를 비롯한 복잡한 관계를 화학적으로 설명하려는 도전이 이어졌다. 이후 생명 현상을 분자와 원자 수준에서 탐구하는 생화학biochemistry이라는 학문의 갈래가 싹튼다.

인터넷의 발달과 정보의 공유는 지식의 교류와 융합을 이끌어 현대 과학에서는 물리와 화학, 생명과학과 공학의 경계가 점차 사라지고 있다. 그리고 작은 갈래들도 계속해서 뻗어나간다. 플라스틱을 비롯해 오늘날 사용되는 거대 분자들을 설계하고 만드는 고분자화학polymer chemistry, 컴퓨터를 이용해 복잡한 시스템을 계산해내는 계산화학computational chemistry, 범죄 유무나 사건의 인과를 과학적으로 검증하는 법화학^{forensic chemistry}, 석유화학^{petrochemistry}, 심지어 우주를 탐구하는 우주화학^{astrochemistry}이나 지구가 대상인 지구화학^{geochemistry} 등이 대표적이다.

철학의 사유 대상이던 물질이 연금술의 시대를 거쳐 신앙과 차별화되고 의학과 분리되어 화학이라는 독립된 학문의 대상이 되기까지 2,000여 년에 달하는 시간이 걸렸다. 이후 빠르게 체계가 잡히고 화학자들의 관심사와 필요에 따라 여러 화학 분야가 성장했다. 이 모든 과정을 통해 쌓인 화학이라는 탑의 가장 높은 곳에 나노화학^{nanochemistry}이라는 새로운 돌이 쌓이기 시작한다.

경계를 넘어 이상한 세계로

나노 세계로 발을 내딛기 전에 알아둬야 할 가장 중요한 한 가지 사실이 있다면 당연히 '아주 작은 세계'라는 점이다. 나노^{nano}라는 단어는 신화 속의 소인^{dwarf}을 뜻하는 고대 그리스어 'νάνος(nános)'에서 유래했는데, 그만큼 작은 세계를 의미한다.[1] 크고 작은 정도는 학문에 따라 기준이 다르다. 천문학에서는 크다는 의미가 거대한 항성에 대응되기도 하며, 지질학에서는 암석의 결정에, 물리학에서는 하나의 원자에 어울리는 표현이 되기도 한다. 다행히 나노는 길이나 무게, 시간 등 국제단위계에 해당하는 측량단위 앞에 붙어서 $0.000000001(=10^{-9})$이라는 분량을 나타내는 접두어로 사용되므로 절대적인 크고 작음을 가늠할 수 있다.

저자의 개인적인 희망 사항을 담아서, 키가 180cm인 우리를 기준으로 조금씩 작은 세계로 들어가보자. 180cm라 하면 떠오르는 인물이 있다. 바로 소설가이자 성직자였던 조너선 스위프트^{Jonathan Swift}의 소설 《걸리버 여행기^{Gulliver's Travels}》의 주인공인 걸리버의 키가 180cm(6피트)로 묘사된다. 걸리버는 여행을 모두 네 번 떠나는데, 그중 우리에게 가장 친숙한 이야기는 첫 번째 여행인 〈릴리퍼트 기행A voyage to Liliput〉이다. 릴리퍼트의 소인들은 키가 15cm(6인치) 정도로, 걸리버의 1/12이다. 실제로 차지하는 공간에 해당하는 부피는 길이의 세제곱이니, 간단히 정육면체로만 따져도 걸리버의 부피는 소인보다 1,728배(12×12×12=1728) 크다는 설정이다. 《걸리버 여행기》를 다시 한번 펼쳐 읽어본다면 1,728배로 많은 음식이 필요하다는 글귀를 찾아볼 수 있을 것이다. 참고로 걸리버의 두 번째 여행인 〈브롭딩넥 기행A voyage to Brobdingnag〉에서는 키가 약 30m인 거인들의 세계에 놓인 걸리버의 모험을 따라갈 수 있다. 이처럼 크고 작음은 상대적이며, 소인이라는 뜻의 나노는 우리 예상만큼 작은 게 아닐 수도 있겠다고 생각되기도 한다.

15cm의 소인들보다 더 작은 생명체를 살펴보자. 살아가며 우리를 가장 겁에 질리거나 깜짝 놀라게 만드는 생물은 날카로운 이빨을 가진 사자 같은 포식자나 스치기만 해도 목숨을 잃을 정도의 독을 품은 뱀도 아니다. 오히려 어디서 튀어나왔을지 모를 거미나 바퀴벌레, 갑작스레 눈앞을 스쳐 날아가는 나방이나 벌, 파리가 문명사회에서 살아가는 사람들에게는 평생의 숙적이 아닐까 싶다. 종에 따라 편차가 있겠지만 이 벌레들은 인간보다 매우 작다. 몸길이가 1cm 정도라면 우리 키의 1/180(0.0056배)에 불과하다. 그렇다고 인간의 모든 것이 이 벌레들보다 거대하지는 않다. 머리카락 한 가닥을 뽑아 들여다본다면, 길이는 다양하지만 굵기(지름)는 거의 유사하다는 사실을 발견할 수 있다. 물론 이 역시 개인의 모발 건강 상

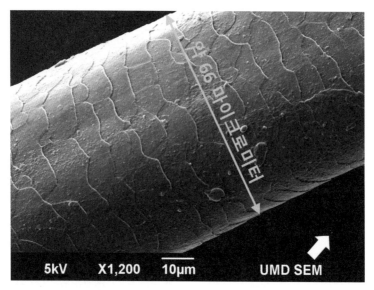

[그림 1-5] 사람의 머리카락 사람 머리카락의 길이는 다양하지만 지름은 50μm~100μm로 일정한 편이다.

태에 따라 편차가 있기는 하지만, 평균적으로 사람의 머리카락 지름은 50~100μm(마이크로미터)라 알려져 있다. 작다는 뜻의 그리스어 'μικρός(mikros)'에서 유래한 마이크로micro는 일상적으로 사용되는 센티centi-(c, 100을 의미하는 라틴어 centum)나 밀리milli-(m, 1,000을 의미하는 라틴어 mille)보다 작은 0.000001(=10⁻⁶)의 분량을 의미한다.

우리 눈으로는 대략 10μm 이하의 세계를 분간할 수 없다. 예를 들어 몸속에서 산소를 이곳저곳에 배달하는 적혈구는 지름이 약 6~8μm인 납작한 모양으로 알려져 있다. 상처를 통해 새어 나온 피를 아무리 자세히 들여다봐도 적혈구 속 헤모글로빈이 만들어내는 붉은색만 확인될 뿐 작은 알갱이들은 맨눈으로 찾아볼 수 없었음을 기억하자.

대표적인 장내 미생물인 대장균$^{Escherichia\ coli}$은 길이가 약 1μm다. 1m는 곧 1,000mm이고, 1mm는 1,000μm인 것처럼 분량을 나타내는 접두어들은 특별한 경우를 제외하고는 1,000배를 기준으로 구분된다. 이처럼 대장균의 길이 1μm는 1,000nm와 똑같은 의미다. 1,000nm를 강조하는 것은 더 큰 세계에서 다가가는 나노의 경계선에 해당하기 때문이다. 바이러스의 크기는 대장균보다도 조금 더 작다. 급성호흡기증후군이나 독감 등 호흡기 질환을 일으키는 코로나바이러스의 크기는 100nm다. 이후부터는 단독으로 작용하는 세균이나 바이러스보다 더욱 작은 생체 분자들에서 크기를 짐작할 수 있다. 몸에서 다양한 기능을 하는 단백질의 크기는 10nm 이하이고, 혈당을 조절하는 작용으로 유명한 인슐린은 약 3nm다. 유전물질인 이중나선 DNA의 폭은 2nm다. 이후 더 작은 세계로 나아가는 길은 1nm를 경계로 피코$^{pico,\ p}$, 펨토$^{femto,\ f}$, 아토$^{atto,\ a}$, 젭토$^{zepto,\ z}$를 넘어 욕토$^{yocto,\ y}$를 향해 1,000배 간격으로 구분된다.

결국 나노라는 표현을 붙이려면 최소 1nm부터 최대 1,000nm 사이에서 물질을 만들고 작용을 이해하고 특성을 다룬다는 전제가 있다. 본격적인 이야기로 들어가기에 앞서 최근 그나마 친숙하게 들려오는 몇 가지 용어를 통해 간단히 나노화학을 정리해보자. 여러 매체에서 딱히 화학 분야가 아니어도 나노기술이나 나노물질 또는 나노과학이라는 표현을 점점 더 많이 사용하고 있다. 세균이나 바이러스를 제거하는 나노 살균제나 패치, 공기를 정화하는 나노 필터, 심지어 유산균을 비롯한 유익한 물질을 전달하는 데 사용하는 나노 캡슐 등 나노는 이제 낯선 단어가 아니다. 어떤 상황에서 나노라는 단어를 적용할 수 있는가는 이미 이야기를 나누었다. 1~1,000nm의 세계에 포함되어 있다면 나노에 해당한다. 나노 세계에 대한 과학이 나노과학이며, 나노 세계의 물질이나 특징을 활용하는 기술적인 응용이 나노기술이다. 같은 원소로 이루어진 물질이라도 나노 세계를 벗어나지 않는 크기라면 나노물질이다. 화학은 과학의 한 갈래이며 유용한 기술로 사용되고, 물질을 만들고 이해하는 학문이기에 이들 모두와 강하게 연관된다. 나노 세계의 물질과 반응을 다루는 학문, 그것이 바로 나노화학이다.

한 가지 의문이 든다. 마이크로 세계에 대해서는 왜 마이크로화학이라는 단어를 사용하는 것을 들어본 적이 없을까? 머리카락 굵기나 거미줄, 분진 등 눈으로 분간할 수 있는 작은 세계인 마이크로는 나노보다 한참 앞선 시기에 정립되었을 것이다. 관찰과 분석, 활용에 모두 유리한 마이크로지만 나노와는 달리 특별함이 없었기 때문이다. 나노 세계는 그 자체로 특별하다. 거울 하나를 넘어 이상한 나라로 넘어간 앨리스처럼 나노라는 경계를 넘는 것만으로도 이전과는 다른 이상한 세계가 시작된다고 할 수도 있다. 황색의 반짝이는 금속인 금$^{gold, Au}$은 나노 세계에 들어서면 선명한 빨강, 파랑, 보라 등 다양한 색상으로 변화한다. 자석 근처에만 다가가도 달라붙던 철^{Fe} 가루도 나노 크기에서는 조금은 다른 초상자성^{superparamagnetic}이라는 성질을 보이기 시작한다. 따끔하고 섬뜩한 주삿바늘도 나노 니들^{nanoneedle}이라는 기술이 되면 통증 없이 피부에 붙여두는 것만으로 주사할 수 있다. 장신구로 사용되던 은$^{silver, Ag}$은 이제 세균을 죽이는 약이 되고, 중독을 일으키던 카드뮴$^{\text{cadmium, Cd}}$은 선명한 형광을 내는 광원이 된다. 주디 갈런드$^{\text{Judy Garland}}$가 주연한 영화 〈오즈의 마법사$^{\text{The Wizard of Oz}}$〉(1939)에서 문을 열며 흑백에서 유채색으로 들어서는 장면이 나노 세계로 들어서는 화학의 순간을 설명한다 해도 과언이 아니다.

화학의 마지막 영역

화학이 어디까지 존재할 수 있을까? 여러 번 이야기한 것처럼 화학은 세상의 모든 물질에 대한 이해라는 지식적 측면과 활용이라는 실천적 측면이 공존하면서 이루어진 학문이다. 관찰 대상이 될 물질이 존재하지 않는다면 화학은 물리나 수학, 철학과 구분될 여지가 없다. 물질을 구성하는 가장 작은 실질적 단위라 할 수 있는 원자의 크기를 살펴보면 화학에서 나노를 강조하는 이유를 깨달을수 있다.

원자 크기를 이야기하는 여러 기준이 있지만, 1964년 존 슬레이터$^{\text{John Clarke Slater}}$에 의해 가장 일반적인 화학 결합을 기준으로 계산된 공유결합 반지름$^{\text{covalent radius}}$은 화학의 끝에 대한 충분한 정보를 준다. 하나의 양성자와 하나의 전자만으로 이루어져 모든 원소중 가장 작고 간단한 원자번호 1번 수소는 지름이 0.05nm다. 생명체를 비롯한 유기화합물의 핵심이자 몇백만 종이 넘는 화학물질의 골격을 구성하는 6번 탄소는 지름이 0.14nm이며, 반도체 산업의 필수 원소인 14번 규소$^{silicon, Si}$는 0.22nm, 자연적으로 지구에 존재하는 마지막 원소인 92번 우라늄은 0.35nm다. 이 모든 수치는 나노화학의 하한선이라 이야기했던 1nm보다는 작은 값이지만, 대략 10배 내외의 범위에서 나노 세계에서 고려될 수 있는 알갱이들이라 할 수 있다. 더욱이 원자 자체로는 특징을 보이지 않고 이들의 전자들이 특별한 방식으로 연결되어 만드는 분자^{molecule}가 되어야 고유의 성질을 갖는 물질이라 할 수 있다는 점을 생각한다면 충분히 나노 세계에서 의미가 있다고 볼 수 있다. 두 개의 탄소와 여섯 개의 수소, 한 개의 산소를 뒤섞는다고 술이나 소독약으로 사용되는 에탄올^{C_2H_5OH}이 되지 않는 것과 같으며, 모두 같은 탄소 원자라도 벌집 모양으로 편평하게 연결되면 흑연이나 그래핀^{graphene}이, 튜브 모양으로 연결되면 탄소나노튜브$^{carbon\ nanotube}$가, 사면체 모양으로 연결되면 다이아몬드가 된다는 사실에 주목하자.

나노화학은 화학이 화학으로서 다다를 수 있는 마지막 영역일지도 모른다. 단 하나의 원자를 이해하고 활용하는 것도 충분한 의미가 있지만, 물질과 관계, 변화를 다룬다는 측면에서 화학이 아닌 양자역학이나 입자물리학의 가장 거대한 영역과 맞닿은 경계라 구분될 수도 있다. 물질에 대해 사색한다 해도 집이나 빌딩이 화학의 산물이라기보다는 재료과학과 건축학 등 다른 학문 분야의 결정체로 연상되는 것과 마찬가지로, 분자를 넘어선 개별 원자의 세계는 화학과 다른 분야의 경계인 셈이다. 나노 세계에서 일어나는 화학은 우리가 실험실에서 형형색색의 액체를 뒤섞고 가끔은 부글부글 끓어오르거나 펑 하고 터지는, 또는 연기가 솟구치거나 끓어 넘치는

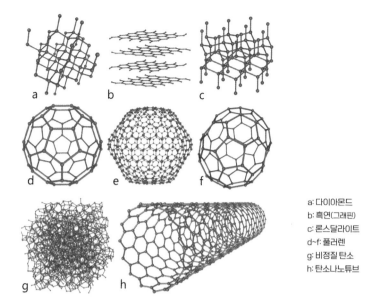

a: 다이아몬드
b: 흑연(그래핀)
c: 론스달라이트
d~f: 풀러렌
g: 비정질 탄소
h: 탄소나노튜브

[그림 1-6] 탄소 동소체 같은 원자라 해도 어떻게 배열하느냐에 따라 다른 결과물이 나온다. (출처: 위키백과)

고전적인 화학의 이미지와는 다를 것이다. 약간은 낯설고 조금은 어려운 이야기들이 튀어나올지도 모르지만, 화학의 가장 마지막 경계선에서 지금 일어나고 있는 일들을 알아가며 느끼는 것은 그 자체로도 매력적인 일이 아닐 수 없다.

보이지 않는 물질을 어떻게 사용했을까

There's plenty of room at the bottom

바닥 세계에는 빈자리가 많다

양자전기역학의 발전에 대한 공로로 노벨 물리학상을 수상하기도 했던 미국의 물리학자 리처드 파인먼Richard Feynman은 1959년 12월 29일 캘리포니아공과대학에서 개최되었던 미국물리학회 연차 총회에서 이와 같은 제목으로 강연을 펼친다.[2] 많은 나노과학 및 나노기술 관련 이정표에서 이를 나노라는 개념이 시작된 순간으로 강조하곤 하지만, 사실 가능성에 대한 제안 정도로 생각하는 것이 옳다. 하지만 15세기 레오나르도 다빈치Leonardo da Vinci가 비행기와 자동차를 예견한 것이 후에 직접적인 발명의 계기가 되었다고 말할 수는 없어도 그 가치와 가능성을 기대한 것이라고 해석될 수 있는 것처럼, 파인먼의 바닥 세계 이야기는 역사적 가치가 충분하다고 볼 수 있다.

나노화학

파인먼의 강연은 현대 기술이 추구하는 것과 방향성이 같다. 대표적으로 작은 실핀의 머리에 대영백과사전 24권을 모두 기록할 수 없는가에 대한 현실적 의문, 가능하게 된다면 얻을 수 있는 어마어마한 가치를 이야기한다. 실핀의 머리는 지름이 약 1mm다. 여기에 몇백만 개의 글자를 새겨넣는 것은 상식적으로는 불가능하지만, 이론적으로는 가능하다. 책을 만드는 데 사용되는 글자의 크기를 각각 1/25000배만 작게 쓴다면, 그리고 이를 새길 기술만 있다면 충분하기 때문이다. 정보의 집약과 소형화라는 방향에서 나노는 우리가 다다라야 할 목적지임이 틀림없다. 목표가 명확해도 당시에는 다다를 수 없다고 여겨졌던 것은, 실제로 정보를 새길 수 있는 기술이 없었고, 쓰는 과정과 쓰인 정보를 관찰할 수 있는 눈이 보급되지 않았기 때문이다.

파인먼이 단순히 허황한 가능성만 이야기한 것은 아니다. 볼록렌즈나 오목렌즈로 좁은 공간에 빛을 모으거나 펼칠 수 있는 것처럼, 전자 광선electron beam을 이용해 에너지를 모아 기록할 수 있음을 이야기한다. 또한 당시 개발되던 전자 광선을 빛으로 사용해 물체를 관찰하는 전자현미경electron microscope으로 관찰할 수 있으리라고 이야기한다. 관찰의 중요성은 이미 강조한 바 있다. 그리고 관찰의 성공은 우리에게 뒤늦은 충격으로 다가오기도 한다. 산속 계곡을 흐르는 맑고 투명한 물은 유독한 중금속이 없는 한 1급수라 불리며 정수 과정 없이도 마실 수 있다. 갈증을 잊게 하는 시원한 물이지만, 현미경으로 살펴보면 물속을 꾸물꾸물 헤엄치는 온갖 작은 미생물이 숨어 있다. 아는 것이 힘이라는 말이 있다. 하지만 가끔은 모르는 게 약이라는 말처럼 굳이 깨닫지 못하고 스쳐 지나가는 편이 삶에 도움이 되기도 한다. 그렇다면 과거의 나노는 어땠을까? 당연히 인간이 알지 못하던 순간에도 나노는 존재했었고, 우리는 원리도 이유도 모른 채 그 혜택을 누려왔다.

나노 세계를 들여다볼 수 있는 전자현미경이 발명되기 전까지는 그 정체를 알 수 없었던, 하지만 분명히 있어왔던 최초의 나노는 바로 유약이나 광택제였다. 5세기경 남북조 시대 중국의 도자기에서는 규소^{Si}와 산소가 결합해 만들어지는 단단하고 안정하며 새하얀 색상을 내는 이산화 규소^{SiO_2} 나노입자가 유약으로 사용되었다. 특히 금속으로 이루어진 나노물질이 포함되면 선명한 색상과 함께 광택을 나타냈기에 이후에도 사용은 계속해서 확대되었다. 9세기에는 현재의 이라크 지역에 해당하는 아바스 왕조의 사마라^{Samarra}와 바그다드^{Baghdad} 지역에서 본격적인 금속 나노물질 광택 유약이 사용되기 시작한다.[3] 여러 문명의 쇠락을 거치며 나노기술은 이집트 파티마 왕조의 수도 푸스타트^{Fustat}에서 10세기에 사용되고,[4] 이후 13세기 에스파냐의 발렌시아^{Valencia} 지역을 중심으로 이스파노 모레스크$^{Hispano-Moresque}$ 양식 도자기 제조에 사용되었으며, 15세기경 중앙 이탈리아 움브리아^{Umbria}주의 데루타^{Deruta}와 구비오^{Gubbio}를 중심으로 번성했다.[5, 6]

색상을 가진 물질, 그것도 높은 온도를 가해도 달라지지 않는 성질을 가진 물질은 새로운 방식을 사용할 수 있도록 했다. 과거에는 물감을 만들기 위해 색유리나 돌, 광석을 가루 내 개어 쓰곤 했는데, 금이나 은, 구리 같은 금속 나노물질이 섞인 유리는 투명하면서

[그림 1-7] 산타 푸덴치아나 성당의 모자이크 금과 은이 뒤섞인 나노물질로 아름다운 살구색을 구현했다.(출처: 위키미디어 코먼스)

선명한 색을 보였으므로 예술 작품에 은연중 포함되었다. 대표적으로 로마 산타 푸덴치아나 성당Basilica of Santa Pudenziana의 모자이크 작품들에서 살구색을 만드는 데 금과 은이 뒤섞인 나노물질이 사용되었으며,[7] 빛의 방향에 따라 두 가지 색을 보이는 리쿠르고스 잔Lycurgus cup이나 중세 스테인드글라스를 만드는 데도 꼭 필요했다.[8]

의약품에 숨어 있던 나노물질

나노물질은 의약품으로도 사용되어왔다. 물질과 원소에 폭발적으로 관심이 커지는 중세 연금술을 거치며 의화학이 발생한다. 값 싼 납lead, Pb을 귀중한 금으로 바꾸는 연금술의 위대한 작업Magnum opus은 오늘날 우리가 알다시피 화학적인 방법으로는 이루어질 수 없는 일이었지만, 낡고 병든 육체를 새롭게 바꾸는 작업은 나름의 성과를 보이기 시작했기 때문이다. 작은 알갱이가 든 액체를 약으로 사용했다니 이상한 기분이 들지도 모르지만, 현재도 현탁액suspension이라는 불투명하고 점도 높은 물약류를 기침 억제나 제산의 목적으로 사용한다는 점을 떠올려보자. 현탁액은 100nm 이상의 비교적 큰 물질들이 분산된 상태를 말하니, 1~100nm의 나노물질이 포함된 액체는 마셔도 투명한 물과 다를 바 없는 느낌일 것이다.

의학이나 약학이 확립되지 않았을 시기에는 약초를 으깨거나 광물을 가루 내 먹고 마시거나 피부에 바르는 민간 치료 방식이 쓰였다. 정확히 무엇이 들었을지 알 수 없던 일부 약에는 나노 크기의 물질이 가득했다. 전통적인 인도의 아유르베다식Ayurvedic 약품인 바스마Bhasmas는 광물과 약초를 함께 갈아 나노 의약품을 만들어 사용한 바 있으며,[9, 10] 은그릇에 담아둔 물을 치료와 소독에 사용해 은 나노물질의 항균 효과를 응용한 기록도 간단히 찾아볼 수 있다.[11]

20세기 특효약인 살바르산Salvarsan이 발명되어 화학 요법이 도입되기 전까지는 필리푸스 파라셀수스Philippus Paracelsus가 개발한 수은mercury, Hg 치료가 매독의 유일하지만 부작용이 극심한 치료법이었다. 1811년 앙드레 장 크레스티앙André-Jean Chrestien이 금을 이용한 효과를 확인하면서 수은을 대체할 가능성을 보여주었다. 이후 1890년 세균학의 아버지 로베르트 코흐Robert Koch는 금이 갖는 항균 효과를 확인했으며,[12] 마음대로 나노 세계를 조절할 수 있게 된 지금은 암의 치료, 질병의 진단, 면역 조절, 세포 분화 등 수많은 생명 반응을 나노를 통해 제어하고 있다.[13]

이제는 우리가 갖게 된 나노 세계를 보는 눈과 기록하는 사진기를 이용해 가려져 있던 인류사 속 나노의 흔적들을 되짚어가고 있다. 불편한 진실이 드러나는 사례도 있다. 공기 중에 떠도는 나노 크기의 재나 돌가루, 먼지가 초미세먼지라는 이름으로 알려지기도 하고, 인간이 만들어낸 플라스틱 쓰레기가 아주 작은 조각으로 잘려 미세 플라스틱이라는 형태로 바다와 공기 중을 떠돌며 우리를 위협한다. 이들 역시 인식하지 못했고 양의 차이가 있었을 뿐, 우리 주위에 있어왔을 것이다. 파인먼이 이야기했던 아주 작은 세계에 광범위한 정보를 기록하는 가능성은 나노의 한 가지 예를 내다본 것뿐이다. 하지만 이만큼 과학의 흐름을 정확히 짚은 안목도 흔치 않다. 전자기기나 정보 등 모든 것은 극도로 집약되고 있으며, 이를 가능하게 하는 것은 나노물질과 나노기술이다. 물질을 이해하고 특성을 부여해 실질적인 기술로 구현하는 화학의 본질은 나노화학이라는 이름으로 작용하기 시작했다. 그리고 가장 작은 마지막 화학의 영역에 서 있다는 것, 그것만으로도 황홀하다.

2장

전자로 나노입자를 들여다보다

원자란 무엇인가

다양한 화학의 종류와는 무관하게 모든 화학은 원자에서 시작된다. 개념적으로 원자는 모든 물질을 구성하는 기본단위이기도 하며, 역사적으로 수많은 성공과 시행착오를 거쳐 한 꺼풀씩 비밀이 벗겨진 재미가 숨겨져 있기도 하다. 핵과 주위를 도는 전자라는 기본적인 형태만으로도 우리가 살아가는 태양계가 그려지는 아름다움이 있으며, 그 작고 복잡함을 이해하려는 과정에서 더 작고 복잡한 양자역학이 튀어나오기도 했다. 무엇보다 우리에게 원자가 가장 중요하게 다가올 수밖에 없는 이유는 여러 번 되새겨 말하고 있듯 모든 물질의 기본단위이기 때문이다. 그것도 화학에서 다룰 수 있는 말 그대로 가장 작은 기본단위 말이다.

원자atom라는 단어는 고대 그리스어로 부정의 의미인 'ά(a)'와 자른다는 뜻의 'τέμνειν(témnein)'이 결합해 만들어진 'άτομος(atomos)'에서 유래했다. 말 그대로 더는 자르거나 나눌 수 없다는 의미이며, 우리가 상상할 수 있는 어떠한 화학 반응을 사용해도 더는 쪼갤 수 없

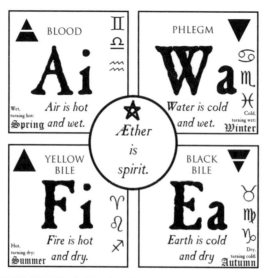

[그림 2-1] **고대의 사원소설** 세상의 모든 것은 불, 물, 공기, 흙의 네 가지 원소가 각각 차고 뜨거움, 습하고 건조함을 바탕으로 이루어진다는 아리스토텔레스의 원소설을 보여준다.(출처: 래셔널위키)

음이 명백하다. 우리나라(원자)를 비롯해 일본(原子), 베트남(Nguyên tử) 등 아시아 일부 국가에서만 중국(原子)에서 유래한 원자라는 용어를 사용하고 있으며, 말레이시아(ഫോಐⓜⓨ), 타밀(அணு) 등 산스크리트어로 물질의 근원을 의미하는 'अण(anu)'에서 유래한 용어를 사용하는 경우가 일부 있다. 그 외의 펀자브(ਅਣੂ), 아르메니아(աատոմ)를 비롯한 아시아 전 국가와 유럽, 중동, 오세아니아 등 거의 모든 국가는 'atom'의 형태 또는 발음으로 원자를 표기한다. 흔히 오랜 역사와 사상적 공통점, 높은 중요성과 본질적인 의미가 있을수록 국가와 인종, 시대와 공간을 넘어 같거나 비슷한 단어로 표현되곤 한다. 하다못해 과거 원소설의 주인공이었으며 인류 존재 이전부터

나노화학

지금까지 함께해온 불이나 물, 흙, 공기 등도 국가마다 표현 방식이 크게 다르니, 원자는 그야말로 근원의 입자라는 의미인 원자이겠다.

원소를 찾아 헤매던 오랜 과거의 시간 속에서 원자에 대한 추측이 시작된다. 원소가 이제는 질적인 개념을 의미하는 것과 마찬가지로, 네 개의 원소를 기준으로 한 실체이론Substance theory에서는 균질한 물질의 어느 부위에서든 기본 근원의 비율이 똑같다고 주장했다. 이는 나눌 수 있다는 뜻이며, 어떤 크기로 나누더라도 비율이 다를 뿐 근원의 양적 개념에는 한계가 없다는 뜻이다. 하지만 원자주의Atomism는 우주가 원자와 공허라는 두 가지 원리만으로 이루어졌다고 이야기하며 입자와 그들의 구성에 따라 다양한 모든 자연 형태가 나타난다고 본다. 분석적인 교리를 중요시하는 원자주의는 결국 원자가 더 작은 단위들로 '물리적'인 과정을 통해 나누어질 수 있음을 밝혀냈으며, 이제는 원자가 아닌 소립자들이 철학적인 원자의 현대적 개념으로 바뀌어 이어지고 있다.[1]

바깥부터 안쪽으로

원자의 구조가 드러나는 과정은 접근하기 쉬운 바깥 영역에서부터 안쪽으로 점차 이루어졌다. 조지프 톰슨Joseph John Thomson은 진공의 유리관 양쪽에 금속판을 설치하고, 두 금속판에 전위차를 걸어줬을 때 생겨나는 전자의 흐름, 곧 음극선을 이용해 전자의 존재와 성질을 찾아냈다.[2] 자석을 떠올리면 조금 더 쉽게 실험을 이해할 수

[그림 2-2] 조지프 톰슨과 음극선관 영국 물리학자인 톰슨은 진공 유리관을 이용한 실험으로 전자의 존재와 성질을 찾아냈다. (출처: 위키미디어 코먼스)

있다. 각각 양과 음의 전하를 갖는 두 금속판에 임의의 작은 물체를 놓았을 때 어떻게 될지 상상해보자. 작은 물체가 음의 전하를 띠는 종류라면 같은 극끼리는 밀어내고 다른 극끼리 끌리는 성질로 인해 음극에서는 멀어지고 양극으로 이동하게 될 것이다. 반대로 양의 전하를 갖는 물체라면 음극 방향으로 날아가게 될 것이다. 아무런 전하도 띠지 않는 입자라면 어떠한 영향도 받지 않을 테니 처음 그대로 남는다. 톰슨은 이 실험을 통해 원자에서 튀어나오는, 후에 전자라 이름 붙여질 작은 입자의 광선이 휘어지는 방향을 관찰해 음의 전하를 갖는다는 사실을 알아냈다. 아주 작고 가볍고 어디에나 있다는 사실은 덤으로 말이다.

이제 원자는 아주 작은 음 입자들을 잔뜩 가진 물질이며, 원자 자체로는 어떠한 전하도 띠지 않으니 양의 전하를 갖는 덩어리 속에 같은 개수의 전자들이 여기저기 박혀 전하를 상쇄하는 모양일 것으로 그려진다. 단순한 구형에서 조금 발전한 톰슨의 원자 형태를 자두 푸딩 모형Plum pudding model이라 부르며, 우리나라에서는 문화적인 차이를 고려해서 '건포도가 든 빵' 모형이라 이야기한다. 단단하고 나눌 수 없는 원자는 이제 빵이 되어버린 것이다.

톰슨의 제자 어니스트 러더퍼드Ernest Rutherford는 전자가 갖는 음전하들을 상쇄시켜주는 양의 물질들이 한 곳에 단단히 뭉쳐 있다는 사실을 관찰하는 데 성공해 원자핵의 존재를 찾아낸다.[3] 흔히 학교에서 '러더퍼드의 알파입자 산란 실험' 또는 '금박gold foil 실험'이라고 배우는 이 관찰은 실제로는 가이거-마스든Geiger-Marsden 실험이라는 이름으로 알려져 있다.[4] 러더퍼드의 지도를 받으며 작은 구멍이 뚫린 납으로 만들어진 통 속에 스스로 방사성 붕괴하며 알파입자(헬륨의 원자핵)를 내뿜는 폴로늄polonium, Po이라는 원소를 넣어 단 $50\mu m$(=1/20000cm) 두께에 불과한 금박에 쏘아내는 실험이었다. 총알처럼 강하고 빠르게 쏘아지는 알파입자는 손쉽게 금박을 뚫고 지나가리라고 예상했지만, 오히려 8,000개의 알파입자 중 하나 정도씩은 예기치 못하게 뒤로 튕겨 되돌아오는 기이한 현상이 목격된다. 금박을 이루는 금 원자의 아주 좁고 한정된 공간에만 매우 단단하게 뭉친 무거운 무엇인가 틀어박혀 있다는 해석 외에는 설명할 만한 방도가 없었으며, 그 정체는 원자의 밀집된 중심이라는 의미로 원자핵이라 제안된다.

원자 크기와 원자핵의 크기 비율을 실제 수치로 이해하는 것보다 전자가 종합운동장의 관중석을 크게 뛰어 돌고 있을 때 원자핵은 운동장 한가운데 서 있는 작은 개미 한 마리 크기라는 묘사가 더

감명 깊게 와닿는다. 우리가 야구공을 아무렇게나 던졌을 때 넓은 운동장 바닥에 공이 떨어지기는 쉽지만, 정확히 운동장 한가운데 있는 개미를 맞추기는 일어나기 힘든 일일 수밖에 없다. 가이거-마스든 실험에서는 이 희귀한 현상이 목격된 것이며, 발견자들이 느낀 충격은 거대했다.

원자 모형의 발달 과정에서 의외로 잘 언급되지 않는 사실이지만, 건포도빵 모형 시기에 양의 전하를 띠는 물질들이 어떠한 형태로 남았을지에 대한 다른 추측도 있었다. 일본의 물리학자 나가오카 한타로長岡半太郎가 주장한 토성 모형Saturnian model이 그것인데, 전자들이 토성의 고리처럼 줄지어 원자 주위를 돌고 있으며, 중앙에 거대한 양전하 덩어리가 있을 것이라는 발상이었다.[5] 양과 음 사이에 인력이 작용하므로 원자는 질량이 거대한 토성과 그 주위에 잡혀 있는 고리 모양처럼 형성되었을 것이라는 논리였으며, 러더퍼드가 이 양전하들이 아주 작고 단단하게 뭉쳐 있다는 핵 모형Nuclear model을 정립하는 데 어느 정도의 단서를 주었을 것이다. 하지만 현재 통용되는 원자의 모형이 이들 중 그 무엇도 아닌 것처럼, 토성 모형과 핵 모형 모두 치명적인 약점이 드러난다. 정전기적인 인력이 작용하고 이에 대항해서 전자의 원운동이 원심력을 보이는 이상적인 조건(인력=원심력)이 필요한데, 힘의 균형이 맞는 정해진 궤도를 벗어나 조금이라도 핵에 가깝거나 멀리 있는 전자는 핵에 끌려가 충돌하거나(인력>원심력) 원자를 탈출해 사라져만 한다는(인력<원심력) 오류가 발생하는 것이다.

1913년 물리학자 닐스 보어Niels Bohr는 양성자와 전자 단 하나씩

만으로 이루어져 가장 간단하게 해석할 수 있었던 수소 원자를 대상으로 새로운 원자 모형을 탄생시킨다.[6] 보어의 원자 모형은 혁신적이었다. 원자핵과 전자, 두 반대 전하 사이의 정전기적인 인력과 원운동에서 발생하는 각운동량과 원심력, 운동하는 물체의 뉴턴 역학적 접근을 통해 고전 역학에서 사용되는 수식과 전개 과정을 빌려 양자 영역에 단편적으로나마 발을 들이게 된 것이다. 전자가 상태를 유지하며 날아다닐 수 있는 특정한 거리를 제안했으며, 이는 태양 주위를 도는 여러 행성의 모습을 떠올릴 수 있어 행성계 모형Planetary model이라는 이름이 붙여진다. 전자는 특별한 궤도에서만 성립할 수 있다는 이론적 접근은 수소 원자의 선스펙트럼을 관찰함으로써 실제로 검증되었다.

건물의 높이를 위치 에너지라고 생각해보자. 우리가 서 있는 층에서 더 높은 곳으로 올라가려면 에너지가 늘어나야 하며, 반대로 낮은 층으로 내려간다면 에너지가 줄어들어야 한다. 에너지는 저절로 생겨나거나 없어질 수 없으니, 필요한 에너지는 외부에서 전자로 전해지고 남는 에너지는 외부로 내보내질 수밖에 없다. 이러한 에너지의 출입은 대부분 빛의 형태로 이루어진다. 정리하자면 전자가 더 높은 에너지의 궤도로 옮겨가려면 외부에서 그만한 에너지를 갖는 빛을 쪼여주어야 하며, 전자가 다시금 낮고 안정한 궤도로 내려가는 과정에서는 간격만큼의 에너지를 갖는 빛이 방출된다. 이때 관측되는 빛이 바로 원자의 선스펙트럼이다. 원소마다 핵에 모여 있는 양성자(+)의 개수가 다르니 중앙에서 전자(-)들을 끌어당기는 힘의 세기가 다를 수밖에 없고, 결국 층(궤도)의 높낮이는 원소마다 다르다. 수소가 보여야만 할 선스펙트럼은 보어의 원자 모형을 통해 계산할 수 있었으며, 그 결과는 실제 실험에서 관찰되는 것과 일치했으니 원자의 모든 비밀은 풀린 것과 다름없었다.

하지만 이 작고 간단한 원자마저도 절대 간단하지 않았다. 수소보다 조금만 더 복잡한 원소가 되어도 늘어난 전자들 사이에서 발생하는 힘, 곧 같은 전하끼리 밀어내는 힘과 다른 전자들의 위치에 따른 핵의 영향을 가로막는 힘 등이 복잡하게 뒤엉겨 더는 정확한 계산을 할 수 없었다. 보어의 원자 모형은 거시적인 관점에서는 옳다고 볼 수 있었지만, 수소를 제외한 모든 원소에서 오류가 끝없이 커져 완전한 해답으로 선택될 수 없었다.

이제는 양자역학이라는 위대한 발명과 에르빈 슈뢰딩거Erwin Schrödinger의 원자 모형을 통해 진실에 가까운 원자 모형이 드러났다. 파동역학이나 물질파, 확률이라는 현대적이고 다소 낯선 접근을 통해 슈뢰딩거의 원자 모형을 찾아가는 과정은 매우 짜릿하다. 불확정성uncertainty이라는 개념, 연산자operator 도입, 복잡하다면 복잡하다고도 할 수 있는 여러 차례의 적분 등 흥미진진한 과정들을 한 줄씩 이해하며 원자의 아름다움에 손끝을 닿아볼 수 있다. 하지만 우리는 더 다가가지 않고 여기서 멈출 것이다. 원자보다 작은 세계로 들어가지 않는 것이 오히려 나노 세계와 나노화학을 바라보는 일인 만큼, "원자는 무엇으로 이루어져 있는가"의 단계에서 다시 한번 화학의 세계로 발걸음을 돌릴 것이다.

원자의 맛

조금은 갑작스럽지만, 맛에 관해 이야기해보자. 이제껏 맛본 음식 중 가장 달콤한 것, 매운 것, 쓴 것에 대해서 질문받는다면 오래 고민하더라도 무언가 대답할 수 있을 것이다. 질문을 조금 바꿔서 맛본 음식 중 가장 작은 것은 무엇일까? 알사탕도 달콤하지만 각설탕도 달콤하다. 각설탕을 부스러트려 가루를 몇 알 입에 털어 넣어도 달콤함을 느낄 수는 있다. 이미 양의 개념이 아닌 질의 개념으로 옮겨가야만 단맛을 갖는 작은 물질을 추릴 수 있다. 끈적한 올리고당은 분명 달콤하지만, 당 분자가 여럿 연결된 거대한 물질이다. 당 분자가 하나뿐인 포도당도 이름에서 예상할 수 있듯 단맛을 갖는 물질이다. 더 작아질 수도 있을까? 원소로 내려간다면 가능하다. 원자번호 4번에 자리한 베릴륨$^{beryllium, Be}$은 비록 발암물질이긴 하지만 단맛을 가지고 있다. 베릴륨의 단맛에 매혹되어 목숨을 잃은 사람들도 있을 정도로 말이다. 인간이 감지할 수 있는 맛의 하한선이 있기에 어느 정도 이상의 양은 필요하겠지만, 질적으로 분자를 넘어 원소와 원자도 충분히 작은 맛 물질이 될 수도 있는 것이다.

전자의 맛은 어떨까. 전자의 흐름이 전기이며, 인간은 전기 신호를 통해 오감과 운동, 생명 유지를 수행한다. 이 때문에 전자의 맛은 모든 맛을 뒤섞었다고 생각되기도 하지만, 실제로 어떤 맛을 느끼게 할지는 혀에 자리한 특정한 수용체^{receptor}가 알맞은 화학 분자를 잡아채며 전기 신호를 만들어 뇌로 전달하기 때문에 전자 자체의 맛이라고 볼 수는 없다. 그래도 우리는 의외로 전자의 맛을 알고 있다. 흔히 금속 맛이라고 구분하는 비릿한 맛이 바로 전자의 맛이다.[7] 철 같은 금속에 혀를 대보면 비릿한 맛과 함께 조금 섬뜩한 느낌이 몸을 타고 흐른다. 철의 겉이 산화되며 흘러나오는 전자들이 촉촉하게 젖은 혀를 타고 우리 몸에 살짝 올라타기 때문이다. 일반적인 환경에서는 절대 산화되지 않는 금은 입에 넣어도 비릿한 맛이 느껴지지 않지만, 철이나 아연, 구리처럼 쉽사리 산화되는 금속을 입에 넣었을 때 금속 맛이 느껴지는 이유다. 궁금하다면 지금 동전 하나를 살짝 입에 물면 느껴볼 수 있다. 물론 정확히는 하나의 전자를 맛보았다기보다는 전자의 흐름을 맛본 것이다.

전자보다 안쪽에 숨어 있다는 양성자의 맛도 우리는 알고 있다. 양성자는 신맛이다. 하나의 양성자와 하나의 전자뿐이었던 수소 원자에서 전자를 빼앗아 자유롭게 한다면 오로지 양성자만 남게 된다. 수소 양이온(H^+)이라 부르기도 하고 그 정체 그대로 양성자라 부르기도 하는 알갱이다. 산acid이라 부르는 많은 물질은 물에 녹았을 때 수소 양이온을 내뿜는다. 식초로 사용되는 아세트산acetic acid, 과일의 새콤한 맛을 내는 사과산malic acid, 말산과 구연산citric acid, 시트르산 등 신맛을 내는 핵심이나 기본원리는 모두 녹아 나오는 양성자다. 신맛의 작용 역시 복잡한 과정이 있지만, 그 시작은 양성자가 혀를 구성하는 세포 속으로 유입되며 세포를 산성화하면서 전기 자극을 만들어내는 것으로 알려져 있다.[8]

중성자의 맛은 어떨까? 아쉽게도 이건 정말 모르겠다. 양의 전하를 띠는 양성자들을 아주 작은 핵에 뭉쳐놓는다면 분명 같은 극끼리 작용하는 반발력 때문에 산산이 흩어질 것이다. 중성자는 핵력

nuclear force 을 통해 양성자들이 뭉쳐 있도록 돕는 접착제 역할을 하는 입자다. 원소의 종류에 따라 양성자와 전자의 개수는 정해져 있지만 중성자의 개수는 다를 수 있으며, 이를 동위원소 isotope 라 부른다. 순수한 중성자만으로 이루어진 가상의 물질을 뉴트로늄 neutronium 이라 부르는데, 아직 안정하게 분리되지 않아서 확인되지는 못했다. 중성자는 매우 작으며 전하도 없어 분리해서 담아둬도 용기 벽면을 뚫고 나가 사라지곤 하며, 짧은 시간 동안 양성자와 전자로 분리되어버린다. 곧 수소가 되어버리는 셈이다. 원자로의 핵분열에서 생성된 중성자를 허겁지겁 입에 넣어본다면 맛을 알아낼 수도 있겠다. 실행에 옮긴 과학자가 아직 없는 것인지, 아니면 맛을 알리기도 전에 목숨을 잃은 것인지는 모르겠다. 위험할지 몰라도 솔직히 궁금하지 않은가? 이것이 초기에 많은 화학자가 목숨을 잃은 까닭 중 하나이며 화학의 재미있는 부분이다.

나노 세계로 전자를 쏘다

전자는 원자를 구성하는 요소로 이미 막중한 역할을 하고 있지만, 나노 세계에 다가서는 데도 큰 역할을 한다. 원자가 복숭아라면 깊숙이 박힌 단단한 씨앗은 원자핵이고, 그 주위를 감싼 두꺼운 과육은 전자들의 덩어리일 것이다. 씨앗은 손쉽게 쪼개거나 부술 수 없으며, 그 자체로 복숭아의 본질이자 정체성이다. 과육을 깎아내거나 썩어 뭉그러져도 본질이 복숭아인 것은 씨앗을 심었을 때 자라나 맺히는 것이 복숭아이기 때문이다. 그런데 우리가 주로 사용하는 것은 씨앗보다는 주위의 과육이다. 실제 원자에서도 이 역할은 그대로 작용한다. 원자핵은 그 원소의 본질이 되고, 주위의 전자들은 원자들이 연결되거나 배열되는 데 작용한다.

앞에서 보아 원자 모형의 증거인 선스펙트럼이 전자가 에너지 껍질을 오가며 빛 에너지를 흡수하거나 방출한 결과로 나타났음을 기억하자. 원자에 충분하게 높은 에너지를 갖는 빛이 쪼여진다면 전자가 단순히 위 껍질로 이동하는 것을 넘어 원자 밖으로 튕겨

나가게 된다. 너무 큰 에너지를 받은 전자가 얽매였던 원자핵에서 풀려나 튕겨 나가는 자연스러운 과정은 빛의 정체를 밝혀내는 증거로 작용한다. 금속판에 빛을 쪼였을 때 전자가 나오는 광전효과 photoelectric effect라는 현상에 주목한 한 사람은 빛이 파동이 아닌 입자의 흐름이 아닌가 고민하던 알베르트 아인슈타인Albert Einstein이었다. 그리고 빛의 '입자성'의 증거가 된 광전효과는 고전 물리학의 한계를 드러내기 시작한다.

바닥에 놓인 구슬에 다른 구슬을 굴려 부딪혀 튕겨 나가게 만드는 아주 간단한 실험을 상상해보자. 약하게 부딪히면 구슬은 느리게 조금만 튕겨 나갈 것이고, 강하게 부딪히면 빠르고 멀리 튕겨 나갈 것이다. 당연한 이야기다. 하지만 광전효과에서는 빛의 충돌에서 튀어나오는 전자의 운동에너지가 빛의 세기와는 아무런 관련이 없었고, 대신 빛의 진동수와 관련이 있었다. 또한 빛이 파동이라면 구슬에 공기의 흐름인 바람을 불어 움직이게 하는 것처럼 물체에 에너지가 전달되고 흡수되어 움직이기까지 측정할 수 있을 만큼의 시간이 필요하다. 하지만 실제로는 빛의 세기와 무관하게 나노초 (0.000000001초) 미만의 매우 짧은 시간 만에 전자가 방출되어 일반적인 예측을 벗어났다. 이러한 논리적인 오류들과 몇 가지 실험을 통한 관측은 빛이 입자인가 파동인가에 대해 끝없는 우여곡절을 만들어냈으며, 고전 물리를 벗어난 새로운 해석이나 양자역학의 탄생과 맞물렸다. 결과적으로는 빛은 입자이자 파동이며, 이 과정에 혁혁하게 이바지했던 전자 역시 입자이지만 파동 움직임을 보이는 것으로 이야기는 마무리된다.

빛의 상호작용: 투과, 반사, 산란, 흡수

원자를 파헤치고 양자역학으로 향하는 일반적이고 친숙한 이야기는 마무리되었지만, 나노 세계 이야기는 지금부터 시작된다. 빛도 입자이자 파동이며 전자도 입자이자 파동이라면, 전자를 빛처럼 사용할 수 있지 않겠는가.

우리는 말 그대로 빛을 모든 곳에서 사용한다. 자연의 빛은 농경과 목축을 비롯한 생활 전반에 쓰이고, 조명 도구로 만들어낸 인공 빛은 인간이 실내에서 또는 해가 진 늦은 밤에도 활동할 수 있도록 생활 양식을 크게 바꿨다. 심지어 레이저^{Laser}라는 집약된 강한 빛으로 물체를 자르거나 태우고, 연구 분석에 활용하는 등 다채로운 작업이 가능해졌다.[9] 그중 가장 중요한 빛의 가치는 역시 우리가 물체를 볼 수 있게 해준다는 점이다.

'본다'는 과정은 태양이나 조명 도구 등 광원에서 나온 빛이 물체에 닿은 후 튕겨져 우리 눈으로 들어옴을 인식하는 것으로 설명된다. 빛이 물체에 닿는 순간, 투과나 반사, 산란, 흡수라는 네 종류의 대응이 발생한다. 빛이 물체를 그대로 뚫고 지나가는 현상을 투과^{transmission}라 하며, 유리나 일부 플라스틱 제품이 투명한 이유다. 반사^{reflection}는 빛이 물체의 표면에 부딪히며 진행 방향이 바뀌는 현상으로, 거울에 비친 모습을 떠올릴 수 있다. 산란^{scattering} 역시 반사와 유사하다. 물체의 표면에 빛이 부딪히며 생겨나고, 진행 방향이 바뀌게 된다. 하지만 반사가 빛이 들어간 각도(입사각)와 나가는 각도(반사각)가 똑같은, 말 그대로 빛이 튕겨 나오는 현상인 데 반해,

산란은 사방으로 아무렇게나 방향을 바꾸며 흩뿌려진다는 차이점이 있다.

산란의 예는 하늘을 바라보면 손쉽게 찾아볼 수 있다. 태양광이 지구 대기 속 질소나 산소 분자에 부딪히면 파장이 짧은 보라색부터 산란이 일어나 더는 우리에게 관찰되지 않는다. 하늘 높이 태양이 떠 있는 낮에는 파란색이 우리 눈으로 들어오고, 태양 고도가 낮아져 태양광이 대기권을 더 많이 지나는 아침과 저녁에는 가장 파장이 긴 빨간색이 노을이라는 형태로 하늘을 물들인다. 대기에는 산소나 질소 외에도 이보다 더 거대한 분자인 물이 구름 속에서 작은 방울을 이루고 모여 있다. 태양광이 물방울에 부딪혀 산란되면서 우리 눈에는 구름이 흰색으로 보이게 된다.

이러한 색의 차이는 빛의 파장과 부딪히는 물체의 크기에 따라 나타난다. 하늘이 푸르게 보이는 원인인 레일리 산란$^{Rayleigh\ 散亂}$은 빛의 파장보다 부딪히는 물체가 매우 작을 때 나타난다.[10] 산소 분자^{O_2}나 질소 분자^{N_2}의 지름은 각각 0.299nm와 0.305nm다. 사람의 눈이 인식할 수 있는 빛인 가시광선의 파장이 400~700nm인데, 이와 비교하면 무려 1,000배 이상 차이가 나는 셈이다. 물 분자는 지름이 약 0.27nm다. 대기 속을 분자 형태로 떠도는 물(0.01%)은 산소나 질소와 마찬가지로 레일리 산란을 보인다. 하지만 구름에서는 상황이 달라진다. 구름 속 물방울의 크기는 이보다 훨씬 큰 5~50μm다. 이는 5,000~50,000nm에 해당하며, 가시광선의 어느 파장보다도 최소 7배 이상 큰 수치다.[11] 이처럼 부딪히는 물체의 크기가 빛의 파장과 비슷하거나 더 크면 미 산란$^{Mie\ 散亂}$이 일어난다.

혹시 눈치챘을지 모르겠다. 지금 이야기하는 길이의 단위들이 모두 나노 세계에 속해 있다는 사실. 우리가 살펴볼 나노화학에서도 가시광선이나 물질의 크기는 산란과 관계를 이룬다.

마지막 흡광absorption은 투과를 시작한 빛이 물체를 거치는 동안 에너지를 주위에 빼앗기며 소멸하는 현상이다. 얕은 물은 투명하게 보이지만 깊어질수록 빛이 닿지 않아 캄캄해지는 것을 생각할 수 있다. 흡수의 중요성은 에너지가 실제로 이동한다는 데 있다. 이 에너지를 어떤 방식으로 사용할지에 따라 화학 반응을 일으킬 수 있기 때문이다.

나노 세계를 관찰하기 위한 에너지

현미경이나 망원경으로 물체를 살펴보거나 사진기로 기록을 남기는 모든 관찰 행위는 인간에 의해, 그리고 인간을 위해 개발되었기에 빨주노초파남보로 이루어지는 가시광선이 핵심이었다. 우리에게는 충분하게 넓고 다채로운 가시광선이지만, 다른 전자기파들과 함께 나열해보면 아주 좁은 영역이다. 더 긴 파장으로는 항공 교신과 라디오 송수신에 사용되는 라디오파radio wave와 가정용 전자레인지 등에 사용되는 마이크로파 복사microwave radiation, 야간투시경이나 온찜질 등에 유용하게 사용되는 적외선infra-red이 있다. 가시광선보다 짧은 전자기파에는 살균과 소독에 쓰이는 자외선ultraviolet, 몸속 영상 검사의 핵심인 엑스선X-ray, 매우 높은 에너지로 인체에 손상을

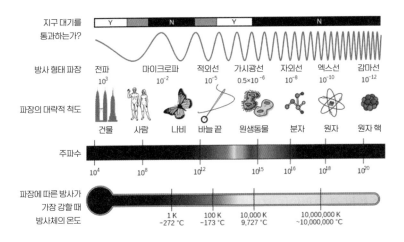

지구 대기를 통과하는가?	Y		N		Y		N	
방사 형태 파장	전파 10^3	마이크로파 10^{-2}	적외선 10^{-5}	가시광선 0.5×10^{-6}	자외선 10^{-8}	엑스선 10^{-10}	감마선 10^{-12}
파장의 대략적 척도	건물	사람	나비	바늘 끝	원생동물	분자	원자	원자 핵
주파수	10^4	10^8	10^{12}	10^{15}	10^{16}	10^{18}	10^{20}
파장에 따른 방사가 가장 강할 때 방사체의 온도		1 K -272 °C	100 K -173 °C	10,000 K 9,727 °C	10,000,000 K ~10,000,000 °C	

[그림 2-3] 전자기파의 종류와 파장 빛은 사람의 눈에 보이는 가시광선 외에도 다양한 종류가 있다. (출처: 위키미디어 코먼스)

입히거나 수술에 사용되기도 하는 감마선$^{\gamma\text{-ray}}$이 있다. 적외선이나 엑스선을 특수한 렌즈나 감광지를 이용해 촬영할 수 있으니, 또 다른 전자기파도 사진 촬영이나 관찰을 위한 광원으로 사용할 수 있지 않을까? 그렇다면 광원을 선택할 때 가장 중요한 조건은 무엇일까? 역시 관찰하려는 대상이 얼마나 '잘 보이는가'이다.

빛이 산란되어 소멸하는 것을 걱정한다면 파장이 더 긴 빛을 사용하는 편이 유리하다. 구급차나 경찰차의 경고등 모두가 붉은색의 광원을 사용하는 이유가 여기 있다. 물론 붉은색 자체가 경고의 의미로 받아들여지는 이유도 있지만, 파장이 가시광선 중 가장 긴 700nm가량이어서 공기 속에서도 덜 산란되어 멀리까지 뻗어나가 눈에 띄기 쉽기 때문이다. 방송이나 라디오의 송수신에 사용되는 전자기파도 적외선을 넘어 매우 긴 파장을 가지므로 아주 먼 거리를 날아갈 수 있다. 반대로 작고 분간하기 어려운 물체를 들여다볼 때는 오히려 짧은 파장이 적합하다. 서로 가까이 있는 두 물체의 미세한 부분을 구별할 수 있는 능력을 분해능resolution이라 일컫는데, 분해능을 높이려면 파장이 더 짧은 빛을 사용해야 한다. 마이크로 세계의 물체를 관찰하려면 짧은 파장의 일반적인 가시광선으로도 충분하다. 보통 광학 현미경의 분해능은 최대 500nm 정도로 알려져 있으며, 이것으로도 작은 물체를 관찰하고 나노 세계를 약간이나마 엿볼 수 있지만 우리가 원하는 수준에 미치지는 못한다.[12]

나노 세계를 보는 눈은 전자로 만들어졌다. 전자가 작은 파동의 형태를 그리며 날아갈 때, 그 파장은 전자를 얼마나 높은 에너지로 쏘아냈는가에 달렸다. 이제껏 금속판에 빛을 쪼여 전자를 만들어내거나 화학 반응을 통해 전자가 나오고 들어가는 이동 현상을 끌어낼 수 있다고 소개했지만, 물체를 바라보는 현미경에 이러한 기술을 사용하기는 어렵다. 결국 톰슨이 음극선을 이용해 원자의 구조를 밝혔던 것처럼, 높은 전압을 통해 전자를 빛살로 발사하는 방식이 사용된다. 장치의 규격이나 조건마다 전압이 미치는 영향을 다를 수 있으므로 새로운 단위가 등장한다. 전자 1개가 전위차 1V를 움직이는 데 필요한 에너지로 정의되는 전자볼트electron volts, eV다. 전자가 매우 작고 가벼우므로 1eV는 1.602×10^{-19}J이라는 작은 값에 해당한다. 하지만 물체를 관찰할 수 있을 만큼 전자를 쏘아내려면 100keV부터 300keV에 이르는 높은 에너지가 필요하다.

100keV에서는 0.00388nm, 200keV에서는 0.00274nm, 300keV에서는 0.00224nm의 아주 짧은 파장을 갖는 전자 빛이 쏘아지므로 나노 세계를 관찰하기에 충분하다.

나노입자를 보는 눈, 전자현미경

전자현미경은 나노물질을 관찰하는 가장 직접적인 도구다. 전자도 빛으로 쓰인다면, 빛이 보였던 네 가지 거동(투과, 반사, 산란, 흡수) 역시 나타날 것이다. 물질에 따라 빛을 잘 투과시키거나 반사하거나 산란시켜 다른 형태로 관찰되곤 한다. 전자현미경도 빛과 물체의 어떤 작용을 도구로 삼느냐에 따라 다른 결과를 만들어낼 수 있다.

처음부터 전자를 빛으로 사용한 것은 아니다. 당연히 가시광선에 가깝기에 그나마 우리가 다루기 쉬운 빛인 자외선을 이용한 시도가 앞섰다. 지금도 전자현미경과 카메라를 포함해 가장 유명한 광학 회사 중 하나인 자이스Zeiss의 연구원이던 아우구스트 퀼러August Köhler와 모리츠 로어Moritz von Rohr는 자외선을 이용해 분해능을 두 배나 높이는 데 성공한다. 하지만 일반적인 유리는 자외선을 흡수하기 때문에 값비싼 석영을 사용해야 한다는 어려움이 새롭게 생겨났다.

전자를 빛으로 사용한다 해도 몇 가지 해결되어야 할 문제가 남는다. 망원경이든 현미경이든 빛을 원하는 방향으로 필요한 만큼 모아주거나 휘어지도록 만들어야 사용할 수 있다. 보통은 볼록렌즈로 빛을 모으거나 오목렌즈로 빛의 방향을 바꾼다. 태양광이 일곱 가지 천연색이 뒤섞인 백색이라는 사실을 밝히는 데 사용하기도 했던 프리즘은 빛을 분리하는 데 사용되기도 한다. 파장이 긴 붉은색 빛은 프리즘을 통과할 때 경로가 가장 조금 틀어지고, 반대로 파장이 짧은 보라색은 많이 틀어진다. 파장이 매우 짧은 전자가 프리즘을 통과한다면 경로가 지나치게 틀어져 더 큰 문제가 발생할지도 모른다. 볼록렌즈와 오목렌즈에서도 마찬가지다. 전자가 파동의 형태를 보인다 해도 그 본질은 입자이므로 우리가 원하는 정도로 렌즈를 통과하기 어렵다. 렌즈를 구성하는 규소나 산소 같은 원자들과 부딪히고 튕겨 나갈 수 있기 때문이다.

그런데 의외로 간단한 과정으로(실제는 물론 간단했을 리 없지만) 전자를 제어하게 된다. 전자가 1/2에 해당하는 스핀을 갖는 페르미온 fermion으로 구분되며, 음의 전하를 띠고 정지 질량이 있는 입자였기 때문이다. 톰슨의 음극선관 실험에서 전자 광선이 자기장에 의해 휘어졌던 것처럼, 전자가 나아가는 경로는 자기장이나 전기장에 의해 조절될 수 있다. 전자의 휘어짐은 전자기장 안에서 전하를 띠는 물체가 이동할 때 받는 힘을 의미하는 로런츠 힘 Lorentz's force으로 완벽하게 계산할 수 있었다. 전기장의 영향도 전자 속도를 변화시킨다는 사실이 알려져 있으며, 이윽고 맥스웰 방정식 Maxwell equation으로 전자 경로를 계산하게 된다. 로런츠 힘과 맥스웰 방정식이라는 두 발견은 전자광학electron optics이라는 분야에서 정리되어 전자 렌즈 electron lens의 개발이라는 첫 단추가 끼워진다. 공기 속 분자들과 부딪혀 전자가 산란하는 문제는 더욱 간단히 해결된다. 진공을 만들어준다면 부딪힐 분자도 없는 것이니 말이다.

최초로 나노물질을 관찰하다

1931년 독일 물리학자인 에른스트 루스카Ernst Ruska가 개발한 투과 전자현미경transmission electron microscope, TEM을 이용해 높은 에너지로 가속된 전자를 쏘아내서 나노물질을 관찰하는 데 처음 성공한다. 이름 그대로 전자를 빛으로 사용해 물체를 투과한 후 벽면에 맺히는 상을 관찰하는 방식이었다. 조명 앞에서 손으로 여러 가지 그림자를 만드는 놀이와 같다. 아무런 장애물도 없다면 전자 빛은 그대로 지나쳐 밝은 영역을 만들고, 물체에 가로막힌 빛은 어두운 그림자를 남기게 된다. TEM은 나노 세계의 물체를 관찰하는 데 유용한 방식이었다. 특히 반투명한 플라스틱이나 유리잔 등의 그림자에서는 부분적으로 투과되는 빛으로 인해 완전한 검은색이나 밝은 영역도 아닌 회색 그림자가 맺히는 모습을 볼 수 있는데, 나노물질에서도 같은 결과를 찾아볼 수 있다. 껍질만으로 이루어져 속이 빈 물체를 분간할 수 있는 것이다. 두터운 원자들의 층으로 이루어진 껍질은 검고 어두운색으로 보이지만, 속이 비어서 전자 빛을 가로막는 원자가 적은 부분은 회색으로 나타난다. 하지만 TEM도 완벽한 현미경은 아니었는데, 그림자를 촬영한다는 특징상 물체가 얼마나 두꺼운지, 높이 솟아 있는지 등 실제 모습이 아닌 빛의 가로막힘으로 나타나는 단면만 확인할 수 있었기 때문이다.

이 문제는 만프레트 아르덴Manfred von Ardenne에 의한 또 다른 발명으로 해결된다. 주사전자현미경scanning electron microscope, SEM이라는 새로운 방식은 전자 빛의 다른 형태 거동에 주목해 발명된다. TEM이 전자 빛이 물체를 투과하며 그림자 상을 맺는다면, 물체가 완전한 투과성을 갖지 않는 한 분명히 투과하기 전에 다른 작용들이 나타날 것이다. 전자 빛으로 얼마나 많은 나노 분석이 가능하게 되었는지 자세히 순서대로 따라가 보자.

물체에 닿은 전자 빛은 분명 매우 높은 에너지를 가질 것이다. 이들이 물체에 닿는 순간부터 대상이 산더미처럼 쌓여 있다. 바로 물체를 이루는 원자들의 핵과 수많은 전자구름이다. 우리가 쏘아 보낸 전자 빛을 구성하는 전자들을 첫 단계라는 의미로 '1차 전자 primary electron'라 부른다. 1차 전자들을 물체를 이루는 전자와 부딪혀 튕겨 나가도록 하는데, 이때 생성된 전자들을 '2차 전자secondary electron'라 부른다. 이 2차 전자들이 SEM의 관찰 대상이다.[13] 물체의 겉을 구성하는 원자들에서 튕겨 나오는 전자를 측정하기 때문에 SEM은 그림자가 아닌 물체의 실제 표면 모습을 관찰하게 된다. 우리가 사진기로 물체를 찍었을 때 보이는 것처럼, 실제 모습이 나타나는 것이다.

같은 나노 크기의 물체를 SEM과 TEM으로 관찰했을 때 보이는 모습은 [그림 2-4]를 통해 체험할 수 있다. 독성이 있어 예부터 독

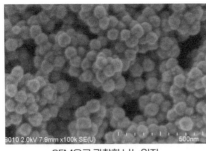
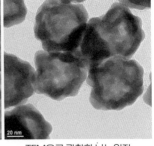

SEM으로 관찰한 나노입자 　　　　　TEM으로 관찰한 나노입자

[그림 2-4] SEM과 TEM의 차이 화학 반응을 통해 비소를 팔라듐으로 치환한 껍질 모양의 나노입자를 SEM과 TEM으로 관찰해보면 차이를 알 수 있다

약으로 사용되곤 하던 비소^{arsenic, As}로 만들어진 동그란 모양의 나노물질을 유기화합물의 구조를 변형하는 데 흔히 사용되는 귀금속 원소인 팔라듐^{palladium, Pd}으로 살포시 바꿔 속이 텅 빈 모양을 직접 만들어본 모습이다. SEM에서는 텅 빈 내부 모습은 관찰할 수 없지만, 올록볼록 튀어나온 약 50nm 크기의 작은 물체를 선명히 확인할 수 있다. 동그란 물질 하나하나가 머리카락 지름의 1/1000이라는 사실을 생각해본다면 나노 세계를 들여다볼 수 있는 아주 훌륭한 사진기가 신기하기도 하다. 반대로 TEM으로 촬영했을 때는 텅 빈 가운데 공간을 껍질 모양들이 둘러싸 만들어진 나노물질이라는 사실을 알아차릴 수 있다. 겹친 그림자들 때문에 정확한 겉모양을 확인할 수는 없지만, 울퉁불퉁한 겉면과 텅 빈 내부 구조를 확인할 수 있다는 데서 TEM의 색다른 면을 살펴볼 수 있다.

나노화학

비로소 검증이 가능해지다

빛은 물체와 부딪히며 반사나 투과 외에도 산란이나 흡수를 보이기도 했는데, 전자 빛은 불가능한 것일까. 그럴 리 없다. 물체에 전자 빛이 닿은 직후 쏟아져 나오는 2차 전자 외에도 다른 몇 가지 현상이 있으며, 나노과학자들은 이 모두를 유용하게 사용한다. 먼저 아주 낯선 '오제 전자Auger electron'가 다음 순서를 차지한다. 물체 표면에서 2차 전자가 튀어나온다면, 이 전자가 차지하던 자리는 이제 빈자리로 남게 된다. 보어의 원자 모형에서 보았듯 높은 에너지를 갖는 전자는 더 낮은 빈자리로 내려가며 그 에너지 간격에 해당하는 만큼의 빛을 방출한다. 오제 전자는 빛의 방출 대신 그 에너지만큼을 받아들인 다른 전자가 다시금 원자 밖으로 튕겨 나오는 두 번째 종류의 방출된 전자다. 별다른 것 없는 전자의 방출 중 하나라고 생각하기 쉽지만, 원소의 종류마다 전자가 떠도는 에너지의 높이가 정해져 있으니 오제 전자를 검출하면 표면이 어떤 원소로 이루어졌는지 분간할 수 있다. 흑백 사진으로 찍었을 때는 모두 같은 공 모양이라도, 실제로는 색상이 다를 수 있다. 오제 전자 분광은 이처럼 같은 형태와 크기여도 무엇으로 이루어졌는가를 찾아낼 수 있는 정보를 준다.[14]

조금 더 물질 깊이 들어간 1차 전자들은 아주 작고 무거운 원자핵 주위를 가까이 스치거나 충돌하며 좁은 각도로 되돌아 나가기도 한다. 새로운 전자를 내보내는 것이 아니라 1차 전자가 다시금 튕겨 나오는 현상이다. 태양계에 가까이 다가왔다가 되돌아 나가는

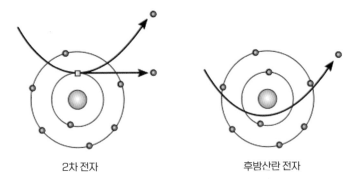

2차 전자   후방산란 전자

[그림 2-5] 2차 전자와 후방산란 전자 외부에서 유입된 전자의 거동에 따라 우리가 얻을 수 있는 정보는 달라진다. (출처: 위키미디어 코먼스)

혜성을 떠올려보자. 태양은 질량이 매우 높아서 주위의 천체들에 아주 강한 인력을 미친다. 태양에 가까이 다가간 혜성은 그 강한 인력에 사로잡혀 좁은 회전 반경을 거쳐 진입한 각도와 거의 비슷한 수준으로 꺾여 되돌아 나가게 된다. 쏘아진 전자 빛의 1차 전자들은 원자핵에 충돌하거나 아주 가까이 스치며 후방산란이 된다. 원자핵도 원소마다 모두 다른 구성과 질량, 양전하를 보유했으니, '후방산란 전자backscattered electron' 역시 물질에 따라 차별화된 정보를 줄 것이다.[15]

더 나아간다면 전자 빛은 물질을 뚫고 지나가는 상태가 되니, 빽빽한 원자 숲을 헤쳐가며 점점 에너지를 잃기 시작할 것이다. 이제 흡수가 작용할 시간이다. 물체의 겉을 뚫고 깊이 들어갈 수 있을 정도의 에너지를 가진 1차 전자들이 앞으로 나아가고 있다고 하자. 처음에는 힘차게 나아가던 전자였지만, 점점 힘을 잃고 속도가 줄어들게 된다. 속도가 줄며 그만큼의 에너지는 어떤 방식으로든 방

출되어야 하는데, 역시 가장 편리한 방식은 빛으로 내뿜는 것이다. 연속해서 꾸준히 줄어드는 속도만큼 에너지도 연속적으로 방출되고 이는 연속적인 파장의 빛으로 바뀐다. 이 과정을 종합적으로 표현하는 가장 적합한 용어는 '제동복사bremsstrahlung'이며 그 결과는 '연속체 X선continuum X-ray'이라고도 불린다. 태양광을 이루는 파장을 분석하면 연속 스펙트럼이 나타난다고 한다. 하지만 우리가 더 유용하게 사용할 수 있는 정보는 연속적인 것보다는 분리된 선 모양의 스펙트럼에서 나타난다. 보어의 수소 원자 모형을 입증했던 실험 결과가 수소의 특별한 색상만 갖는 선스펙트럼이었던 사실을 기억하자. 마찬가지로 연속체 X선은 작은 언덕처럼 연결된 정보를 보여주지만, 물질을 분석하는 데 탁월한 정보가 되지는 못한다. 그리고 이 속에도 선이 숨어 있다. 전자 빛이 어떤 물질을 통과하느냐에 따라 원소마다 정해진 에너지 위치에서 특별히 뾰족한 X선 정보가 나타난다. 원소의 특성과 관련되었으므로 이를 '특성 X선characteristic X-ray'이라 부르며, 물질을 구성하는 원소가 무엇인지 정확한 정보를 제공한다.[16]

나노물질 표면의 모습을 사진처럼 촬영하고 싶다면 비교적 약한 가속전압의 전자 빛을 사용할 수 있으며, 가속전압이 점차 높아질수록 표면보다는 조금씩 더 내부의 정보들이 새어 나오게 된다. SEM은 1~10keV의 낮은 가속전압을 사용하는데, 더욱 높아진다면 물질을 완전히 통과해 TEM의 측정이 가능해진다. 전자 빛의 반사와 산란, 흡수를 다양하게 활용해 SEM을 이용한 여러 나노 촬영 사진 기술이 개발되었는데, TEM으로는 단순히 그림자 외에는 촬영

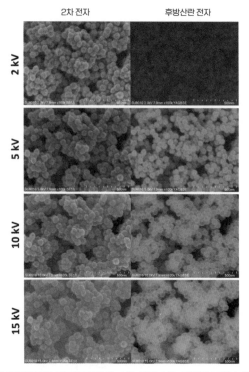

2차 전자   후방산란 전자

2 kV

5 kV

10 kV

15 kV

[그림 2-6] 가속전압에 따라 다르게 관찰되는 나노물질 나노물질의 표면을 촬영하려면 약한 가속전압을, 내부를 촬영하려면 강한 가속전압을 사용한다.

할 수 없는 것일까. 물론 그렇지 않다. 전자 빛이 완전히 물체를 통과한다 해도 처음처럼 아무런 영향도 받지 않고 반듯하게 투과되는 전자 빛 외에도 약간이나마 꺾이거나 팅기며 투과하는 전자들도 있을 것이다. 특히 빛의 이중성 중 파동성의 증거이기도 했던 회절diffraction 현상이 나타나기도 한다. 회절은 빛(파동)의 파장과 장애물의 크기가 비슷한 정도일 때 선명하게 나타나는 현상이며, 패턴의 모양을 보이게 된다. 원자의 크기와 전자 빛의 파장 모두 나노

이하의 매우 작은 범위였으니 회절이 나타난다. 중요한 점은 회절을 통해 물질을 구성하는 원자들이 얼마나 가지런하게 배열되었는지 알아낼 수 있다는 사실이다.

투과하며 원자핵에 부딪혀 산란되는 전자들을 촬영하는 '암시야 dark field' 관찰도 유용하다. 전자 빛이 균일하게 쏟아져 내린다면 원자핵의 크기가 클수록 원자핵에 부딪혀 산란하는 전자가 더 많이 생겨날 것이다. 공을 던졌을 때 목표물이 크고 단단할수록 부딪히기 쉬운 이치다. 원자핵의 크기는 원자번호가 높아짐에 따라 커지니, 원자번호가 높은 원소일수록 암시야 관찰에서는 밝게 나타난다. 그림자를 찍는 TEM에서 물질이 많고 두꺼울수록 어둡게 보이던 것과는 반대로, 더 밀도가 높으며 거대한 원자가 있는 곳일수록 밝게 촬영된다. 사진을 흑백 반전해 촬영하는 것과 같은 모습이 나타나는데, 물질을 구성하는 원소들이 어떻게 다른지 확인할 수 있으며, 여기저기 작게 박힌 금속들을 찾아내는 데 유용하다.[17]

단순히 전자현미경의 개발이 나노 세계를 들여다보는 눈이 만들어지는 순간이 되었다고는 하지만, 전자현미경의 종류도 많고 원리도 각양각색이다. 더 작은 것을 선명하게 보려고 돋보기를 넘어 현미경까지 끝없이 발전했던 것처럼, 전자현미경의 발달도 여전히 진행 중이다. 몇에서 몇십 나노미터 크기의 알갱이들을 보기 위한 사진기에서 이제는 그 알갱이를 구성하는 원자들이 어떻게 줄 서 있는지 보기 위한 고해상도 전자현미경도 탄생한 지 오래다. 심지어 이제는 하나의 원자를 촬영하기 위해 원자해상도atomic-resolution 전자현미경이 보급되기에 이르렀고, 물을 함유하는 세포나 생명체를 촬영

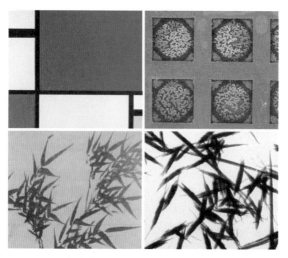

[그림 2-7] SEM과 TEM 이미지를 이용한 미래 예술의 가능성 위: 피에트 몬드리안, 〈빨강, 파랑과 노랑의 구성 II〉과 필자가 합성한 금-구리 나노별 문풍지(2021작). 아래: 조선 중기 화가 탄은灘隱 이정李霆의 〈풍죽風竹〉과 필자가 합성한 비스무트-텔루륨 나노구조의 TEM 죽(2019작).

하기 위한 저온 전자현미경cryo-electron microscope까지 사용되고 있다.

복잡해 보여도 생각보다 결론은 간단하다. 우리는 전자를 빛으로 사용하게 되었고, 전자를 이용해 촬영할 수 있는 사진기를 탄생시켰다. 사진기의 성능이 너무나 좋아 세상의 기본이라 할 원자조차 사진으로 남길 수 있게 되었으며, 수천 년간 숨겨져 있던 비밀이 하나씩 드러나고 있다. 까마득히 먼 우주를 관찰하는 천체망원경처럼, 아득히 작은 바닥을 들여다보는 전자현미경이 있다. 나노화학이 화학의 한 종류이기 위한 실험의 마지막 조건, 관찰과 검증이 지금부터는 가능하다.

3장

나노물질을 만드는 법

조각 같은 톱다운, 빚기 같은 보텀업

새로운 도구를 손에 넣었다면 서둘러 사용해보고 싶은 마음이 술 렁인다. 그것도 눈으로는 보이지도 않는 아득히 작은 세계를 촬영 할 수 있는 초고성능의 사진기라면 무엇이라도 찍어보고 싶어 안 달이 나지 않을 수 없다. 준비된 피사체가 없다면 직접 만들어보는 것도 나쁘지 않다. 일반적인 카메라로 찍을 물체를 만드는 방식은 수없이 많겠지만, 대략 두 가지로 구분할 수 있다.

나무토막이나 대리석, 비누 등 하나의 덩어리를 조각칼로 깎아 내거나 다듬어 무엇인가 만드는 방식이 대표적이다. 예술가가 작품 을 만들 때도 사용하는 선택지이며, 미술 수업 시간에도 간단히 체 험해보곤 하는 방식인 조각이다. 조금 더 개념적으로 생각한다면 하나의 커다란 원재료에서 원하는 작은 대상을 만들어내는 작업이 다. 이를 '톱다운top-down'이라 부른다. 단어 그대로 꼭대기top에서부 터 아래로down 향하는 방식을 뜻한다. 반대로 작은 블록을 조립하거

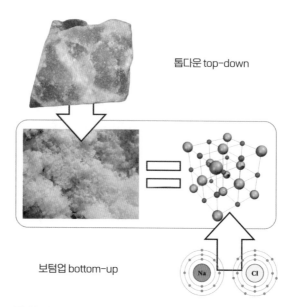

톱다운 top-down

보텀업 bottom-up

[그림 3-1] 톱다운과 보텀업 톱다운은 커다란 암염을 점점 작게 가공해서 소듐과 염소로 나누는 방식이고, 보텀업은 반대로 소듐과 염소를 차곡차곡 쌓아 암염을 만드는 방식이다.(출처: 위키미디어 코먼스)

나 수수깡 조각을 끼워 연결하는 등 바닥^{bottom}에서 위로^{up} 향하는 방식으로 이루어지는 '보텀업^{bottom-up}'도 있다.[1] 우리말에서는 이 두 용어가 하향식과 상향식으로 사용되기도 하지만, 톱다운과 보텀업이라는 표현이 더 의미를 상세히 보여주기 때문에 영어 표현이 더 자주 쓰인다. 톱다운과 보텀업은 무언가를 실제로 만드는 행위뿐만 아니라 사회 조직에서 이루어지는 의사 결정이나 정보 전달에도 똑같이 적용되는 방식이므로 기억해두면 유용하다.

특정한 물질이나 재료, 물품을 만드는 데 이 두 방법을 사용한다고 생각해보자. 여러 예시가 있겠지만, 언제나 가장 간단히 떠올릴

나노화학

수 있는 소금^{salt, NaCl}에 적용할 수 있다. 톱다운 방식으로 굵은 소금을 만들려면, 우리의 선택지는 다소 제한된다. 커다란 소금 암석이 있어야 하니, 히말라야산맥 등 고지대나 광산에서 캘 수 있는 암염을 먼저 구해야 한다. 암염을 망치로 부수거나 분쇄기로 가공하는 등 우리가 원하는 크기가 될 때까지 작게 가공한다면 톱다운 방식으로 소금 얻기에 성공할 수 있다.

보텀업 방식으로 소금을 얻으려면 먼저 가장 작은 또는 소금의 하위 구성 요소를 파악해야 한다. 소금은 소듐^{sodium, Na}과 염소^{chlorine, Cl}라는 두 종류의 원소가 차곡차곡 쌓여 만들어지는 물질이다. 조금은 위험하지만, 소듐^{Na}과 염소^{Cl}를 직접 반응시킬 수도 있다. 보텀업은 선택지가 비교적 많은 편이다. 소듐 이온(Na^+)이 포함된 물질과 염화 이온(Cl^-, 원소가 음의 전하를 갖는 음이온이 되었을 때는 '-화'를 접미어로 사용한다)이 포함된 물질을 섞어주는 것만으로도 이들이 결합한 소금을 얻을 수 있다. 물론 이 상태에서는 물에 녹은 소금물일 테니 끓여서 물을 증발시키거나 온도를 낮춰 석출하는 작업이 조금 더 필요하다.

나노물질도 단순히 크기가 매우 작을 뿐 거시 세계의 물질과 같은 원소, 원자, 구조로 이루어졌다. 심지어 지구를 벗어나 태양, 목성, 태양계 밖 아득히 먼 행성을 살펴봐도 구성하는 원소들은 모두 똑같은 종류인 만큼 근본적인 원리가 다를 요소는 없다. 그렇다면 나노 크기의 물질을 만드는 데 편리한 방식은 무엇일지 추측할 수도 있다. 50nm쯤 되는 아주 작은 별 모양 금 조각을 만든다고 가정한다면, 아무리 선명한 전자현미경으로 들여다보며 작업한다 해도 금덩이를 먼지보다 작은 크기의 별 모양으로 깎아내거나 주무르고 다듬는 일은 불가능할 것이다. 만약에 만드는 데 성공한다고 해도 의미가 없다. 관상용으로 단 하나의 나노 금별을 만드는 게 아닌 이상에야 일반적으로 단 하나의 나노물질을 실제로 사용할 데는 없기 때문이다. 결국 보텀업 방식이 제격이다. 물이나 산 같은 용액에 녹아 자유롭게 흘러 다닐 수 있는 금 양이온들이 서로 달라붙어 뭉치며 형태를 이루는 방식을 이용하면 한꺼번에 많은 나노 금별을 만들 수 있을 뿐만 아니라 편리하기도 하다.

다만 문제가 하나 있는데, 우리가 다룰 수 있는 크기의 세계라면 조립하거나 빚어내듯 목적에 맞게 직접 만들어낼 수 있지만, 나노 세계에서 원자를 직접 하나씩 붙여가며 원대한 결과를 만들어낼 수는 없다는 점이다. 단 하나의 어려움이라기에는 너무나도 큰 장벽이다. 원하는 모양이 잘 만들어지기를 기도하며 우연에 기대야만 한다면 도대체 의미가 있을까 싶지만, 다행히 '화학' 반응이기 때문에 해결될 수 있다.

화학 반응을 이용하는 두 가지 전략

화학 반응은 여러 가지 요인에 의해 조절된다. 가장 대표적인 것은 역시 물질의 양, 곧 농도일 것이다. 단순히 물에 소금을 녹이는 과정을 생각해봐도 적은 양의 소금은 완전히 녹지만 매우 많은 양이라면 모두 녹지 못하고 일부가 가루 상태로 바닥에 가라앉아 쌓인다. 이때 물을 더 넣거나 온도를 높이는 간단한 변화만으로도 소금의 용해^{dissolution}라는 반응은 정체된 상태에서 역동적인 상태로 바뀐다. 인화성 가스도 농도가 너무 낮으면 불꽃에 닿아도 폭발하지 않으며, 어느 정도 이상의 농도가 되어야만 우리가 두려워하는 폭발이 일어난다. 심지어 산소가 전혀 없이 폭발성 기체만 가득 차 있다면 오히려 폭발은 일어나지 않는다.

화학 반응을 돕기 위해 넣는 첨가제도 중요하다. 건조한 공기 속에서는 철이 잘 녹슬지 않는다. 하지만 철이 물에 젖어 있다면 조금은 더 빨리 녹슬며, 그 물이 소금물처럼 전기가 흐르기 쉬운, 곧 철의 전자가 옮겨가기 쉬운 물질이라면 더더욱 빨라진다. 이처럼 화학 반응은 여러 요인에 의해 속도나 방향, 형태와 결과가 달라질 수 있으므로 우리가 조절할 수 있는 여지가 분명히 숨어 있다.

원자들이 모여 연결되며 조금은 더 큰 나노물질이 되는 과정에도 중요한 요소들이 숨어 있다. 우선 나노 세계는 분명히 아주 작으며 원자들도 이 범위 안에 발을 걸치고 있지만, 하나의 나노입자를 만드는 데 필요한 원자의 개수는 생각을 아득히 넘을 만큼 많다는 것이다. 예를 들어 우리가 살펴보고 있는 금을 기준으로 삼아 조금 계산하기 편하도록 동그란 공 모양의 나노입자를 생각해보자. 원자를 가장 촘촘하고 튼튼하게 쌓아 뭉치려면 서로 가장 가깝게 붙을 수 있는 형태로 차곡차곡 쌓게 될 것이다. 그리고 가장 작은 반복 단위를 찾아준다면, 아무리 큰 덩어리여도 이 기본 단위가 반복되며 이루어진다. 이제껏 살펴본 표현 중에서는 반복되는 단위세포^{unit cell}를 원소(질 또는 종류)로, 이들이 반복되는 정도를 원자(양 또는

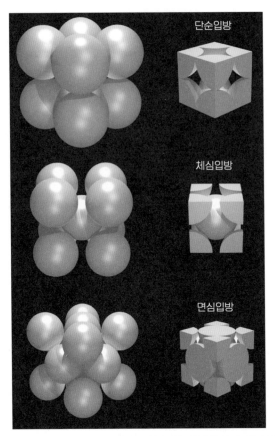

[그림 3-2] **결정구조** 물질마다 가장 빼곡하게 쌓일 수 있는 형태 역시 다르다.(출처: 플리커)

개수)로 이해할 수 있다.

금은 '면심입방구조face-centered cubic structure'라는 형태로 단위세포
를 구분한다. 입방cubic의 모든 꼭짓점에 금 원자가 있으며, 여섯 개
면face의 중심center에 또다시 금 원자가 자리 잡고 있기 때문이다. 우
리는 끝없이 뻗어가는 단위세포 대신 정육면체 속에만 포함된 원

나노화학

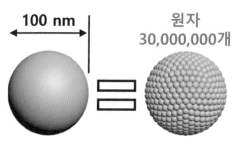

100 nm

원자
30,000,000개

[그림 3-3] **금 나노입자와 원자** 전자현미경 없이는 볼 수도 없는 지름 100nm의 동그란 금 나노입자 하나는 약 3,000만 개의 금 원자로 이루어졌다.

자의 개수가 중요하다. 이를 기준으로 반복이 이루어지기 때문이다. 꼭짓점에 있는 원자는 상하좌우 총 8개의 단위세포와 나눠 사용하므로 1/8만큼의 원자가 관여한다. 면 중앙 원자는 조금 다르다. 하나의 면을 기준으로 두 단위세포가 원자를 공유하므로 이번에는 1/2만큼의 원자가 관여한다. 결국 정육면체를 이루는 8개의 꼭짓점이 각각 1/8만큼의 원자를, 그리고 6개의 면이 각각 1/2만큼의 원자를 포함하니, 하나의 단위세포에는 총 4개의 원자가 온전히 포함되었다고 계산해볼 수 있다. 원소마다 기본적인 구조가 다르니 단언할 수는 없지만, 금의 경우에는 길이가 0.408nm인 정육면체 모양의 단위세포 속에 4개의 원자가 들어 있다.

만약 지름 4nm의 동그란 금 나노입자라면, 구의 부피를 구하는 $4/3\pi r^3$에서 약 $33.5nm^3$로 계산된다. 구의 전체 부피는 $0.0679nm^3$ 부피(정육면체의 부피=r^3)인 단위세포들로 빼곡히 차 있을 테니 약 473개의 단위세포로 이루어졌을 것이다. 하나의 단위세포마다 금 원자가 4개씩 있으니, 4nm의 금 나노입자는 약 1,900개의 금 원자로 만들어졌다. 크기가 커질수록 필요한 원자의 개수는 급격히 늘어난다. 지름 20nm의 동그란 금 나노입자라면 약 25만 개의 금 원자가, 50nm라면 약 385만 개의 금 원자가, 100nm라면 약 3,000만 개의 금 원자가 필요하다. 전자현미경 없이는 볼 수도 없는 작고 동그란 금 구슬 하나가 무려 3,000만 개의 원자로 만들어졌다니 놀랍지만, 수많은 원자가 떨어지지 않고 서로 뭉쳐 돌아다닌다는 점은 더욱 신비롭다. 연소가 일어날 때 원자들의 연결이 끊어지며 열이 발생했던 것처럼, 금 원자가 단단하게 뭉치는 것 또한 결합의 한 종류로 생각할 수 있다.

눈덩이를 둥글게 뭉칠 때도 어떤 방식, 얼마만큼의 힘이 가해지느냐에 따라 강도나 모양이 각양각색이듯, 원자들을 뭉쳐주는 방식에 따라 나노 크기의 물질도 달라진다. 화학 반응에서는 이를 '열역학적 지배thermodynamic control'와 '반응속도론적 지배kinetic control'로 구분한다.[2]

높은 온도에서 충분한 시간이 허락된다면 열역학적인 원리에 따라 나노물질의 형태가 조절된다. 가장 안정한 에너지 상태를 찾아가 멈추는 과정이다. 그릇에 구슬을 떨어뜨리면 이쪽에서 저쪽으로 굴러다니다가 이윽고 가장 낮은 에너지라 볼 수 있는 바닥에서 멈추는 모습을 떠올리면 된다. 당연히 나노물질은 균일하고 반복성이 높은 형태로 원자들이 배열되며, 자연스레 같은 부피에서 가장 작은 표면적을 가질 수 있는 구형이 만들어진다. 반응속도론적 지배는 이러한 안정한 과정을 찾아가기 전에 빠른 반응속도로 인해 모든 상황이 결정되어 화학 반응이 끝나는 경우를 말한다. 동그란 모양 대신 납작한 판 모양이나 길쭉한 막대기 모양, 별 모양, 심지어 무엇이라 말하기도 어려운 이상한 모양의 금 나노입자가 만들어질 수도 있다.

열역학과 반응속도론에 따른 화학 반응 지배는 나노화학에만 해당하는 특별한 경우가 아니며, 다른 모든 화학에도 적용된다. 이 방식으로 우리가 원하던 별 모양의 금 나노입자를 만들 수도 있겠다. 물론 원리에 대한 충분한 이해와 정밀하게 조절된 농도, 온도, 시간 등의 요인들, 많은 경험으로 숙련된 실험 기술이 있었을 때의 이야기다.

조금 더 편하고 간단한 방법은 없을까? 언제나 더 빠르고 쉬운 길을 결국에는 찾아내는 과학자들은 당연히 해결책을 만들어놓았다. 원자들이 모여 쌓이며 크기와 형태를 키워가는 성장이 이루어진다면, 어느 한쪽으로는 뻗어갈 수 없도록 막아주면 간단하다. 네모난 틀에 수박을 넣어 키우면 주사위처럼 네모난 수박이 만들어지는 것과 같다. 나노입자의 모양을 조절하려는 목적은 계면활성제 surfactant를 비롯한 첨가제를 사용함으로써 가능해진다. 세탁용 세제 등에 흔히 사용되면 계면활성제는 물에 잘 녹는 친수성 부분과 물에 섞이지 않는 소수성 부분이 함께 존재하는 작은 분자에 해당한다. 섞이지 않는 물과 기름 사이에 만들어지는 계면이 하나로 뒤섞일 수 있도록 둘 모두에 대해 친화성을 갖는 분자다. 이처럼 어딘가 표면에 달라붙으며 환경을 바꿔주는 물질을 넣으면 나노물질이 자라나는 방향을 조절할 수 있고, 특별한 모양만 생기도록 제어할 수도 있게 된다.

[그림 3-4] 셀로판테이프와 그래핀 셀로판테이프를 이용하면 흑연 덩어리에서 물리적으로 그래핀을 떼어낼 수 있다. 이는 매우 유용한 방법이지만, 대량생산에는 적합하지 않았다.(출처: 위키미디어 코먼스)

　이쯤 되면 작은 나노물질을 만드는 데 보텀업 전략을 사용하는 편이 더 좋아 보인다. 흔히 톱다운은 거대한 원재료를 분쇄해 원하는 것을 얻는 물리적인 작업이고, 보텀업은 가장 작은 기본 단위부터 순서대로 거슬러 올라가는 화학적인 작업이라 생각하기도 한다. 하지만 흑연 덩어리를 화학 처리해서 한 겹씩 벗겨내 유용한 신소재인 그래핀을 만드는 톱다운 전략도 흔히 사용된다. 톱다운과 보텀업은 우리가 설계한 목적 물질에 다가가는 시작점과 목적지 사이의 방향을 의미할 뿐, 실제 화학 반응 기술의 이름은 아니다.

생각보다 간단하지만 값비싼 나노물질 합성

나노 크기의 물질을 만드는 과정을 흔히 '합성synthesis'한다고 표현한다. 과학 분야에 따라 이 과정을 준비preparation나 제작manufacturing, 형성formation 등의 표현을 빌려 학술 논문이나 실험 안내서를 작성하기도 하지만, 그 과정을 들여다보면 기본적으로 합성이 가장 가까운 의미임을 알 수 있다. 합성은 '인위적으로 화학물질을 만들어 냄' 자체를 의미하는 단어이기도 하며, 둘 이상의 무언가를 합쳐서 하나를 이루게 한다는 뜻도 적절하다. 앞서 살펴봤던, 표적 물질에 이르는 두 가지 접근 방향을 고려한다면 하나의 큰 재료를 분해, 절단, 파쇄, 식각 등의 기법으로 작게 만들어가는 톱다운은 합성보다는 준비나 제작, 형성이라는 용어가 알맞게 느껴진다. 실제로 그래핀을 비롯해 몇 가지 톱다운 방식의 나노물질 제작이 가능하다고 소개했으나 그 종류가 많지 않다. 결국 원자들을 뭉쳐 몇에서 몇십 나노미터의 작은 물체를 만드는 보텀업 방식이 현실적인 이유로 환영받을 수밖에 없으며, 원자들이 스스로 뭉치지도 않을 것이며 이들을 합쳐 하나의 나노물질을 만들어야 하는 과정을 고려하면 합성이라는 단어가 완벽히 들어맞는다.

나노 크기의 물질을 만드는 데 가장 어려운 문제는 비슷한 크기와 비슷한 모양으로 균일하게 만드는 것이다. 농업이든 공업이든 생산품을 만든 결과가 들쭉날쭉하고 뒤죽박죽이라면 가치가 낮아진다. 크기나 형태가 다른, 이른바 불청객이나 불순물을 마음대로 골라 제거하기 어려운 작은 나노 세계에서는 더 치명적인 문제이자 가장 큰 주의사항이 된다. 만들어진 입자들의 크기와 형태가 비슷한 범위에 분포하는 아름다운 상태를 흔히 '단분산^{monodisperse}'이라 부른다. 균일한 크기의 나노 알갱이들이 고르게 퍼져 있는 단분산 상태를 콜로이드^{colloid}라고 하는데, 물감이나 잉크를 넣은 물의 모습을 생각하면 정확하다. 물의 양에 비해 너무 많은 양의 물질이 들어가면 빛이 흡수되거나 산란되어 불투명하고 찐득찐득해 보이는 용액이 된다. 반대로 적은 양의 물질이 들어가면 아름다운 색상의 투명한 용액이 된다. 어차피 나노입자는 너무나 작아 용액 속을 떠다니는 찌꺼기처럼 보이지는 않으니, 단분산 물질을 만드는 과정은 이처럼 균질한 재료를 사용하는 편이 좋다. 모래(고체)가 물(액체)에 뒤섞인 흙탕물은 아무리 휘저어도 균질해질 수 없고, 공기(기체)를 물(액체)에 불어넣어도 밀도 차이로 순식간에 수면을 통해 빠져나가고 만다. 물론 기름(액체)과 물(액체)처럼 물질의 상이 같아도 성질이 다르면 섞이지 않는다.[3]

금, 백금$^{platinum,\ Pt}$, 팔라듐, 철 등 우리가 만들고자 하는 나노입자들은 대부분 금속이다. 규소나 저마늄$^{germanium,\ Ge}$ 같은 준금속

metalloid이거나 탄소, 붕소boron, B 등의 비금속 원소로 이루어진 나노입자여도 다르지 않다. 나노입자는 말 그대로 특정한 크기와 형태를 보이는 '고체' 상태다. 물에 금이나 철을 곱게 갈아 넣고 있는 힘껏 뒤섞은들 투명한 용액이 만들어질 리 없다. 결국 강한 산으로 금속을 녹여 물을 비롯한 극성 용매에 완전히 혼합될 수 있는 상태, 곧 이온 상태로 만들어야 한다. 극성은 극성끼리, 무극성은 무극성끼리 좋아하는 가장 기본적이고 자연스러운 법칙을 이용해, 만들려는 원소를 이온 상태로 극성 용매에 녹이거나 화합물 형태로 무극성 용매에 녹이면 합성을 위한 균질한 재료를 얻는 준비작업이 끝난다.

재미 삼아 화학 실험을 해본 독자라면 투명한 용액 속에서 갑작스럽게 많은 알갱이가 눈처럼 쏟아지는 장면을 본 경험도 있을 것이다. 만약 아직 접해본 적이 없다고 해도 당황하지 말자. 뜨거운 물에 더는 안 녹을 정도로 많은 소금을 녹였다가 차갑게 식히면 같은 모습을 간단히 관찰할 수 있다. 이온이 고체로 변화하는 다른 방식의 신비로운 화학 반응도 있다. 은거울 반응이라는 멋진 이름의 화학 반응이다. 그리 어렵거나 위험하지도 않고 관찰되는 현상도 화려해 누구나 시도해볼 수 있다. 투명한 은 수용액에 포도당이나 폼알데하이드formaldehyde 등을 넣어주면 용액을 담은 시험관 유리 벽 전체가 반짝이는 은으로 뒤덮여 거울처럼 보이는 아름다운 화학 반응이다(실제로 거울 등 은도금이 필요한 경우 사용한다). 소금 결정 실험처럼 녹지 못한 상태의 물질이 고체로 떨어져 내리게 만드는 방법을 침전법이라고 하는데, 실제 사용되는 방식 중 하나다. 특히 은거울 반응에서 이온 상태로 녹아 있는 은(Ag^+)이 화학물질에서 전자를 제공받아 금속 은(Ag)이 되는 '화학적 환원chemical reduction'은 나노입자 합성의 가장 전통적인 방식이다.

화학적 환원은 역사적으로 매우 의미 있고 유용한 종류의 나노입자가 우연의 산물이 아닌 과학을 통해 만들어진 첫 사례여서 더 중요하다. 과거 연금술이 성행하던 시대에도 나노물질은 만들어졌다. 나노 세계를 들여다볼 수 없었을 뿐, 가루 형태나 용액 형태로, 또는 실험실에서 날리는 먼지의 형태로도 존재했음이 당연하다. 이후 나노입자는 스테인드글라스의 다채로운 색을 내는 데 활용되었듯 실체는 알 수 없었지만 특성은 목적에 맞게 사용되었다.

화학적 환원의 시작, 즉 용액 속에서 금 나노입자를 합성하는 데 성공한 실험은 역사상 가장 위대한 과학자 중 한 명의 손끝에서 이루어진다. 세계 100대 과학자의 명단을 추려도 포함되는, 모두에게 친숙한 천재의 대명사인 아인슈타인이 인류 최고의 과학자라며 극찬을 아끼지 않았던 인물, 과학의 대중화를 이끈 사람이자 뛰어난 강연자였으며 정규 교육 없이도 누구나 위대한 과학자가 될 수 있음을 보여준 마이클 패러데이Michael Faraday가 주인공이다.

패러데이는 물리학자로서 전자기유도의 발견과 발전기의 발명을 포함해 전자기학 분야에서 수많은 업적을 남겼고, 화학자로서 탈색이나 소독에 사용되는 원소인 염소를 액화하는 방법이나 대표적인 발암물질이지만 많은 유기화합물의 가장 중요한 구조가 되기도 하는 벤젠을 발견하기도 했다. 지금까지 자주 언급되던 양이온과 음이온, 전지 등에 있는 양극과 음극 등의 용어를 고안한 것도

[그림 3-5] 나노 틴들 효과 보이지 않지만 떠다니는 금 나노입자의 크기 차이 때문에 용액의 색상과 투명도, 틴들 효과의 정도가 다르다.

패러데이였다.

이 수많은 업적에 가려져 있지만, 패러데이는 염화 금($AuCl_4^-$) 수용액에 인$^{phosphorus, P}$을 넣어 금 나노입자를 만드는 데 성공한 인물이기도 하다. 이온 상태로 물에 녹아 있는 금은 인이 전달한 전자를 받아들여 금속 금이 된다. 금 입자 용액은 물처럼 무색투명하지도 금처럼 노랗게 반짝이지도 않는 붉은색을 보였다. 붉은색은 연금술에서 현자의 돌을 만드는 마지막 단계로 여겨졌던 만큼 붉은색 금은 흥미로워 보였으며, 패러데이는 이를 '활성화된 금$^{activated gold}$'이라고 보고한다.[4]

용액 속에서는 어떠한 알갱이도 보이지 않았지만, 무엇인가 떠다니고 있음은 확인할 수 있었다. 어두운 방 안에 한 줄기 빛이 작은 창문으로 쏟아져 들어오면 평소에는 보이지 않던 빛의 경로가

붓으로 그린 것처럼 반듯하게 한 줄로 이어진다. 폭포나 동굴에서도 보이는 이 장엄한 현상은 단순히 빛의 경로에 떠다니는 매우 작은 먼지 등의 입자들로 인한 산란의 결과인데, 이를 틴들 효과[Tyndall effect]라고 부른다. 패러데이의 활성화된 금 용액에서는 아무런 알갱이도 관찰되지 않았지만 틴들 효과가 나타났으며, 무언가 매우 작은 것이 가득 들어 있다는 사실을 미루어 짐작할 수 있었다. 직접 확인하게 된 것은 80여 년이 흐른 뒤 전자현미경이 개발되면서였지만 말이다.

나노입자로 부자가 되는 방법

화학적 환원 방법을 이용한 나노입자의 합성은 균질한 용액 형태로 퍼져 있을 수 있는 이온과 이를 환원시킬 만큼 충분히 강한 환원제만 있다면 어디에도 사용할 수 있다.[5] 화학적 환원은 모든 화학 반응의 기본인 전자의 이동을 직접 묘사하므로 나노화학만이 아니라 모든 분야에서 사용되는 지극히 기본적이고 유용한 방법이다. 하지만 하나의 분자에서 한두 부분만 변화하는 다른 화학 반응들과는 다르게 나노물질의 형성은 몇십, 몇백, 몇천 개 이상의 대상이 온갖 위치에서 연결되는 반응이어서 취급이 어렵다. 1850년대부터 알려진 금 나노입자의 기초적인 합성조차 넣어주는 환원제의 양만 바꿔도 지름이 5~100nm 범위에서 자유자재로 변화하며, 온도가 일정하지 않다면 크기가 들쭉날쭉해져서 단순 분산이 아닌 형태가 만들어진다. 지름 80nm의 입자가 고르게 만들어졌어도 매끈하고 동그란 종류도 있지만 정이십면체처럼 아름답게 각진 종류도 있고, 대충 구겨 던져놓은 모습처럼 재미있는 모양이 뒤섞이기도 한다.

화학 반응이 일어나려면 '활성화 에너지activation energy'라는 장벽을 넘어야 한다. 초나 나무에 불을 붙이는 연소 반응에서조차 불을 가까이 가져다 댄 채 일정 시간 이상 에너지를 가해야만 불이 옮겨붙는 모습을 살펴볼 수 있다. 활성화 에너지가 없었다면 모든 화학 반응은 갈 수 있는 가장 안정한 방향을 향해 걷잡을 수 없이 흘러갈 것이며, 우리 주위와 지구, 온 우주는 가장 안정하고 평화롭지만, 더는 변화할 가능성이 없는 고정된 바닥 상태 또는 차갑게 식어버린 가장 낮은 에너지의 화학적 죽음으로 치닫게 될 것이다.

나노입자가 만들어지는 화학 반응도 활성화 에너지가 있다. 가장 간단하게는 원재료로 사용될 이온이 전자를 얻어 금속 등 환원된 형태로 바뀌는 반응에 대한 것이다. 하나의 원자에 대한 에너지는 명쾌하게 이야기할 수 있지만, 문제는 20nm 크기의 금 나노입자에만 약 25만 개의 원자가 쌓였다는 점이다. 25만 개의 화학 반응과 이들이 만들어낸 금 알갱이가 쌓이는 안정한 방향 등에 대한 부가적인 장벽이 셀 수 없이 뒤섞여 있는 셈이다. 이 때문에 나노화학은 이른바 '손맛'이 중요해진다. 약간은 비과학적인 표현이니 조금 더 다듬어 말하자면 '노하우' 정도가 되겠다. 결국 나노입자의 합성은 많은 경우 아직 생산 단가가 높은 편이다. 실제로 도전해보면 비교적 간단히 성공할 수 있는데도 말이다.

우리의 주요 관심 대상인 금 나노입자를 통해 나노 산업의 부가 가치를 살펴보자. 이 글을 쓰고 있는 지금(2022년 7월) 금 1g의 가격은 한화 기준 72,500원이다. 금은 실물 자산이며 대표적인 안전 자산인 만큼 활발히 거래되고, 그 가치를 누구도 의심하지 않는다. 이 때문인지 나노화학자들은 "사용하는 귀금속 시약들을 다시 금이나 은으로 만들어 팔면 높은 소득을 얻지 않는가?"라는 질문을 자주 받곤 한다. 물론 그 정도로 단순한 창조적 순환이 가능했다면 나는 지금 글쓰기를 멈추고 현대 사회 속의 연금술사가 되어 탐욕스러운 미소를 지으며 열심히 금을 만들고 있었을 것이다. 실험용으로 사용되는 금은 황금빛 광채를 내는 금보다 훨씬 비싸다. 패러데이가 활성화된 금을 만들려고 사용했던 염화 금은 지금의 화학자들도 유용하게 사용하는 시약이다. 똑같이 오늘의 시점에서 염화 금 시약 1g의 가격은 250,000원이다. 게다가 염화 금 시약은 금 외에도 수소, 염소 등 여러 원소를 합쳐서 만들어졌으며, 이들 중 금이 차지하는 중량은 50.0%에 불과하다는 점도 유념해야 한다. 곧 금 1g을 만들기 위해 필요한 염화 금 시약의 가격은 500,000원이라는 이야기다. 이미 금 시약이 순금보다 거의 7배나 비싸다.

자, 마음의 준비를 하고 판매되는 금 나노입자의 가격을 계산해보자. 금 나노입자는 용액 상태로 판매되는 만큼 여러 용량이 있으며, 대용량일수록 조금씩 더 저렴해짐이 당연하다. 크기가 20nm인 아름다운 포도주색 금 나노입자는 2022년 7월 기준 571,500원에 100mL를 구매할 수 있다. 대략 성인 남성의 물 한 모금을 살짝 넘는 정도에 해당한다. 이제껏 금 질량으로 비교해왔는데 물에 분산돼 있는 나노입자라니. 하지만 분광학이 수많은 원소를 발견할 수 있게 했고, 보이지 않는 나노 크기의 알갱이들을 틴들 효과로 살펴보았듯, 빛을 이용해 얼마나 많은 입자가 떠다니고 있는지 측정할수 있다.[6] 판매되는 흡광도 1의 금 나노입자 제품에는 100mL에 총 6.54×10^{13}개(65.4조 개)의 나노입자가 돌아다니는 중이다. 우리는 앞서 지름 20nm의 금 나노입자를 이루는 금 원자의 개수를 계산해봤다. 1개의 금 나노입자마다 25만 개의 금 원자가 포함되었으니 100mL의 금 나노입자 용액에는 1.64×10^{19}개의 금 원자가 존재하게 된다($6.54 \times 10^{13} \times 250000$). 너무나 큰 숫자가 나오기 시작했다. 하지만 화학자들은 이 거대한 수를 다루기 쉽도록 6.02×10^{23}이라는 값을 1몰(mole, mol)이라 정의했다. 우리가 구매한 100mL의 금 나노입자 용액에는 0.0367mmol의 금 원자가 있는 것이다. 이를 바탕으로 거꾸로 계산해보자. 만약 금 1g을 모두 20nm의 금 나노입자로 만든다면, 그 판매가는 약 79,000,000원에 이른다.

결국 순금 1g을 사서 강산에 녹이고 화합물로 만드는 조금은 위험한 작업을 성공적으로 마친다면 7배의 수익을 올리게 되며, 그모든 시약을 뛰어난 기술과 포기하지 않는 노력으로 모두 균일하고 깔끔한 단순 분산 금 나노입자로 만들어낸다면 무려 1,090배의수익을 올릴 수 있다. 솔직히 가장 큰 문제는 화학자들이 방에 숨어폭탄이나 마약을 만들어도 판매할 경로와 구매자를 찾기 어려운것과 마찬가지로, 거액을 들여 우리가 만든 금 나노입자를 모두 구매할 사람을 찾기 어렵다는 것이다. 금 나노입자를 구매하느니 차라리 화학의 재미를 느낄 겸 직접 만드는 데 도전하는 편이 즐겁기때문이다!

나노입자를 요리하다: 가열과 냉각

물질 또는 재료를 섞고 휘저어 새로운 작품을 만들어내는 화학 반응 과정은 일상 속의 다른 여러 작업을 연상시킨다. 두 가지 색의 물감을 여러 비율로 섞어 원하는 색을 만들어내거나, 물에 가루 재료를 녹여 커피나 음료를 만들고, 식재료와 조미료를 배합해서 음식 한 그릇을 만드는 모습과 크게 다르지 않게 느껴진다. 이 친숙한 작업들도 어떤 비율로, 얼마나 오래, 어떤 방식으로 처리하는가에 따라 결과물이 다르며, 전문가의 기술이나 개인의 손맛이 크게 관여하기도 한다.

사실상 화학 반응을 설계하고 수행해 생성물을 탄생시키는 과정은 조리법을 참고해 조리하는 것과 거의 차이가 없다. 끓지 않는 온도에서 초콜릿 등을 녹이는 물중탕도 초기 연금술사 마리Mary the Jewess가 고안한 '마리의 욕조Bain-marie'라는 이중냄비에서 유래했으며, 차를 달이듯 버드나무 속껍질에서 해열 진통제로 사용되는 살리실산을 우려내는 추출extraction이나 열의 전달을 연구하던 화학자

벤저민 톰프슨^{Benjamin Thompson}이 저온 조리법인 수비드^{sous vide}를 발명하는 등 요리와 화학의 연결고리는 매우 단단하다.

앞에서 나노입자를 만드는 고전적이며 대표적인 반응인 화학적 환원에 대해 살펴봤다. 화학 반응이 진행되려면 활성화 에너지라는 거대한 장벽을 넘어야 하므로 다른 작업이 더 필요하다. 화학적 환원이라는 접근법은 반응물이라 부르는 처음 상태가 생성물이라 부르는 최종 상태, 곧 결과물로 만들어지기 위한 방향을 의미할 뿐이며, 실제로 성립하기 위해서는 조건과 노력이 필요한 것이다. 환원될 준비가 된 원재료가 있으며, 이들을 환원시킬 첨가 물질들이 있다고 해서 모든 일이 순조롭게 흘러가지는 않는다. 조금 더 와닿을 만한 예를 들자면, 서울에서 부산까지 기차를 타고 이동한다는 접근 방법과 방향이 있다고 저절로 부산에 도착할 수는 없는 것과 같다. 우리는 실제로 역에서 기차에 올라타 일정 시간을 보내며 이동해야 하며, 도착해서 개찰구를 나와야만 부산에 도착한다는 결과가 완성되기 때문이다. 화학의 관점에서 우리에게는 기차를 탈지, 비행기를 탈지, 심지어 걸어서 이동할지의 선택지가 주어지며, 이들이 각각 화학 반응이라 이름 붙여진 방식이다. 많은 화학자가 언제나 고뇌하는 것은 '안 될 이유가 없는데도 안 되는 것'과 '될 이유를 찾을 수 없는데도 된 것'으로 대표된다. 이는 화학 반응이라는 전제조건을 성립시키는 숨겨진 비밀들이 여기저기 자리 잡고 있음을 뜻한다.

가열을 활용한 방법들

규모나 결과물이나 다소 낯선 나노화학에 적용되는 화학 반응들은
물론 매우 낯설게 느껴질 것이다. 그러니 조금 전에 화학과 가장 가
까이 있다고 주장했던 요리를 기준으로 복잡해 보이지만 의외로
간단한 반응들을 살펴보자.

가장 원시적이고 단순한 조리법은 역시 재료를 불에 넣어 가열
하는 직화구이다. 화학에서도 직화구이를 하는가? 조금은 이상하
고 낯선 질문이지만 답을 한다면 그렇다. 물질을 만들기 위해서일
때도 있고, 대부분은 불순물을 날려 보내는 과정이나 불꽃색 관찰
처럼 분석 용도로 사용될 수 있다. 불과 직접 닿게 하는 것보다는
세라믹이나 백금 등 매우 안정하고 내열성이 높은 도가니에 넣은
채로 가열하는 방식이 일반적이다.

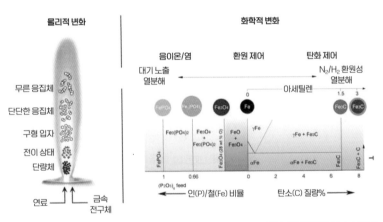

[그림 3-6] 분사 열분해 재료 물질을 분무기로 뿜어내듯 분사해 불을 통과하며 순식간에
반응을 일으키는 합성법이다.(출처: 위키백과)

　　　　　　　　　　　　　　　　　　　　　나노화학

의외로 나노화학에서는 물질 자체를 직화 처리하는 사례도 많다. '분사 열분해spray pyrolysis'라는 합성법이 원소 직화구이에 해당한다. 작은 나노 크기가 유지되어야 하므로 분무기처럼 재료 물질을 분사해 불을 통과하며 높은 에너지로 순식간에 반응이 일어나게 된다. 분사할 물질과 분사기와 불꽃만 있다면 시도할 수 있으니 드는 비용도 적고 간단하다는 장점이 있다.[7] 그보다 큰 특징이라면 역시 우리에게 주어진 가장 강력한 에너지원 중 하나인 불을 직접 사용하기에 화학 반응을 가로막는 장벽을 손쉽게 넘을 수 있다는 점이다.

용액 속에서 나노물질을 만드는 작업은 국이나 찌개를 끓이는 것과 전혀 다르지 않다. 원하는 양의 물에 필요한 재료들을 넣고 열을 가하는 조리법이 너무나 당연하게 사용되어와서 특별한 이름이 없듯, 화학 반응에서도 크게 한정하지 않고 단순히 '화학합성chemosynthesis'의 일종으로 생각한다. 화학이라는 단어를 들었을 때 흔히 떠오르는 비커나 플라스크 속에 여러 색상의 용액들이 들어 있고, 알코올램프로 가열해 부글부글 끓어오르게 하는 장면 말이다. 요리와는 다르게 화학에서는 물 외에도 다양한 용매를 사용할 수 있다. 생활 속에서는 소독이나 주류에 사용되는 에탄올이나 매니큐어 등을 지우는 아세톤, 심지어 발암물질로 기피되는 톨루엔toluene이나 벤젠, 사염화 탄소CCl4 역시 화학에서는 유용하다. 몇 가지를 예로 들었지만, 용매의 종류는 자주 사용되는 것만 추려도 100여 종을 훌쩍 넘을 정도로 다양하다.

불에 직접 닿지 않고 용매 속에 녹아 있는 물질들이 화학 반응을 일으키기 때문에 우리가 만들 수 있는 온도는 용매가 끓는 온도를 넘어설 수 없다. 일반적인 조건(대기압)에서 물이 끓는 온도, 즉 끓는점은 100℃라 한다. 온도를 조절하기 편한 가열기가 있다면 100℃ 이하 어떠한 온도라도 만들어줄 수 있다. 만약 그 이상의 온도가 필요하다면 어떻게 해야 할까? 아무리 강한 불로 가열해도 끓는점에 도달한 이후의 모든 에너지는 액체를 기체로 상변화하는 데 사용된다. 온도를 더 높일 에너지는 어디에도 없는 것이다.

결국 다른 용매의 사용으로 눈을 돌려야 하는데, 대표적인 극성 용매인 물의 성질을 고려해보면 식초의 주성분이자 산성 물질의 한 종류인 아세트산(118℃), 더 나아가 다이메틸폼아마이드(DMF, 153℃)나 다이메틸설폭시화물(DMSO, 189℃) 등의 극성 용매를 선택해 높은 화학 반응 온도를 만들 수 있다. 온도만으로 용매를 선택하지는 않는다. 화합물마다 성질이 다른 것처럼 이들을 녹이고 안정화할 수 있는 용매도 다르다. 물에는 소금이 매우 잘 녹는다. 한 컵 정도에 해당하는 물 100g에는 상온에서 소금이 무려 36g이나 녹을 수 있다. 더 높은 끓는점을 갖는 같은 극성 용매인 DMF 100g에는 소금이 단 0.04g만 녹는다. 실제로는 더 많은 물질이 모두 녹아 반응에 적합한 온도까지 만들어져야 하기에 용매의 선택은 중요한 단계다.

높은 산 위에서는 물이 100℃보다 낮은 온도에서 끓는다고 한다. 끓는다는 현상은 액체 분자들이 공기 속으로 날아가 기체가 되려는 방향의 압력과 액체를 위에서 짓누르는 대기의 압력이 같아지는 순간, 곧 분자들이 자유롭게 날아갈 수 있는 순간을 의미한다. 높은 산은 대기권이 두텁지 못해 기압이 낮고, 그만큼 낮은 온도에서도 끓음이 일어나게 된다. 단순히 기압이 낮다면 끓는점이 낮아져 밥이 설익게 되며, 이를 해결하기 위해 냄비 뚜껑 위에 돌을 올려두는 방법을 택할 수 있다고 배우곤 하는데, 과연 압력이 미치는 영향이 클까? 지구에서 가장 높은 지역인 에베레스트산의 고도는 8,848m에 이른다. 에베레스트산 정상에서 물을 끓인다면 물은 정상 끓는점보다 한참 낮은 70℃ 전후에서 끓는다.

대기압보다 더욱 높은 압력이 가해지도록 무거운 돌을 올려두거나 단단히 밀봉해서 기체가 빠져나가지 못하게 만든다면 끓는점은 오히려 정상보다 더 높아진다. 음식을 찌는 방식을 연상할 수 있으며, 압력솥의 원리가 여기 해당한다. 화학 반응에서도 기체가 빠져나가지 못하는 압력 용기를 이용해 '수열hydrothermal' 또는 '용액열solvothermal'이라는 전략을 사용한다. 물이 사용되면 수열, 그 이외의 용매가 사용되면 용액열이라 말한다. 압력솥으로 요리하면 더 높은 온도에서 조리할 수 있어서 시간을 줄이고 효율을 높일 수 있듯이, 수열 반응은 끓는점보다 훨씬 높은 온도에서도 물을 사용할 수 있게 해준다. 실제로 수열 반응에서는 물이 300℃까지도 액체 상태를 유지한다.

불로 직접 가열하는 것만큼이나 흔히 사용되는 조리법은 오븐을 이용해 공기의 열로 가열하는 방식이다. 화학에서는 건조한 환경에서 가열함으로써 용매가 모두 날아가도 상관없는, 또는 이미 제조된 가루 형태 나노입자의 열처리와 변형을 목적으로 이런 방식을 사용한다. 유기물이나 수분, 그 외 휘발성 물질들을 태워 제거하는 '하소calcination', 나노입자들이 서로 합쳐지거나 구조를 바꾸도록 열을 가하는 '소결sintering', 가열한 후 서서히 온도를 낮춰 높은 결정성

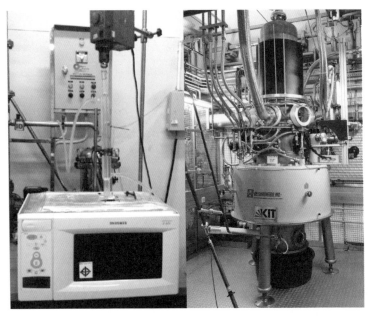

[그림 3-7] 마이크로파 반응기와 자이로트론 수분을 이용하는 마이크로파 반응기와 전자의 사이클로트론 공명을 이용하는 자이로트론.(출처: 위키미디어 코먼스)

과 혼합을 일으키는 '풀림annealing'이 대표적인 오븐 가열의 종류다.

반대로 촉촉하게 수분이 함유되어 있을 때만 사용할 수 있는 조리법도 있다. 전자레인지라는 가전 제품명으로 알려진 '마이크로파 반응기microwave reactor'다. 마이크로파는 파장이 긴 빛의 한 종류이며 물에 흡수된다. 마이크로파가 양과 음의 전기장을 번갈아 만들며 진동할 때, 대표적인 극성 분자인 물 분자도 이쪽저쪽으로 번갈아 힘을 받으며 회전한다. 분자들이 회전하고 움직이며 서로 충돌하면서 열이 발생한다.

요리에서는 어쩔 수 없이 물만 사용하지만, 화학 반응에서는 마

나노화학

이크로파를 흡수할 수 있는 여러 용매가 사용된다. 몇십 초만 작동해도 냉장 및 냉동식품을 충분히 데울 수 있는 것처럼, 마이크로파는 짧은 시간 안에 거대한 에너지를 가할 수 있어서 일반적인 가열로는 어려운 화학 반응을 단시간에 완성하는 데 사용된다. 물론 나노입자의 합성에도 사용될 수 있는데, 가열함으로써 용액 속에서 화학 반응을 일으켜 금 나노입자를 만드는 데 보통 20~30분가량 소요되는 것에 반해 마이크로파는 몇십 초 안에 포도주색 금 입자 용액을 만들어낸다.

물론 빠름이 언제나 좋음을 의미하지는 않는다. 가능한 결과의 수가 정해진 하나의 분자를 대상으로 한 유기 화학 반응에서는 이득이 더 많지만, 원자들이 쌓이는 경우의 수가 끝없이 많은 나노화학에서는 오히려 온갖 모양의 물질이 뒤섞인 결과를 낳기도 한다. 열역학적인 지배가 이루어지기 전 급속 가열로 인한 반응속도론적 지배가 말 그대로 화학 반응을 지배할 것임을 유추할 수 있다.

파장에 따라 빛의 종류가 여럿 구분되었던 것처럼, 마이크로파 이외에도 높은 에너지를 갖는 자외선을 이용해 화학 반응을 시작하거나 열에너지로 전환하는 데 유리한 적외선으로 가열하는 방식도 사용되고 있다.

냉각을 활용한 방법

가열로 조리하는 방식들을 위주로 살펴봤지만, 오히려 냉각함으로써 결과물을 만드는 경우도 종종 있다. -196℃인 액체 질소를 사용해 우유나 과일주스 등을 빠르게 얼려서 아이스크림을 만드는 제품들이 한때 유행했었다. 육류나 채소를 오래 보관하려고 냉동했다가 해동하면 처음보다 질감이나 맛이 떨어진다고 알려져 있다. 실제로도 그렇다. 물이 얼음으로 바뀔 때 부피가 약 9% 정도 늘어나므로 냉동과 해동 과정에서 세포가 파괴되는 등 생체 조직이 변질되는 현상을 피할 수 없다. 실세로 생명과학 분야에서는 냉동과 해동을 반복해 세포들을 터뜨려 내부에 있는 물질들을 모으고 분석하곤 한다.

많은 부분에서 요리와 화학이 다르지 않았듯, 냉동과 해동의 영향도 하필 크게 다르지 않다. 금이나 은 또는 여타 유용한 원소로 이루어진 나노입자를 만들었다 해도, 오랫동안 보관할 목적으로 냉동실에서 꽁꽁 얼려둔다면 해동 후 처참한 모습을 만나게 된다. 나노물질이 나노 형태로 거동하려면 이들이 서로 뭉치거나 가라앉지 않도록 도와줄 또 다른 물질들이 필요하다. 보통 긴 사슬 형태로 자유롭게 꺾이고 움직일 수 있는 고분자 화합물이 사용되는데, 냉동과 해동 과정에서 고분자 사슬이 서로 연결되거나 들러붙게 된다. 결국 나노물질이 더는 나노가 아닌, 거대하고 무의미한 덩어리가 되어 흙탕물 속의 모래알처럼 바닥에 가라앉아 다시는 나노로 돌아가지 못한다.

하지만 고분자 화합물이 관심 대상이 된다면, 이제껏 주로 이야기했던 금속 나노입자가 아닌 고분자 나노입자를 만드는 데 사용할 수 있게 된다. '냉해동 주기법^{freeze-thaw cycle}'이라는 이름으로 냉동

[그림 3-8] **초음파화학** 파동이면서 에너지를 가진 초음파를 이용해 화학 반응을 일으키기도 한다.(출처: M. Noroozi et al., PLoS ONE, 2016)

과 해동을 번갈아 반복하며 나노 크기의 구조체나 연결고리를 만들고, 나노물질의 겉면을 변형시키는 방식이다.

화학에만 사용되는 방법도 많다. 예를 들어 안경에 묻은 얼룩이나 먼지를 씻어내거나 찌든 때를 벗겨낼 때 사용하는 초음파를 이용해 화학 반응을 일으키기도 한다. '초음파화학sonochemical'이라는 이 방식은 음파 역시 파동이며 에너지를 가지고 있기에 사용될 수 있다. 활성화 에너지 장벽을 넘을 정도의 에너지를 제공해 화학 반응이 시작되게 하는 보텀업은 물론이고, 단단하게 뭉친 물질을 작게 자르고 쪼개 나노 크기로 만드는 톱다운 방식으로도 사용될 수 있다.

다른 신기한 예로 쇠구슬을 가득 채운 통을 회전시켜 구슬들이 충돌하고 튕기는 에너지를 이용해 화학 반응을 일으키는 '볼밀링ball-milling'도 있다. 큰 물질을 작게 부술 수도 있고, 에너지를 이용해 화학 반응을 일으켜 완전히 다른 형태로 탈바꿈시킬 수도 있다. 심지어 질소와 수소 기체로 암모니아^{NH_3}를 만들어 농업 비료를 비롯한 질소화합물 사업이 시작되게 한 하버-보슈법보다도 3.3배나 높은 수율을 볼밀링 방법으로 성공한 사례도 최근 보고되었다.[8]

요리와 화학은 닮은 면이 많다. 최종 목적이 먹기 위한 것을 만드는가 사용할 물질을 만드는가로 구분되지만, 목적지에 이르기 위한 과정은 크게 다르지 않다. 요리에서만 사용되는 기술도 있고, 화학에서만 쓰이는 방식도 있다. 하지만 완전히 다른 두 분야라고 미리 선을 그어버리지 않는다면, 화학에서 영감을 얻는 요리들도 생겨날 것이며 조리법을 적용한 새로운 화학 반응의 실마리도 잡힐 것이다. 실제로 화학 반응과 과학 실험 장비들을 사용한 분자요리라는 새로운 분야가 생겨난 것처럼, 온전히 먹는 것을 목표로 한 화학도 조만간 우리 앞에 나타나지 않을까.

나노물질을 건축하다: 층별 증착

이름과 원리뿐이지만, 온갖 방법으로 나노물질을 만들 수 있음을 살펴봤다. 화학자에 본격적인 뜻을 두고 있는 사람이나 취미로라도 나만의 나노물질 수집품을 꾸려볼 사람이 아니라면 알아두는 것이 과연 의미가 있을지 의아할 수도 있다. 하지만 쌀이 있어야 밥을 지을 수 있고 흙이 있어야 그릇을 만들 수 있는 것과 같다. 조금 비틀어 과장하자면 수학자가 되고 싶지 않아도 숫자와 기본적인 사칙연산은 할 줄 아는 편이 사는 데 도움이 된다. 나노가 사용될 미래의 과학·기술·산업·의료·환경·전자 등 첨단 분야를 이해하고 예측하려면 나노물질이라는 가장 기본적인 부분을 아는 것이 큰 힘이 될 것이다.

이런 맥락에서 나노재료화학자인 나는 스스로를 1차 산업 종사자라고 부른다. 콜린 클라크Colin Grand Clark는 1940년 저서 《경제 발전의 조건The conditions of economic progress》에서 산업 구조를 세 가지로 구분했다. 그중 직접 자연에 작용해서 생산하며 비탄력적 수요를 갖는 농업, 수산업, 목축업 등을 1차 산업으로 구분했다. 나노물질은 그 자체로도 특색이 있지만, 생산품이자 새로운 재료가 되어 본격적인 활용의 도구로 사용된다. 만들어진 다양한 나노물질을 특징에 맞게 적용한다면 2차 또는 3차 산업에 해당하는 제조와 서비스 측면으로 발전하게 된다. 나노 세계의 아름다움을 이야기하며 가볍게 꺼냈던 나노물질이 하나의 블록이 되어 거대한 결과를 만든다.

나노물질과 나노입자라는 용어를 여러 번 뒤섞어 사용한 것이 이상하다고 느꼈을지도 모른다. 하나 추가하자면 나노결정이라는 단어까지도 사용되곤 한다. 낯설게 느껴진다면 나노라는 글자만 살짝 가려두자. 단지 우리가 바라보는 세계의 작음을 표현하고 한정하기 위해 사용된 만큼, 물질과 입자, 결정이라는 부분만 떼어놓고 보면 그다지 새롭지는 않다. 가장 넓은 의미에서 나노화학의 1차 산업 영역에서 만드는 모든 물질을 나노물질이라 표현한다. 이들 중 입자, 즉 알갱이라고 설명해도 무리 없을 형태에는 나노입자라는 표현이 사용된다.

나노 크기로 작은데도 알갱이가 아닐 수도 있는가? 물론이다. 예를 들어 머리카락처럼 매우 긴 나노 선을 그려보자. 지름이나 두께에 해당하는 방향으로는 명백히 나노 세계의 대상일 것이다. 하지만 길이는 얼마든지 길어질 수 있으며, 나노를 넘어 몇십, 몇백 마이크로미터까지 뻗어갈 수도 있다. 이 경우 나노 크기에 걸쳐 있지만 한 방향에서는 나노를 벗어난 다른 형태이므로 그 모양을 따라 나노 와이어^{wire}라는 용어를 사용하곤 한다.

결정이라는 단어는 흔히 눈 결정이나 소금 결정처럼 일정한 규칙성이나 식별할 수 있는 형태성을 갖는 아주 작은 대상에 사용한다. 나노결정도 우리가 명확히 표현하고 설명할 수 있을 정도의 매우 작고 규칙적인 나노물질을 부르는 데 쓰인다. 이제부터 입자나 결정 등 모든 대상을 가장 큰 범위에서 나노물질이라 부르겠다.

작고 독특한 조각들로 할 수 있는 일은 생각보다 다양하다. 어쩌면 모든 일은 작은 조각들이 모여 이루어지는 것일지도 모른다. 하나하나 색이 다른 작은 조각들을 모아 배열한다면 모자이크 방식의 예술 작품을 만들 수 있다. 보이는 색상을 이용해 예술 작품을 만드는 것 외에도 작은 조각들을 쌓아 조형물이나 건축물을 만들기도 한다. 나노물질도 건축물을 만드는 조각이 될 수 있지만, 다시금 하나의 곤란함이 드러난다. 나노물질을 만드는 방식이 톱다운과 보텀업으로 구분되었고, 균일한 크기와 형태를 얻기 위해서는 작은 세계에서부터 다가설 수밖에 없었듯이, 직접 손으로 쌓아 건축할 수는 없다. 적어도 나노 세계에서는 말이다.

결국 다시 한번 작은 것들이 스스로 쌓이기를 기대해야 한다. 우연이나 기적에 의해서가 아니라 철저히 화학 원리에 따라 조절하는 것이지만, 단 하나의 오류도 없이 완벽할 수는 없다. 쌓음의 화학은 모양이 일정하게 정해진 단단한 금속의 드러난 겉면에 비교적 부드럽고 자유로운 작은 유기화합물을 달라붙게 하는 시도에서부터 싹튼다. 금속에 달라붙을 수 있는 원소가 끝에 달린, 자신들끼리 차곡차곡 줄 설 수 있는 모양을 가진 유기화합물을 선택한다면 그 결과는 빼곡하게 달라붙어 하나의 층을 이루는 1층짜리 주택이 된다. 이 간단하지만 기발한 방식을 '자가조립 단분자막self-assembled

^{monolayer'}이라 부르며, 현재 반도체를 비롯한 회로나 기판, 칩 등을 설계하고 가공하는 데도 사용된다.⁹

한 층을 올렸다면 다음 층을 올리는 것도 가능하다. 화학에는 함께 있기를 좋아하는 특성과 밀어내는 특성이 구분되기 때문이다. 양(+)과 음(-)은 서로 좋아하며, 같은 극 또는 전하끼리는 밀어낸다. 물이나 염화 수소^{HCl}, 암모니아 등의 극성인 물질들은 서로 좋아해 간단히 녹아들고 뒤섞이지만, 이산화 탄소나 사염화 탄소, 벤젠 같은 무극성 물질과는 밀어내 혼합되지 않는다. 특히 양과 음은 명확하게 성질이 구분되니, 번갈아 올린다면 우리가 노력을 기울이지 않아도 모든 것이 저절로 이루어진다.

1층 건물의 옥상이 양전하를 띠고 있다면 음전하를 띠는 작은 조각이나 유기화합물, 고분자 무엇이든 저절로 건축을 시작해 2층 건물이 만들어진다. 이제 2층 건물 옥상은 음전하가 되었으니 1층을 짓는 데 사용한 것과 같은 물질이든 아니면 새로운 양전하 조각

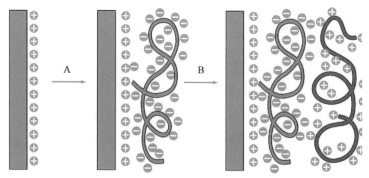

[그림 3-9] **층별 증착** 층별 증착 방식은 층마다 다른 성질을 부여하거나 층수에 따라 특성을 더욱 강력하게 만들 수도 있다. (출처: 위키미디어 코먼스)

나노화학

이든 3층을 올리는 데 적극적으로 참여한다. 원하는 만큼 층마다의 특성에만 유념하며 넣어준다면 얼마든지 높은 건물을 만들 수 있다. '층별 증착Layer-by-Layer deposition, LbL'이라는 이 방식은 층마다 다른 성질을 부여할 수도 있고, 쌓여가는 층수에 따라 특성을 더욱 강력하게 만들 수도 있어서 쓸모가 있다.[10] 층별 증착을 사용한다면 스위치를 올려 전압이 걸리게 하면 불투명해지거나 색이 변하는 스마트 유리를 만들 수 있다.

무작정 높게만 쌓는다고 훌륭한 건축물이라 할 수는 없다. 같은 층 안에서도 규칙적으로 공간을 활용해 방을 배열하거나, 방마다 다른 특징과 기능이 있다면 실용성이 더욱 높아진다. 두 종류 또는 그 이상의 나노물질들을 규칙적으로, 그리고 저절로 배열되게 하려면 또다시 특별한 작업이 필요하다. 건축 자재로 사용될 조각마다 다른 성질을 부여한다면, 만들어질 선택지도 끝없이 늘어난다.

나노 세계의 작음과 화학에서의 의미, 나노 세계에 속한 물질을 만드는 여러 방법, 그 조각들을 연결하고 쌓아 올리는 가장 중요한 기술들을 살펴봤다. 이 모든 의미가 나노 세계의 특별함과 나노물질이 보이는 신기하고도 유용한 특색 때문이라면, 어디에서 유래하고 어떻게 구분할 수 있을까?

4장

주기율표가
알려주는
나노물질의 특성

화학 최고의 발명품, 주기율표

화학의 기본 구조와 원리는 매우 간단히 말할 수 있다. 첫째, 원자들은 일정한 규칙에 따라 연결되어 분자를 만든다. 둘째, 분자는 각기 다른 특성을 갖는 물질의 단위가 된다. 셋째, 분자 구조의 변화나 각 분자 사이의 관계, 상호작용은 물질의 정보와 사용 범위, 가능성과 연결된다. 수소 두 개와 산소 한 개가 만나 물이 만들어질 때까지는 어려움 없이 흥미롭기만 한 화학이지만, 원자가 하나씩 늘어나고 구조가 평면을 떠나 입체를 고려해야 할 순간이 오면 갑자기 불편하게 느껴진다. 알게 된 것이 늘어가며 곧 알아야 할 내용이 산더미처럼 쌓였다는 것을 깨닫는 순간부터 과학에 대한 흥미가 숨이 막히는 듯한 느낌으로 변한다. 단 세 개의 원자로 이루어진 물에서 어느 순간 20,992개의 원자로 이루어진 보툴리눔 독소(보톡스)까지 확장된다면 질리지 않을 사람이 누가 있겠는가.

무지막지한 확장 작업은 다행히도 원자와 원소 단 두 가지가 기

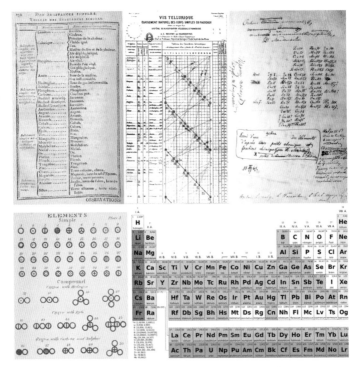

[그림 4-1] 주기율표의 변천 주기율표는 모든 원소를 원자번호가 하나씩 높아지는 순서대로 배치한 표다. 원자번호는 각 원자가 보유한 양성자 수다.(출처: 위키백과)

본 요소라는 점에서 흥미를 잃지 않는 길로 살며시 관심을 돌릴 수 있다. 질적 측면, 곧 원소에 주목한다면 그야말로 눈 깜짝할 순간만 존재할 수 있는 원소마저 포함해도 118종류에 불과하니 우리 고민은 줄어든다. 더욱이 원자 하나하나를 결합으로 연결해 배열하기보다 쌓고 줄 세우고 짜 맞춰 생겨나는 나노입자에서는 원소의 중요성이 더 커진다.

원소 이야기를 펼칠 때 피할 수 없는 대상이 있다. 바로 화학 역사상 최고의 발명품이라 불리기도 하는 원소 주기율표다. 간략히 주기율표라고 불리기도 하는 가로 8줄(그중 2줄은 심지어 멀찌감치 떨어져 있다)과 높낮이가 들쭉날쭉한 세로 18줄로 만들어진 표는 정말 의미 있는 걸까. 주기율표가 만들어져야 할 이유는 화학에 대한 지식이 쌓여가며 점차 커졌다. 세상을 이루는 기본 요소를 찾아내려는 노력은 물질이 한 손에 꼽을 정도의 요소가 아니라 예상보다 많은 종류의 조각으로 만들어졌다는 사실이 밝혀지며 다소 곤란해졌다. 전기의 발생과 활용은 빠르게 원소들을 분리해갔으며, 오래지 않아 약 60종에 달하는 원소가 확인된다.

영어의 모든 문장은 단 26개의 알파벳으로 만들어진다. 다양한 표현이 가능한 한글도 이중자음과 이중모음을 포함해도 총 40개의 요소로 모든 발음이 이뤄진다. 이들을 능숙하게 사용하기 위해 암기하는 데도 순서를 정하고 노래를 만들어 반복적으로 되새기는 과정이 필요하다. 원소는 주기율표가 탄생하기도 전에 이미 63개의 원소가 드러났으니 더 복잡한 상황이다. 심지어 원소마다 발견자도 제각각이고 국적도 제각각, 관심사도 제각각이니 원소의 이름도 일관성 있게 설명할 수 없는 상황이다.[1]

원소를 배열하는 규칙은 다양하다. 깔끔하게 표현하려면 알파벳 순으로 나열할 수 있다. 사전에서 필요한 곳을 색인하듯 가장 빠르게 필요한 원소를 찾는 방법일 것이다. 발견된 일시를 기준으로 삼을 수도 있다. 원소 발견의 역사와 화학 기술의 발전을 느껴볼 수도 있을 테고, 이후 새롭게 발견되는 원소들을 뒤에 하나씩 덧붙이기만 하면 되니 관리하기도 편한 방식이다. 이런 나열 방식이 사용된

적 없었다고 말한다면 주기율표 발견의 극적인 장면을 보이고 싶은 거짓말일 것이다. 그렇다며 여러 방식 중 우리가 알고 있는 가로세로 방향을 갖는 배열이 어떤 이유로 유독 뛰어난 것일까.

원자를 구성하는 세 가지 요소(양성자, 중성자, 전자) 중 화학에서 어떤 일이 있더라도 절대 변하지 않아야 하는 것은 단 하나, 양성자뿐이다. 양성자의 개수가 변할 수 없다는 절대적인 규칙이 있는 것은 아니다. 단지 양성자의 개수가 곧 어떤 원소인지를 결정하는 단 하나의 조건이므로 양성자 개수가 변한다면 더는 처음과 같은 물질이 아니며, 우리가 고려할 필요도 없는 셈이다. 적어도 원자핵을 마음대로 조작할 수 없던 화학에서는 말이다.

양성자의 개수를 '원자번호^{atomic number}'라 부르며, 주기율표는 원자번호가 하나씩 높아지는 순서대로 모든 원소가 배치되어 있다. 원자번호에 따른 배열은 성공적인 방식이었지만, 중성자의 개수가 제각기 다른 동위원소가 원소마다 다른 종류와 비율로 존재한다. 그래서 때때로 원자번호의 증가가 언제나 원자량(원자의 질량)의 증가로 이어지지 않기도 한다. 1번부터 순서대로 번호가 높아질수록 원자량도 꾸준히 늘어난다. 하지만 27번 코발트^{cobalt, Co}의 원자량 58.933은 이보다 높은 번호인 28번 니켈^{nickel, Ni}의 원자량인 58.693보다 조금이나마 더 크다. 이는 유일한 예외가 아니다. 52번 텔루륨^{tellurium, Te}의 원자량 127.60은 바로 뒤의 53번 아이오딘^{iodine, I}의 126.90보다 더 크다. 예외가 관찰되었다고 주기율표에 오류가 있다고 할 수는 없다.[2] 처음부터 원자량이 아닌 원자번호를 기준으로 삼았기 때문에 나타난 사소한 특징일 뿐이다.

나노화학

모두를 위한 주기율표 사용법

드미트리 멘델레예프$^{Dmitrii\ Ivanovich\ Mendeleev}$는 주기율표를 만들며 가로세로 칸으로 짜인 형태를 가장 처음 완벽하게 활용했다. 그는 비슷한 화학적 성질과 생성 화합물을 기준으로 같은 족^{group}으로 구분될 만한 원소들을 한 가족으로 묶어 세로 칸에 넣고 원소가 발견되지는 않았지만 있을 것으로 추정되는 위치는 빈칸으로 남겨두었다. 빼곡히 채워진 퍼즐 중 빈칸이 한두 곳 있다면 채우고 싶은 게 보통 사람의 심정일 것이다. 후대 화학자들은 빈칸을 모두 채우는 데 성공했으며 그 이후로도 퍼즐을 더 넓게 늘려갔다.

지금부터는 주기율표의 의미와 사용에 대해 솔직하게 이야기해 보자. 첫 번째 궁금증은 "주기율표는 어떤 이유로 화학 최고의 발명품이라는 찬사를 듣는가?"라는 가장 본질적인 내용이 아닐까 싶다. 좀 더 직설적으로 이야기한다면 "과연 주기율표는 실제로 쓰이는가?"일 것이다. 주기율표는 분명 화학의 모든 조각이 질서 있게 쓰인 보기 좋은 표다. 하나 또는 두 개의 알파벳으로 채워진 모습은 굉장한 비밀을 담은 것처럼 보여서 따라가며 읽다 보면 중세 연금술사가 된 듯한 느낌도 든다. 하지만 보통은 단순히 순서대로 외우거나 원소 기호와 원소 이름을 짝지어 기억해서 가장 대표적인 화학 지식을 뽐내려는 용도 외에는 큰 쓸모가 없어 보이기도 한다. 어쩔 수 없는 일이다. 화학 관련 직종에 있는 사람들조차 이 많은 원소를 모두 사용하지는 않는다. 오직 화학자만, 그중에서도 무기화학이나 재료화학을 연구하는 화학자만 모두 사용한다. 하지만 그들

만을 위해 만들어진 표는 아니며, 실제로 사용하지는 않더라도 필요한 정보를 얻고 가려는 길을 찾아내는 용도로는 모두가 사용할 수 있다.

가장 자주 사용하는 예시인데, 주기율표는 버스나 지하철 같은 대중교통의 노선도와 같다고 할 수 있다. 버스와 지하철에는 수많은 종류가 있으며, 제각기 다른 노선으로 도시 구석구석을 누빈다. 대중교통 관련 사업에 관련된 사람이라면 이 모든 것을 대략적으로나마 알고 있을 것이다. 하지만 사람들 대부분은 자신이 주로 이용하는 노선만 기억할 것이다. 심지어 그 노선의 모든 정류장 이름과 순서를 외우는 사람도 흔치 않다. 나에게 필요한 정보만 선택적으로 사용할 뿐이다. 그런 사람들에게도 거미줄처럼 복잡하게 그려진 전체 노선도는 매력적이다. 어느 순간 전체 노선도가 필요한 때가 찾아오기도 한다. 새로운 목적지에 가야 할 일이 생겼을 때 비로소 노선도를 다시 한번 자세히 들여다보며 거쳐야 할 길과 거리를 머릿속으로 계산해보곤 한다.

주기율표도 이와 같다. 많은 경우 같은 족으로 묶인 원소들은 비슷한 성질을 보이곤 한다. 애초에 화학의 기본이라 강조했던 전자, 그것도 실제로 화학 결합을 만들거나 전자를 주고받는 데 이바지하는 가장 바깥쪽, 최외각 전자의 개수 별로 배열된 셈이니 화학적으로 유사한 것이 당연하다. 새로운 성질의 물질이나 새로운 화합물을 만들고 성질을 예측할 때 주기율표를 다시금 들여다보게 된다. 탄소, 산소, 질소 등이 몇 개의 원자와 결합할 수 있을지, 금이나 은, 구리는 왜 전기 전도성이 뛰어난지, 리튬이나 소듐, 포타슘

potassium, K은 왜 물과 만나면 폭발하는지 모두 주기율표에 정리되어 있다.

결국 주기율표를 외우는 것은 큰 의미가 없으며, 필요할 때 쓰기 위해 만들어진 지도이자 사전이라 할 수 있다. 매우 비슷한 유형이 수학에도 있다. '3.14159265……'로 끝없이 이어지는 원주율(π)이나 '2.71828182……'로 이어지는 자연로그의 밑(e)과 같은 수학의 무리수이자 초월수도 주기율표와 같은 위치라고 볼 수도 있다.[3] 한 번쯤 아무 이유 없이 어디까지 기억할 수 있을지 경쟁적으로 외워보기도 하지만, 실제로 사용하는 범위는 겨우 소수점 둘째 또는 셋째 자리 정도일 뿐이다. 하지만 유용하게 사용한다면 수많은 계산이 가능해진다.

주기율표의 사용 방식은 무궁무진하겠지만, 물질을 만드는 기본 요소라는 관점에서 나노물질을 만드는 데 어떤 원소들이 사용되며 어떤 식의 새로움을 보여줄 것인지에 초점을 맞춰 원소 여행을 떠나보자.

금은동 나노입자의 독특한 색상

여러 자극 중 우리는 시각에서 가장 큰 영향과 감흥을 느낀다. 울창한 정글이나 거대한 폭포, 깎아내린 듯한 절벽까지 눈 앞에 펼쳐진 모습에서 엄청난 감동이 머리에 새겨지곤 한다. 나노물질도 마찬가지다. 알갱이 하나하나는 보이지 않지만, 이들이 모여 만드는 시각적인 변화가 가장 먼저 흥미를 불러일으킨다. 그리고 시각적인 특징 중에서 익숙하지만 가장 큰 신비감을 느끼게 하는 것은 '색'임이 분명하다.

색만큼이나 직접적인 정보를 주고, 반대로 직접적인 오해를 불러일으키는 감각도 없다. 인간이 눈으로 인식할 수 있는 400nm에서 700nm 사이의 파장은 여러 색으로 구분되며 가시광선이라 불렸다. 우연한 결과인지 인간이 진화 과정에서 이루어낸 성과인지는 모르지만, 지구에 있는 모든 동식물을 색상으로 구분해 파악할 수 있는 빛이 여기 속한다. 새빨간 장미꽃을 보는 순간, 우리는 빨간색에 속하는 파장의 빛이 장미꽃잎에서 반사되어 눈으로 들어오는 결과로부터 아름다움을 느낀다. 장미꽃잎이 반사하는 빛이 빨간색 가시광선보다 조금 더 벗어난 적외선이었다면 더 아름다웠을까? 그럴 리 없다. 보이지 않는 적외선만 눈으로 들어오니 장미꽃은 단순히 새카만 꽃으로 보일 것이다. "장미에는 가시가 있다(Roses have thorns)"라는 말은 아름다움에 현혹되지 말라는 경고가 아니라 정말로 불길하고 위험한 대상을 조심하라는 경고로 바뀔 것이다.

색이 불러일으키는 감정은 경험과 맞물려 복합적이다. 청명한 푸른색 하늘은 시원한 느낌을 주고, 새파란 바다나 에메랄드빛 열대 해안의 모습은 설렘을 일으킨다. 하지만 어두운 밤의 바다를 바라보거나 더는 들여다볼 수 없을 만큼 깊은 바다의 어두운 푸른색은 척추 끝에서부터 스멀스멀 기어오르는 듯한 미지의 공포로 변한다. 빨간색 꽃은 아름답게 보이고 빨갛게 물든 과일은 잘 익어 먹음직스러운 것으로 인식된다. 하지만 새빨간 작은 개구리나 나무 밑에 솟은 빨간 버섯은 학습된 지식에 의한 것인지는 몰라도 죽음이 연상되곤 한다. 여러 가지 색을 뒤섞어 표현한 그림은 관람객을 화려함에 매혹되도록 만들지만, 바닷속에서 만나는 알록달록한 생명체들은 아름다움 외에도 이질적인 불안감을 느끼게 한다.

이 모든 색은 체모와 치아, 피부의 색만으로 이루어진 인간이 갖지 못한 화려함이었고, 선사 시대부터 이에 대한 갈망이 있었다. 동물과 식물에서 추출한 천연염료는 삭힌 소변의 알칼리성을 이용해 옷감과 가죽에 고정되었고, 광물을 가루 내 얻어진 무기 염료는 벽화와 그림을 그리고 외모를 꾸미는 데 유용했다. 천연염료의 색상은 유기화합물의 구조를 이루는 탄소들이 연결되는 방식이 어떤지

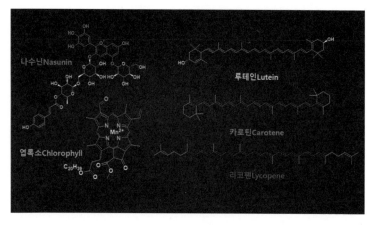

[그림 4-2] 공액계에 따라 달라지는 화합물의 색 물질의 색은 탄소의 연결 방식과 길이에 따라 달라진다. 전자가 자유롭게 이동할 수 있는 경로의 길이에 따라 흡수할 수 있는 빛의 파장이 다르기 때문이다.

(단일 결합과 다중 결합의 반복), 그리고 얼마나 길게 뻗어 있는지에 따라 결정된다. '공액계conjugated system'라는 이 관점은 전자가 자유롭게 이동할 수 있는 경로의 길이에 따라 흡수할 수 있는 빛의 파장이 다르다는 의미가 되어 물질의 색상과 연결된다. 10개의 공액계로 이루어진 달걀노른자의 노란색 색소 루테인lutein보다 11개의 공액계인 당근의 주황색 색소 베타카로틴β-carotene이 더 긴 파장의 색을 보인다. 같은 11개의 공액계여도 꺾인 형태인 베타카로틴보다 곧게 뻗은 리코펜lycopene은 더 긴 파장인 빨간색 색소가 되며 토마토의 색을 나타내는 물질이다.[4]

 광물 같은 무기화합물의 색상은 전혀 다른 방식으로 생겨난다. 금속 원자의 전자가 위치한 오비탈orbital의 에너지는 무기화합물의 구조에 따라 바뀐다. 하나의 금속 원자를 중앙에 두고 주위의 물질들이 사각형 모양으로 배치되는 것과 사면체 모양으로 배치되는 것, 팔면체 모양으로 배치되는 것이 같을 수는 없다. 그 결과는 금속 원자의 오비탈 에너지들이 각기 다른 높낮이를 갖는 형태로 갈라진다. 원자 모형에서 에너지의 간격에 따라 다른 파장의 빛을 흡수하거나 방출할 수 있었고, 그 결과가 수소 원자의 선스펙트럼으로 나타났던 것과 같다. 무기 염료는 물질의 화학적 구조에 따라 에너지 높이가 달라지며 서로 다른 파장의 빛과 관계가 나타나는 것이다.[5]

나노입자의 색은 둘 중 어떤 원리에 의해 나타나는 결과일까. 나노라는 작은 크기만 생각한다면 공액계와 같은 방식이 작용할 법도 한데, 금속이라는 구성이라면 무기화합물처럼 '장이론field theory'을 따를 것도 같다. 그런데 모든 나노입자가 특별한 색을 갖는 것은 아니다. 모든 가시광선을 흡수하지 않아 새하얀 색으로 보이거나 모든 가시광선을 흡수해 새카만 색으로 보이는 경우가 많다. 자외선차단제에 사용되는 산화 아연ZnO이나 이산화 타이타늄TiO2, 연마제나 흡습제 등으로 흔히 쓰이는 이산화 규소SiO2 등은 모두 하얀색이고, 탄소 화합물들과 더불어 텅스텐tungsten, W, 몰리브데넘molybdenum, Mo 등 전이금속의 칼코젠chalcogen 화합물(16족 원소들)은 어두운색이 흔하다. 낯선 이름이지만 아름다운 색을 갖는 나노입자도 있다. 삼산화 텅스텐WO3은 청람색이고, 길쭉한 막대 모양의 오산화 이나이오븀Nb2O5은 흐릿한 하늘빛을 보인다. 모두 금속 원소가 산소와 함께 만드는 물질이라는 걸 '화학식chemical formula'을 통해 확인할 수 있다. 일상에서도 자주 들어 친숙한 세라믹에 해당하는 물질들이며, 무기 염료처럼 전자가 채워지는 에너지의 간격에 따라 특별한 빛과 반응한다. 더 극적이고 선명한 색은 다른 나노입자에서 찾아볼 수 있다. 이미 여러 차례 예를 들었던 스테인드글라스의 색채 말이다.

인류 역사와 함께한 11족 원소들

주기율표의 11족에 자리한 구리와 은과 금은 모든 역사 속에서 언제나 주인공이었다. 자연에서 금속 상태 그대로 출토되어 따로 정련 과정이나 어려운 처리가 필요하지 않았던 구리는 청동의 핵심으로 석기 이후 모든 문명의 시작점이었다. 금이나 은은 '호박금 electrum'이라는 합금으로 자연에서 얻어졌으며, 특유의 색상과 다루기 쉬운 무른 특성, 광택과 희소성으로 경제와 계급주의의 형성에 관여한다. 안정적인 시장경제가 형성된 이후에도 화폐로 사용되는 금화나 은화, 동화를 만드는 재료로 사용되었으며, 11족의 별칭인 '주화 금속coinage metal'은 이런 사용 방식에서 나왔다.

　지폐의 사용은 국가가 경제 가치를 보장하고, 사용이 편하며, 금속 화폐를 만드는 데 쓰이던 귀금속 물질을 절약하게 해주었다.[6] 금과 은, 구리는 장신구 이외의 쓸모가 사라지는 단계를 밟게 되는 것이 아닌가도 싶었지만, 오히려 근대 및 현대 사회로 올수록 표면적인 가치를 넘어 더욱 중요해진다. 시작은 전기의 발명이었다. 인간에게 전기는 빛과 불 이후에 만난 완벽한 에너지의 형태였으며, 만들고 쓰게 된 순간부터 관건은 더 먼 곳까지 빠르고 안전하며 손실이 적게 옮기는 방법을 찾아내는 것이었다. 사실 전기는 흘러갈 길만 마련된다면 자연스럽게 나아가 순식간에 목적지에 다다르곤 하지만, 길을 만들 재료에는 고민할 부분이 많았다.

전기가 잘 흐름을 의미하는 전기전도도가 뛰어난 금속 물질로 통로를 만들면 간단하다. 귀금속인 은(6.2×10^7S/m)이 가장 뛰어난 전기전도도를 보였지만, 저렴하지 않은 가격과 산소와 만나 산화되는 문제가 있었다. 금(4.4×10^7S/m) 역시 순위에 드는 전기전도도를 보이면서도 산화되지 않아 안정성이 매우 뛰어났지만, 높은 가격에 발목을 잡힌다. 구리(5.9×10^7S/m)는 높은 전기전도도와 더불어 금이나 은보다는 가격이 낮아서 전기를 전달하는 통로로 제격이었다. 오늘날에도 전선의 피복을 벗겨보면 구리선이 전기를 옮기는 모습을 흔히 찾아볼 수 있다. 전자의 시대에 들어선 후에도 전기전도도가 높은 데다가 연성이 뛰어나 아주 얇거나 넓게 펼칠 수 있는 특성 덕분에 전자제품의 회로를 만드는 데 다시금 화폐 금속들이 사용되었다.

나노입자 시대를 연 것도 주화 금속들이었다. 이전에도 나노입자가 떠다니는 용액은 흔했다. 단지 하얀색 알갱이가 떠다니는 희석된 우유 같은 모습이나 흙탕물처럼 보이는 거무튀튀한 용액은 나노도 무엇도 아닌 심심한 모습이어서 스쳐 지나친 것은 아닐까. 그에 비해 금이나 은, 구리 나노입자는 선명하거나 독특한 색을 간단히 만들었다. 물속에서건 유리에서건, 심지어 가루 형태로도 고유한 색을 갖는 새로운 물질이 발견되면 여러 분야에 영감을 준다.

앞서 살펴본 높은 전기전도도와 독특한 색상, 나노입자로서의 색상은 모두 이들이 갖는 전자 배치에 따라 나타난다.

세 원소 모두 11족에 속하므로 같은 전자 배치를 가질 것을 예측할 수는 있지만, 도대체 전자 배치가 무엇이길래 이 정도로 독특한 결과를 끌어내는 것일까. 다른 무엇보다 보어가 제안한 여러 개의 전자껍질이 모두 가득 차 있지만, 가장 바깥쪽 껍질에는 단 하나의 전자만 채워져 있다는 점이 특별한 것이다. 전기를 옮겨주는 성질은 결국 자유롭게 이동할 수 있는 입자가 있느냐 없느냐에 달렸다. 물질을 이루는 원자들은 분명 서로 화학적인 관계로 묶인다. 전자를 공유하며 결합을 만들기도 하고, 미리 전자를 내보내거나 가져와서 선호하는 이온 형태로 단단히 달라붙기도 한다. 원자핵이 자유로울 수 없다는 점을 고려한다면, 전자들마저 정해진 위치에 고정하는 결합들은 자유로운 입자가 남아 있지 않다. 설탕을 비롯한 많은 유기화합물이나 고무, 고체 상태로는 자유롭지 못한 소금 등이 모두 전기를 전달하지 못하는 절연체임을 떠올리자. 반대로 금속 대부분은 전기가 잘 흐른다. 금속은 전자를 공유하거나 이온 상태를 이루지 않고 모두가 함께 자유전자를 공유하는 금속결합이라는 또 다른 관계를 추구하기 때문이다.

자유전자가 많을수록 좋을 것으로 생각하기 쉽지만, 오히려 너무 많은 인원이 한 방향으로 움직이려면 충돌이나 막힘을 비롯한 부차적인 문제가 뒤따른다는 점이 원자 세계에도 적용된다. 단 하나의 자유전자로 여유롭고 자유로운 통로를 만드는 주화 금속 원소들은 전기전도도 역시 가장 뛰어난 셈이다.

금속 나노입자의 색상과 기능

이야기가 조금 길어졌지만, 나노입자의 색상도 자유전자에 의해 일어나는 현상이다. 하나의 원자가 하나의 자유전자를 가졌다면 나노입자를 만들기 위해 쌓여가는 몇백, 몇천, 몇만 개의 원자는 그 수만큼의 전자를 제공한다. 나노입자 표면에 자리 잡은 수많은 전자는 구름처럼 분포하는데, 이 집단 거동하는 전자의 구름을 '플라스몬plasmon'이라 부른다. 그럴듯한 이름 때문에 복잡한 원리가 숨어 있을 듯하지만, 플라스몬은 전자의 집단이며 전자는 음(-)의 전하를 띠는 입자일 뿐이다. 결국 플라스몬은 어떠한 힘에 끌려가거나 밀려나는 상호작용이 가능한 구름 덩어리다.

이제 다시금 빛이 등장한다. 빛은 전자기파로 구분되는 것처럼 전기파와 자기파가 파동으로 진행하는 형태다. 나노입자에 빛이 닿아 지나가는 순간 표면의 플라스몬은 전자기파의 파동에 맞물려 늘어났다 줄어드는 반응을 매우 빠르게 반복한다. 모든 빛이 같은 결과를 가져오는 것은 아니며, 나노입자의 크기에 따라 표면의 플라스몬의 양과 크기가 다를 것이고, 소리굽쇠가 같은 주파수에서 공명을 일으키는 것처럼 특정한 파장의 빛에 대해서만 늘어나고 줄어듦의 반복, 즉 공명을 보인다. 일련의 과정을 요약하자면 나노입자 표면에 한정된 플라스몬이 빛에 의해 공명하는 현상, 즉 '국부적 표면 플라스몬 공명localized surface plasmon resonance, LSPR'이다.[7] LSPR은 금과 은, 구리를 포함해 자외선이나 가시광선 또는 적외선 영역에서 특별한 흡광을 보이는 금속 나노입자들의 가장 놀랍고도 특

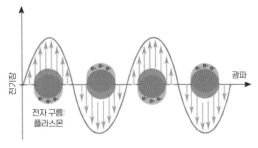

[그림 4-3] **금 나노입자의 LSPR** 나노입자에 빛이 닿았다가 지나갈 때 플라스몬은 매우 빠르게 늘어났다 줄어드는 반응을 반복한다.(출처: 위키백과)

[그림 4-4] **금 나노입자의 다양한 색상** 큰 나노입자는 긴 파장의 빛을 이용해 공명하며, 작은 나노입자는 정반대로 짧은 파장의 빛을 이용해 공명한다. 그래서 금 나노입자가 작을수록 빨간색에 가깝고, 클수록 보라색에 가깝다.

별한 성질이다.

LSPR을 통해 이제껏 궁금했던 크기나 모양에 따라 모두 다른 색이 나타나는 이유를 추적할 수 있다. 금으로 이루어진 구형의 작은 나노입자와 큰 나노입자를 비교하면 큰 입자일수록 표면 플라스몬이 더욱 넓고 거대하게 퍼져 있을 것이다. 작은 전자구름을 공명시키는 데 필요한 빛의 파장과 큰 구름을 공명시키는 데 필요한 빛의 파장을 고려하면 물질의 색을 추측할 수 있다. 전자구름의 공명을 고무줄이 공명을 통해 진동하는 것과 같은 방식으로 가정하자. 굵기가 같은 두 길이의 고무줄을 같은 힘으로 튕겼을 때 고무줄의 길

나노화학

이가 짧을수록 더 높은 진동수를 가져 높은음이 들린다. 물론 길이가 같고 굵기는 다른 줄에서도 얇은 줄일수록 높은 진동수와 높은음이 나타난다. 진동수는 파장의 역수에 해당하니 긴 고무줄은 긴 파장과, 짧은 고무줄은 짧은 파장과 연관된다. 다시 고무줄에서 플라스몬으로 대상을 바꿔보자. 큰 나노입자는 긴 파장의 빛을 이용해 공명하며, 그 결과 긴 파장의 빛들을 흡수하고 우리 눈에는 짧은 파장의 색이 감지된다. 물론 작은 나노입자는 정반대로 반응하면서 긴 파장의 색으로 인식된다. 약 10~20nm의 작은 금 나노입자는 빨간색으로 보이고 100nm 내외의 큰 금 나노입자는 보라색으로 보이는 이유가 여기 있다.

전체 크기를 모두 바꾸려고 노력하지 않아도 좋다. 길쭉한 모양의 금 나노막대는 두 종류의 길이가 함께 있다. 지름에 해당하는 짧은 축(단축)과 길이에 해당하는 긴 축(장축)이다. 굳이 두 가지 길이 중 하나만 고르려 애쓰지 않아도 된다. 단축은 그 길이에 해당하는 빛을 흡수하고, 장축도 자신의 길이에 해당하는 빛을 흡수한다. LSPR의 원리를 이용해서 흡수가 이루어진다. 구형의 금 나노입자가 크기에 따라 흡수하는 빛의 파장이 달라졌다면, 금 나노막대는 두 가지의 축으로 인해서 흡수하는 빛의 파장이 두 곳에서 나타난다. 삼각형이나 오각형, 육각형의 납작한 판 모양인 금 나노물질이라면 변의 길이, 면 내부의 대각선, 두께까지 더욱 다양한 방향에서 빛의 흡수가 이루어진다.[8]

이제껏 금속 나노입자의 색상으로 눈에 보이는 신비함을 이야기했다면, 기능적인 면에 초점을 맞추어 다시 한번 빛과 색을 둘러보

자. 핵심은 나노입자의 크기나 모양을 조절해 국부적 표면 플라스몬 공명 현상을 조절할 수 있었고, 그 최종적인 결과는 나노입자가 흡수하는 빛과 투과시켜 눈으로 관찰할 수 있는 빛의 파장이 결정된다는 것이었다. 눈으로 보이는 색도 아름답지만, 나노입자가 특정한 파장의 빛을 흡수한다는 사실이 중요하다. 빛 에너지를 흡수한 물질은 쌓여가는 에너지를 열이나 화학 반응의 형태로 방출할 수 있다. 후에 살펴볼 플라스몬성 나노입자의 활용이 의료부터 에너지, 촉매, 센서를 비롯해 폭넓은 분야에서 이루어지는 것은 선택적으로 빛을 이용할 수 있다는 능력 덕분이다.

모든 금속이 플라스몬에 의한 색을 갖는 것은 아니다. 백금이나 팔라듐 같은 귀금속은 자외선 영역에서 최대 흡수를 보이는 LSPR을 가지고, 황화 구리^{CuS} 등의 나노입자는 적외선에 치우친 LSPR을 갖는다. 우리 눈에 보이지 않는 빛을 흡수한다고 의미가 퇴색하지는 않는다. 오히려 인간의 감각이라는 범위에 갇혀 중요성을 놓치기 쉬운 영역을 새롭게 주목하는 계기가 되기도 한다. 태양에서 쏟아지는 모든 종류의 빛을 사용하려는 의지가 생겨난 것도 그렇고, 보이지 않는 빛으로 인체 내부를 사진처럼 촬영하려는 시도 역시 포함된다. 나노화학과 나노입자의 만남 역시 보이지 않던 세계지만 의미를 찾아낸 결실이겠다.

나노화학

나노입자만큼 작은 반도체

누구나 원자력 발전이나 화력 발전의 유용함에 공감하지만, 제어 기능이 망가져서 폭발이나 누출이 일어날 것을 두려워한다. 자동차나 기차 등 고속 운송 수단은 우리나라에서 일일생활권이라는 말처럼 삶의 질을 극적으로 바꿨지만, 음주나 졸음, 과속과 신호 위반으로 인한 사고는 살인과 비견될 정도로 엄격하게 다뤄져야 할 문제다. 현대 사회의 모든 곳에서 같은 예시를 찾아볼 수 있다. 고층 건물의 엘리베이터나 에스컬레이터, 터널과 지하차도를 비롯한 설비부터 의약품, 감미료, 화장품 등 일상적인 물품까지 올바른 사용과 최소한의 안전장치가 필요한 것들로 가득하다. 그리고 전기만큼이나 많은 것을 바꾼 것도 없다.

전도성이 뛰어난 금속들, 특히 11족 주화 금속 원소를 이용한 도선은 전기를 원하는 방향으로 흘러가도록 만들었다. 대상의 이동을 표현하는 속도는 언제나 이동 방향과 함께 의미를 갖는 것처럼, 전기도 흘러갈 길을 지정했다고 모든 일이 아름답게 해결되지는 않는다. 단순히 작은 전구에 불을 켜거나 용액을 전기로 분해해 원소를 분리하고 발견하려는 목적이라면 전기를 위한 도로만 놓아주면 된다. 하지만 전기로 컴퓨터나 텔레비전 등 복잡한 전자기기를 구동시키려면 수많은 갈림길 속에서 올바른 방향으로 적절한 양을 공급해야 한다. 이론상 가장 간단히 원하는 상황에서 전기가 흐르도록 제어할 수 있는 소자를 만들려면, 금이나 은, 구리를 비롯해 제어할 수 없이 전기가 끝없이 흐르는 금속들이 속한 '도체conductor'와 고무나 유리, 플라스틱처럼 전기가 흐르지 못하는 비금속들로 구성된 '절연체insulator 또는 부도체nonconductor'가 아닌 신소재를 사용하는 편이 좋다.

'반도체semiconductor'의 발명은 조건에 따라 전기를 제어할 수 있게 했다. '반'이라는 접두사는 무엇무엇에 반대한다는 의미나 대항한다는 뜻의 반反이 아니다. 절반 정도의 상태를 뜻하는 반半 또는 거의 비슷한 상태를 의미하는 접두사다. 익숙한 접두사로 인해 반도체를 도체와 부도체의 정확히 절반 정도에 해당하는 물질로 생각하기 쉽지만, 단순히 절반 정도 전기가 통한다고 해석한다면 문제가 생긴다. 전기가 흐르는 물질을 구분하는 기준은 분명하다. 일반적으로 흑연의 전기전도도인 10^6S/m 이상의 전도성을 갖는 물질을 도체로 구분한다. 부도체는 반대로 10^{-6}S/m 이하의 전도성을 갖는 물질이다. 이 둘의 중간에 속하는 전기전도도를 갖는 물질이 반도체인데, 수치만 본다면 무려 10^{12}의 범위, 곧 1조 배나 차이 나는 물질들의 집단이니 생각보다 특별할 것 없게 느껴진다.

여기서 반이라는 접두사의 '거의 비슷하다'는 의미가 빛을 발한다. 도체로 구분되는 금속들은 온도가 높아지면 전기전도도가 줄어드는 경우가 많다. 금속결합을 이루며 고정된 원자핵들이 온도가 높아짐에 따라 에너지가 높아져 열심히 진동하게 되며, 그 결과 저항이 높아지면서 전기전도도가 줄어드는 것이다. 하지만 반도체는 오히려 전기전도도가 늘어난다. 반도체를 이루는 원자가 유별나서 온도가 높아져도 진동하지 않는 것은 아니다. 방해를 뛰어넘을 만큼 새로운 현상이 나타나는 것이다. 정확히 이해하기 위해서는 원자들이 만드는 에너지의 상태를 기준으로 도체와 반도체, 절연체의 차이를 살펴보는 것이 중요하다.

하나의 원자를 떠올려보자. 보어의 원자 모형처럼 전자가 채워질 수 있는 공간이 매우 다양하게 있었고, 원자핵이 자리한 안쪽에서부터 바깥쪽으로 원자번호에 따라 다른 전자의 개수만큼 공간들을 채워갔다. 양의 전하를 갖는 원자핵에 가까울수록 음의 전하를 갖는 전자들은 더욱 강한 인력을 느낄 것이고, 에너지의 높낮이를 비교하자면 자연스러운 정전기적인 상호작용으로 당겨짐을 받으니 안정하다고 볼 수 있다. 자석의 다른 극끼리는 간단히 달라붙어 안정하게 있지만, 다른 극끼리 가져다 대면 어느새 밀어내 제멋대로 돌아가는 것과 같다.

안쪽부터 바깥쪽으로 점점 덜 안정해지겠지만, 이 수많은 전자가 채워진 방 중 가장 중요한 곳은 어디일까. 전자가 채워진 에너지 중 가장 마지막과 바로 다음에 자리한 텅 빈 에너지의 높이일 것이다. 마지막으로 채워진 곳은 변화가 시작될 수 있는 지점이며, 바로 다음 빈 곳은 새롭게 전자가 채워질 수 있는 지점이기 때문이다. 물

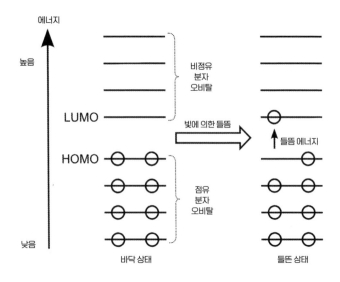

[그림 4-5] 경계 오비탈 적절한 빛이 HOMO의 전자에 가해지면 전자들은 LUMO로 뛰어오른다.(출처: 위키백과)

질이 빛을 받아 흡수한다는 것은 가장 변동이 일어나기 쉬운 마지막 높이의 전자가 빛 에너지를 이용해 비어 있던 바로 다음 칸으로 뛰어오르는 현상에서 나타나는 결과다. 채워진 가장 높은 에너지를 '최고 점유 분자 오비탈highest occupied molecular orbital, HOMO'이라 부르고, 바로 다음의 가장 낮은 빈 에너지를 '최저 비점유 분자 오비탈lowest unoccupied molecular orbital, LUMO'이라 부른다. HOMO와 LUMO를 합쳐 '경계 오비탈frontier orbital'이라 부르는데, 전자가 채워진 곳과 빈 곳의 경계를 의미하기 때문이다. 아주 작은 분자 수준에서의 모든 사건은 바로 경계 오비탈에서 일어난다.

도체나 부도체, 절연체를 이용해 소자를 만들 때, 하나의 분자만 가져다 놓고 애써 연결하지 않는다. 이처럼 정교한 작업은 인간의 힘으로 불가능할뿐더러, 가능하다 해도 너무 작고 사소해서 실제 제품을 만드는 데는 아무런 쓸모가 없기 마련이다. 조각이나 필름, 덩어리의 형태로 크기와 규격을 이뤄야 하므로 하나의 분자가 아닌 나노입자의 형성처럼 수많은 단위가 차곡차곡 쌓여 만들어지는 모습이 된다. 전자가 채워질 분리된 에너지 준위가 아닌, 수많은 에너지 준위가 겹쳐 두꺼운 띠를 이룬다. HOMO처럼 전자가 채워진 에너지의 띠를 '가전자대$^{valence\ band}$'라 부르며, 그 바로 위에 자리한 빈 에너지의 띠를 '전도대$^{conduction\ band}$'라 부른다. 가전자대 속 전자들이 전도대로 옮겨가면서 전류를 만들고 전기가 흐르게 된다.

도체는 별다른 저항 없이 간단히 전자들이 흘러갈 수 있게끔 가전자대와 전도대가 어느 정도 겹쳐 있다. 시작부터 전자의 흐름이 자유로웠으니 온도가 올라가며 방해받을 여지만 남은 상태다. 반대로 절연체는 가전자대와 전도대가 매우 넓은 간격을 두고 나뉘어 있는데, 띠 사이의 간격이니 이를 '띠틈$^{band\ gap}$'이라 한다. 반도체는 띠틈이 좁아 가전자대의 전자들이 전도대로 옮겨갈 수 있는 물질로 볼 수 있다. 온도가 높아진다면 전자들이 도약해 옮겨가기가 더 쉬워지니 전기전도도가 높아진다. 이때 모든 전자가 이동하는 것은 아니며, 금속과 마찬가지로 자유롭게 이동할 수 있는 자유전자들만 띠를 오가며 전기의 흐름을 만들어낸다. 한 단계 더 나아가본다면 우리의 목표는 띠틈의 간격을 조절해 목적에 맞는 반도체 물질을 만드는 데 있다.

여기까지 반도체의 기본원리를 살펴봤지만, 여전히 어떤 이유로

많은 국가가 성능이 더 뛰어난 반도체를 개발하려고 노력하는지는 이해되지 않는다. 하지만 반도체 없이는 컴퓨터나 휴대전화 외에도 자동차나 분석 기기 등 모든 전자 제품을 생산할 수 없을 정도로 필요성이 높다.

반도체 개발은 이동 거리가 늘어나며 점점 약해지는 전기 신호를 정상적으로 전달하기 위해 증폭시키려는 목적에서 시작되었다. 진공관이라는 작은 소자가 트랜지스터transistor라는 반도체로 대체되면서 스피커 등의 음향 재생 장치뿐만 아니라 초기 컴퓨터의 발명에도 열쇠를 쥔 물질로 인식된다. 트랜지스터는 지금도 전기 신호의 증폭에 사용된다. 또한 직류와 교류를 서로 바꿔주는 정류rectification에도 다이오드diode라는 소자의 형태로 쓰인다. 반도체는 또 다른 실용적인 방식으로 전기 신호를 빛이나 소리로 바꾸거나 그 반대의 작용을 위해서도 쓰이고 있다. 이제는 형광등이나 백열등을 대체해 효율적이고 편리한 조명 장치로 보급된 발광다이오드light emitting diode, LED 역시 반도체이며, 디지털 사진기로 읽은 빛을 전기 신호로 바꿔 파일로 저장하는 전하결합소자charge coupled device, CCD나 상보성 금속 산화물 반도체 이미지 센서CMOS image sensor, CIS 역시 반도체다. 반도체는 전기 신호의 증폭이나 전환, 연산과 제어, 심지어 저장과 기억에도 사용되므로 오늘날 가장 중요한 물질로 통한다. 실제로 현대 사회에서 반도체가 모두 사라진다면 우리가 영위하는 전자 문명은 단숨에 사라질 것이며, 철기 시대로 돌아갈 수밖에 없다.

반도체 나노입자의 미래

반도체를 만들려면 도체와 절연체의 조건부 중간적인 성질이 필요하며, 대표적인 물질의 분류인 금속과 비금속 어디에도 속하지 않는 중간적인 물성의 원소가 필요하다. 이를 준금속이라 한다. 초기에는 준금속이 금속과는 구분되어 비금속 원소로 불렸지만, 이후 반도체가 개발되며 원소의 구분법도 바뀐 것이다. 가장 대표적이며 반론의 여지가 없는 준금속으로 붕소, 규소, 저마늄, 비소, 안티모니$^{antimony, Sb}$, 텔루륨을 꼽는다. 화학이 발달하며 준금속 성질을 보이기도 하는 탄소나 알루미늄$^{aluminum, Al}$을 집어넣기도 하며, 독성이 높거나 매장량이 극히 적어서 실용성은 없지만 폴로늄$^{pollonium, Po}$과 아스타틴$^{astatine, At}$도 준금속으로 여기기도 한다. 준금속은 광택을 띠고 단단한 고체 상태인 금속의 성질과 함께 쉽게 부스러지는 비금속의 특징도 보인다.

준금속 원소들로 만들어지는 반도체는 이미 몇십 년 동안 사용되고 있다. 중요한 것은 이 원소들도 나노 세계로 들어오면 더욱 특별해진다는 것이다. 반도체를 결정짓는 띠틈은 수많은 원자가 쌓이며 전자가 채워지거나 비워진 두꺼운 띠를 만들며 주목받았다. 하지만 물질을 구성하는 원자들이 다시 줄어들어 띠가 아닌 에너지 준위들로 바뀌면 조금 더 구분된 상태들이 드러난다. 하나의 원자나 분자보다는 많은 상태지만, 두꺼운 물질보다는 훨씬 더 간소하고 이해하기 쉬운 중간적인 상태가 나오는 것이다. 도체와 절연체의 중간 성질이어서 흥미롭던 반도체가 다시금 원자와 덩어리 물

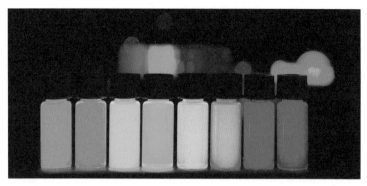

[그림 4-6] 다채로운 빛을 만들어내는 양자점 아주 작은 반도체 나노입자인 양자점은 밝고 선명한 붉은색부터 아름다운 보랏빛까지 가시광선의 모든 빛을 만들어낼 수 있다.(출처: 위키백과)

질의 중간적인 상태로 들어서니 놀라운 일이 일어나지 않을 리 없다.

아주 작은 몇 나노미터 크기의 반도체를 '양자점quantum dot'이라는 나노입자의 한 종류로 새롭게 구분한다. 덩어리 물질에서 띠틈의 간격을 조절하기 위해 새로운 원소를 첨가하거나 여러 노력을 기울여야만 했던 것과 다르게, 플라스몬 나노입자와 마찬가지로 크기를 조절해(구성하는 원자 개수를 조절해) 에너지 경계의 간격을 손쉽게 바꿀 수 있다. 바뀐 간격은 이번에도 높은 에너지를 쏘아 보내 전자를 도약시키거나 전기의 형태로 전자를 넣어줌으로써 간격에 해당하는 파장의 빛을 방출시키는 용도로 쓸 수 있다. 플라스몬 나노입자가 크기에 따라 서로 다른 파장의 빛을 흡수해 관찰되는 색이 달랐다면, 양자점은 맨눈으로는 모두 흐릿한 레몬빛 또는 잿빛과 비슷해 보이지만 크기에 따라 방출하는 색이 달라진다. 이제는

밝고 선명한 붉은색부터 아름다운 보랏빛까지 가시광선의 모든 빛을 만들어낼 수 있는 나노입자다.[9]

양자점을 비롯한 반도체 나노입자의 설계와 합성에도 주기율표가 길을 제시한다. 반도체의 발명에서 14족 원소인 저마늄이 그 문을 열었으며, 더 얻기 쉽고 안정하며 저렴한 원소로서 현대 반도체 산업의 핵심이자 실리콘 밸리의 유래기도 한 규소가 보편화를 가능케 했다. 이들 모두 14족 원소로, 똑같이 최외각 전자 개수가 4개다. 물질의 특성이 전자로 결정된다면, 우리가 선택할 수 있는 방식은 오히려 더욱 넓어진다. 아주 작은 규소나 저마늄 나노입자로 양자점을 만들 수도 있지만, 주기율표에 쓰인 원소들을 조합함으로써 같은 형태의 전자를 꾸며낼 수 있다는 말이다.

족 번호가 최외각 전자의 개수를 의미하므로, 14족보다 한 줄 앞자리에 있는 13족은 3개의 최외각 전자를 갖는다. 붕소와 알루미늄도 준금속으로 구분되니 당연한 가능성은 살짝 뒤로 제쳐두자. 13족에 함께 구분된 갈륨$^{gallium, Ga}$은 사람의 체온으로도 액체로 변할 수 있는 금속 원소이며, 그 밑의 인듐$^{indium, In}$은 촉매나 의료를 비롯해 쓸모가 많은 금속이다. 준금속이 아닌 이들 금속으로 반도체 형태를 만들려면 그 자체로는 어렵다. 부족한 전자 하나를 채우는 방법이 있다. 최외각에 5개의 전자를 갖는 15족 원소들과 1:1로 결합한 물질을 설계하면 된다. 질소나 인, 비소와 안티모니와 결합한다면 전체 최외각 전자가 4개인 것처럼 거동하는 물질이 된다. 인화 갈륨^{GaP}이나 비화 갈륨^{GaAs}, 비화 인듐^{InAs} 등 이 조합들은 모두 양자점이 된다. 한 걸음 더 멀어져도 양자점이 된다. 12족의 카드뮴도 칼코젠이라 불리는 16족의 황과 셀레늄$^{selenium, Se}$, 텔루륨과 결합하면 양자점이 만들어진다. 가장 고전적인 원소 두 종류로 이루어진 양자점이 이들이다. 물론 고려할 사항은 남아 있다. 카드뮴이나 비소 같은 독성 물질을 아무 제약 없이 사용한다면 환경오염과 더불어 우리에게 되돌아올 큰 문제가 어느 순간 터져 나오게 된다. 다양한 원소로 새로운 조합의 반도체 나노입자를 만들고 사용하려는 시도가 지금도 지속되는 이유다.

드넓은 주기율표에서 나노입자의 형태로 반도체 특성을 보이는 조합은 이 외에도 더 찾아볼 수 있다. 이온의 형태를 빌려 원소가 가진 전자의 개수를 임의로 조절할 수 있다면 굳이 족 번호에 한정될 필요가 없다. 최근에는 '전이금속 칼코젠화물$^{transition metal}$ $^{chalcogenide, TMC}$'이라는 형태로 새로운 가능성이 폭발적으로 늘고 있다. 4족의 타이타늄$^{titanium, Ti}$, 지르코늄$^{zirconium, Zr}$, 하프늄$^{hafnium, Hf}$, 5족의 바나듐$^{vanadium, V}$, 나이오븀$^{niobium, Nb}$, 탄탈럼$^{tantalum, Ta}$, 6족의 몰리브데넘과 텅스텐, 7족의 레늄$^{rhenium, Re}$이나 9족과 10족의 귀금속 원소들도 황이나 셀레늄, 텔루륨과 만나 아주 작은 나노입자를 이룬다면 반도체의 성질을 보인다. 이름도 낯선 원소들인 만큼 희소성이 높은 경우도 많고 매우 높은 가격으로 거래되기도 한다. 가격은 분명 중요한 문제지만, 가치를 한정하지는 않는다. 반도체가 전기 신호 증폭으로 시작되어 이제 없어서는 안 될 물질이 된 만큼, 가격 대비 효율이나 새로운 특성을 포함하는 반도체 나노입자의 개발은 우리 미래에 어떤 역할을 할지 아무도 모른다.

나노화학

가장 작은 자석과
신기한 변환기

모래 속을 휘저으면 보이지 않던 쇳가루가 붙어 나오고 냉장고든 칠판이든 철에 간단히 달라붙는 자석은 일상에서 만날 수 있는 물질 중 가장 흥미롭다. 물과 기름이 섞이지 않는 모습에서 물질마다 상반되는 극성이 존재한다는 사실을 알 수 있다. 물에 투명하게 녹아드는 소금은 양전하를 띠는 소듐 이온과 음전하를 띠는 염화 이온이 합쳐져 만들어졌다는 사실도 낯설지 않다. 그런 면에서 자석은 독특하다. 양과 음이 만나면 서로 끌어당기며 같은 극끼리는 밀어내는 현상이 있는데도 두 극이 하나의 물체에 공존한다. 오히려 단 하나의 극으로만 이루어진 모노폴^{monopole}을 찾을 수 없다.

막대자석이나 말굽자석을 실수로 깨뜨리거나 일부러 부러뜨려 본 사람이라면 작은 조각들에서 다시 두 개의 극이 생겨나는 현상을 체험했을 것이다. 자석이 서로 반대 방향에 있는 극을 갖는 것은 자석을 이루는 원자 하나하나마다 방향이 있기 때문이다. 단순히 매우 작고 동그란 형태로만 그려지는 원자가 방향을 갖는 것도 전자가 가장 중요한 역할을 맡기 때문이다. 전자는 핵의 주위 정해진 에너지의 궤도에 채워져 공전한다는데, 태양계를 닮은 듯한 원자 모형을 떠올려보면 공전 외에도 스스로 회전하는 자전을 상상할 수 있다.

팽이처럼 제자리에서 회전하는 물체는 각운동량이라는 방식으로 특정 방향으로 힘을 작용한다. 전자도 양(+) 또는 음(-)의 방향성을 갖는 것이 여러 실험 결과에서 확인되었기 때문에 스핀spin이라는 이름으로 각운동량을 표현한다. 많은 경우 전자가 회전하며 양과 음에 대응되는 업up 또는 다운down 스핀을 보인다고 설명하지만, 실제로 전자가 고전적인 회전 운동을 하는 것은 아니며, 스핀이 입자의 운동과 직접적인 관계를 갖는 것도 아니다. 간단한 이해를 위해 자전으로 묘사되었지만 사실은 이와 다르다는 것과 입자의 종류에 따라 스핀을 표현하는 양자수가 다르다는 것만 기억해도 충분하다.

전자는 +1/2과 -1/2의 스핀으로 부호와 크기를 나타낼 수 있다. 입자는 스핀에 따라 페르미온과 보손boson으로 구분되는데, 전자처럼 반정수(n/2)의 스핀을 갖는 입자는 페르미온에 속하며, 같은 상태의 입자가 둘 이상 겹칠 수 없다. +1/2의 전자 두 개가 한 상태에 놓이거나 -1/2의 전자 두 개가 한 상태에 놓일 수 없으며, 더 간단히 그려보자면 하나의 방에 업-업이나 다운-다운의 스핀을 갖는 전자가 함께 머물 수 없는 것이다. 대신 +1/2과 -1/2의 전자 하나씩은 한 방에 사이좋게 들어갈 수 있다.

지금 이야기하는 방이 양자역학에서 소개했던 오비탈이며, 하나의 오비탈에는 서로 다른 스핀으로 전자가 총 2개 들어갈 수 있다는 의미다. 간단한 사칙연산 문제로 수없이 접해보았듯 +1/2과 −1/2의 전자가 함께 있다면 이들의 스핀 합은 0이 될 것이다. 방향성이 없다는 뜻이다. 자석처럼 방향을 갖는 원자가 많아지려면 방(오비탈)마다 전자가 딱 하나씩만 들어가 스핀이 상쇄되지 않는 형태가 가장 좋다.

자석의 핵심 물질은 산화 철의 일종인 자철석^{Fe_3O_4}이다. 철은 양이온이 되어 홀로 존재하는 전자의 개수를 최대로 늘려 강한 스핀을 갖는다. 하지만 수많은 철 원자가 모여 있으니 또 다른 방향의 상쇄가 생길 수 있다. 각각의 철 원자가 제각기 원하는 방향으로 무작위로 누워 있다면 우리가 기대하는 극성은 나타나지 않는다. 자석을 만드는 과정에서 모든 원자가 한 방향을 바라보도록 배열한 후 단단히 굳힌다면 '강자성^{ferromagnetism}'이라는 영구적인 자석이 완성된다.[10]

자석의 성질인 자성이 굳이 강자성이라는 용어로 구분된 것에서 자연스럽게 또 다른 자성들도 존재한다는 사실을 짐작할 수 있다. 먼저 자석을 가까이 댔을 때 달라붙는 물질과 달라붙지 않는 물질로 구분된다. 자석이 만들어내는 자기장에 의해 물체가 일시적으로 자기적 성질을 가져 달라붙는 물질을 '상자성^{paramagnetism}'으로, 반대로 외부 자기장에 대해 약한 반발력을 보여 달라붙지 않는 물질은 '반자성^{diamagnetism}'으로 부른다. 이제 이야기의 흐름이 예측될 듯싶다. 나노 세계에서는 또 다른 자성이 새롭게 튀어나온다.

자성 나노입자의 특성

자석은 크고 작은 정도보다는 자성의 세기가 더 중요한 경우가 많다. 역사적으로 가장 유용한 자석 사용의 시작이었던 나침반에서부터 전자기기에 사용되는 자석에 이르기까지 계속해서 작고 강력한 방향으로 발전하고 있다. 평범한 막대자석에서 시작해 아주 작은 자석에 이르기까지 톱다운 방식으로 계속해서 작게 잘라간다고 상상해보자. 절반으로 잘린 막대자석은 두 개로 늘었지만, 구성 원자의 개수는 절반으로 줄었으니 자성의 세기도 줄어든다. 한 번 두 번 계속해서 잘라갈수록 개수는 늘어나고 세기는 줄어든다. 만약 몇 나노미터 크기가 될 때까지 쪼갠다면 여전히 '강자성'이라 할 정도의 자성이 남아 있을까?

자성 나노입자의 성질은 '초상자성superparamagnetism'이라는 새로운 용어로 요약된다. '초super'라는 접두사가 상태나 능력을 넘어서거나 더 나은 상태를 표현할 때 사용되는 것처럼, 초상자성은 같은 외부 자기장에 일반적인 상자성 물질보다 더 강하게 끌리는 특징을 갖는다. 매우 작은 크기의 산화 철 나노입자는 일반적인 페리자성 또는 강자성 물질과 유사하지만 다시금 구분되는 셈이다. 독특한 자성과 매우 작은 크기는 자성 나노입자의 쓸모를 더욱 크게 만든다. 초고용량의 정보를 저장하는 하드 디스크의 제조에도 사용될 수 있으며, 외부에서 형성되는 자기장의 세기에 따라 점도나 형태가 달라지는 자성 유체magnetic fluid에도 쓰인다. 자성을 이용해 몸속 질환 부위를 촬영하는 자기 공명 영상magnetic resonance imaging, MRI에서

[그림 4-7] **자성 나노입자의 분리** 액체 용매에 들어 있는 초상자성 나노입자는 자석을 이용해 분리할 수 있다.

도 혈관에 주사해 더욱 선명한 영상을 얻도록 돕는 조영제로 사용되고 있다. 플라스몬 나노입자가 흡수하는 특별한 파장의 빛을 이용해 반응을 끌어낼 수 있는 것처럼 초상자성 나노입자는 저주파수 전자기파를 이용해 열을 발생시키는 능력이 있어 흥미롭다.

가장 기본적이지만 유용한 능력은 역시 자석에 끌려와 달라붙는 나노입자라는 점이다. 물이나 유기용매 속에 있어도, 벽으로 막혀 있어도, 심지어 아무것도 채워지지 않은 진공이어도 자석은 달라붙을 수 있는 물질을 끌어당긴다. 모래와 쇳가루의 혼합물을 분리할 때 자석만으로도 간단히 이뤄낼 수 있던 것처럼, 보이지 않는 아주 작은 물질들이 뒤섞여 있어도 나노입자에 들러붙게만 할 수 있다면 언제든 간단히 분리할 수 있다. 환경과 보건을 포함해 많은 분야에서 물질을 분리해야 할 때가 있으며, 자성을 갖는 나노입자는 이를 위한 최고의 도구다. 오래전 자철석 지팡이에 쇳조각이 달라붙는 모습에서 자석을 발견해서 지금에 이르렀듯, 자성 나노입자는 단순하지만 가능성이 아주 많은 알갱이 중 하나다.

나노입자가 관심받는 가장 큰 이유는 미세먼지처럼 단순히 작고 불필요한 알갱이가 아닌 독특한 성질이 있다는 장점 때문이다. 플라스몬 나노입자는 특별한 색을 보이고, 특유의 색을 갖는 빛으로 여러 작용을 끌어낼 수 있다. 빛을 열로 바꾸거나 빛을 또 다른 색의 빛으로 바꿀 수도 있고, 빛을 쪼이는 단순한 작업만으로도 잘 진행되지 않던 어려운 화학 반응이 일어나도록 바꿀 수도 있다. 반도체 나노입자도 빛으로 전기를 만들거나 전기로 빛을 내뿜게 사용할 수 있었다. 자성 나노입자는 자석에 끌리는 특유의 성질 외에도 전자기파를 이용해 열을 만들어내기도 한다. 이처럼 나노입자는 어떤 원소를 이용해 얼마나 크거나 작게, 뾰족하거나 동그랗게, 꽉 차 있거나 텅 비게 만드느냐에 따라 빛 등의 자극에 대한 반응을 조절할 수 있다. 그중 가장 독특하고 생소한 물질로 '업컨버전upconversion' 나노입자가 있다. 굳이 우리말로 번역하자면 '상향전환' 정도가 되겠지만, 아직 실제 산업과 생활에 적극적으로 보급되지 않은 첨단 물질이어서 영문 표기를 그대로 읽는 방식이 선호되고 있다. 표준어 표현조차 확정되지 않은 새로운 세상이다.

자극을 반응으로 바꾸는, 곧 에너지의 형태나 종류를 바꾸는 작업을 전환conversion이라 한다. 앞에 붙은 '업up'이라는 말은 무엇의 위쪽을 의미하는 걸까. 업이 있다면 다운도 있어야 자연스럽지 않을까. 이제껏 소개한 나노입자들은 모두 다운컨버전(하향전환)에 속한다. 우리가 관심을 두고 실제로 사용하는 것은 모두 에너지의 종류이니, 에너지가 더 낮게 변한다고 이해하면 간단하다. 누구도 처음보다 낮아진 에너지를 원하지 않는다. 주입한 만큼 형태를 바꿔 그대로 사용될 수 있다면 완벽한 물질이겠지만, 세상에 이만큼 완벽한 에너지의 전환은 있을 수 없다.

에너지 전환의 가장 대표적인 종류인 자동차의 내연기관을 기준으로 전환의 비효율성에 대해 살펴보자. 내연기관의 종류에 따라 6~9개의 탄소로 이루어진 휘발유나 12~20개의 탄소 화합물인 경유를 사용하곤 한다. 산소와 만나며 빠르게 연소해 화학 결합이 바뀌는 과정에서 거대한 에너지를 만들어내며, 이를 이용해 기계장치를 회전시켜 자동차는 앞으로 나아간다. 방출되는 에너지를 100% 온전히 물리적인 동작으로 바꾼다면 세상은 더욱 아름다워질 것이다. 하지만 실제로는 휘발유는 최대 40%가량의 에너지만 사용할수 있으며, 경유는 50%에 가깝게 쓸 수 있다. 연소의 과정, 연료를 끌어들이는 데 사용되는 에너지, 내연기관과 기계장치의 마찰력 등 에너지의 손실은 온갖 곳에서 이루어지며, 거의 모든 손실은 열의 형태로 사라진다. 실제 자동차가 달리는 데는 연료의 화학 반응에서 발생하는 에너지의 10% 내외만 사용된다. 전기 자동차는 열의 발생이 최소화되어 있어 손실이 비교적 적지만, 실제 충전 과정에서 투입되는 에너지까지 고려하면 약 60% 정도만 원하는 방식으로 쓰인다. 이상적으로 생각하는 100%란 우리가 살아가는 물질 우주에서 절대로 이루어질 수 없는 환상이며, 결국 에너지는 언제나 모든 형태로 손실된다.

낮은 에너지를 높은 에너지로 바꾸는 나노입자

나노입자의 다운컨버전은 빛을 기준으로 설명된다. 주위로 열을 뿜어내거나 소리를 만들고, 실제 물리적인 움직임을 일으키기 위해서는 굳이 나노입자를 사용해야만 할 이유가 없다. 스스로 빛을 내는 물체가 특별히 없다는 점을 생각한다면, 원하는 장소에서 필요한 종류의 빛을 만드는 것이 나노입자에 기대하는 방향이다. 빛을 내는 현상은 주위로 빛 에너지를 방출하는 것이니, 전구 등의 조명처럼 전기에너지를 공급하거나, 스스로 화학 반응으로 변화하며 빛을 내는 화학발광, 강한 빛 에너지를 쪼여 눈으로 감지할 수 있는 가시광선 빛을 내뿜는 형광fluorescence이 대표적이다. 나노입자도 형광을 낼 수 있는데, 반도체 나노입자인 양자점이 가장 유용하게 쓰인다. 인체에 해를 끼치지 않는 가시광선이나 적외선보다 파장이 짧은 자외선은 피부를 태우거나 피부암을 일으키는 등 에너지가 높다. 빛의 파장이 짧을수록 에너지가 높은 것이다. 나노입자나 화학물질이 형광을 만들어내려면 높은 에너지를 갖고 눈에 보이지 않는 자외선을 쪼여주어야 한다. 그러면 에너지가 낮고 눈으로 관찰할 수 있으며 실제로 사용할 수 있는 가시광선 빛을 낸다. 높은 에너지의 빛이 낮은 에너지의 빛으로 전환되었으니 다운컨버전이라는 표현이 들어맞는다.

업컨버전 나노입자는 낮은 에너지의 빛이 오히려 높은 에너지의 빛으로 전환되는 경우를 의미한다. 단순히 표현만 본다면 동전을 하나 넣으면 서너 개가 튀어나오는 전설 속의 화수분이 떠오르지만, 에너지의 손실이 일반적인 우주에서 무한대로 증식하는 에너지는 말이 되지 않는다. 가능했다면 열역학의 제한 따위는 무시하고 나노입자를 이용해 무한동력 기관을 만들거나 빅뱅을 일으켜 나만의 우주를 창조하는 것마저 가능할지도 모른다. 실제 업컨버전 나노입자는 적외선이나 가시광선 같은 낮은 에너지의 빛을 흡수해 가시광선이나 자외선 같은 더 높은 에너지의 빛으로 방출한다. 이 과정에서 주입된 에너지에 비해 방출된 빛 에너지의 양에서는 손실이 있지만, 높은 에너지 형태의 빛을 임의의 시간과 공간에서 만들어내는 것은 분명 놀라운 일이다.

업컨버전 나노입자의 탄생도 주기율표의 영역에서 이루어진다. 주기율표의 가운데에 자리한 3족부터 12족까지의 네 층으로 이루어진 전이금속은 플라스몬 나노입자나 반도체, 자성 나노입자의 합성에 사용된다. 업컨버전 나노입자는 주기율표의 아래쪽에 따로 떨어져 쓰인, 실제로 어디 사용되는지 쉽사리 떠오르지 않는 '란탄족 lanthanoids'으로 분류되는 금속 원소들이 협동해서 만들어낸 결과다.

앞서 원소마다 양성자와 중성자, 전자의 개수가 다르며, 전자가 자리하기 위한 오비탈이라는 방의 종류와 개수가 다르다고 이야기 했다. 소듐이나 칼슘 등 익숙한 1족과 2족의 원소들은 s오비탈이라는 단 하나의 방, 곧 두 개의 전자가 서로 다른 스핀으로 채워져 특유의 화학적 성질을 보이는 금속 원소들이다. 두 개의 족이 속한 것은 오비탈에 전자가 두 개까지의 들어갈 수 있기 때문이다. 주기율표 오른쪽의 13족부터 18족까지의 총 여섯 가지 원소들은 p오비탈이라는 세 개의 방이 가장 바깥쪽에 있어 중요한 역할을 하는 원소들이다. 총 열 개의 족으로 이루어진 전이금속은 방의 개수가 더 늘어나 다섯 개의 방에 모두 합해서 전자를 열 개까지 채워볼 수 있는 d오비탈이 핵심이다.

한 가로줄의 란탄족은 마찬가지의 전이금속보다 더 많은 종류로 나뉜 것에서 알 수 있듯이, f오비탈이라는 7개의 방을 갖는 원소들의 집단이다. 호텔의 같은 층에는 같은 높이로 여러 개의 객실이 준비된 것처럼, 같은 이름과 껍질을 가진 오비탈들은 모두 동등한 에너지를 가진다. 하지만 방마다 입주하는 전자들은 스핀이나 개수에 제약이 있어서 결과적으로 서로 다른 상태를 갖는다.

어느 원소를 사용해도 원소마다 에너지의 높이는 정해져 있다. 제아무리 나노 크기가 되거나 거대한 덩어리가 된다 해도 순수한 물질 중 하나로 구분되는 원소의 특징은 변하지 않는다. 결국 주입되는 에너지보다 방출되는 에너지가 더 큰 종류로 전환되려면 한 종류의 원소가 아닌 여러 종류를 절묘한 비율로 뒤섞어 한 원소에서 다른 원소로, 필요하다면 또 다른 원소로 높낮이를 뛰어넘어 원하는 지점에서 방출되도록 설계해야만 한다. 흙탕물처럼 모두가 뒤섞인다면 필요에 따라 뛰어넘거나 내려앉는 구분된 동작이 불가능할 테니, 하나의 작은 구슬에 한 겹씩 새로운 층으로 감싸듯 코어셸 형태로 만들어져야 한다. 많은 과정과 노동력이 필요한 작업임이 틀림없지만, 그 결과는 매혹적이다.

업컨버전 나노입자의 한 예로 '이터븀$^{ytterbium, Yb}$과 어븀$^{erbium, Er}$ 양이온이 투여된 테트라플루오로이트륨소듐^{NaYF_4}' 코어 겉에 '툴륨$^{thulium, Tm}$, 이터븀, 네오디뮴$^{neodymium, Nd}$이 순서대로 투여된 테트라

나노화학

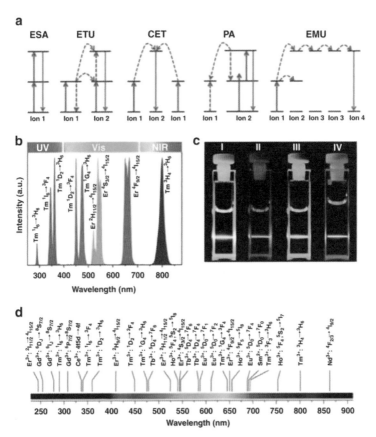

[그림 4-8] **원소를 이용해 조절되는 업컨버전 나노입자의 색상** a: 다양한 업컨버전 과정. b~c: 원소 조합에 따른 색상의 모습. d: 화학 원소의 선택에 따라 가능한 색상 조절.(출처: K. Du et al., light: science & applications, 2022)

플루오로이트륨소듐^{NaYF_4} 껍질을 감싼 물질이 있다.[11] 보통 길게 쓰인 화학물질의 이름을 보면 머리가 어질해지지만 원소 기호를 이용한 화학식으로 표현하면 조금 더 간단해 보인다. '소듐 클로라이드'보다는 'NaCl'이 쉬워 보이는 느낌처럼 말이다. 그런데 업컨버전 나노입자는 이마저도 허락하지 않는다. 위의 나노입자를 가장 간단히 쓴다고 해도 "$NaYF_4$:Yb^{3+}, Er^{3+}@$NaYF_4$:Tm^{3+}, Yb^{3+}, Nd^{3+}"가 되니, 다소 낯설더라도 단순히 '업컨버전 나노입자'라고 부르는 편이 정신건강에 좋다.

이 나노입자에 사람 눈으로는 관찰할 수 없는 근적외선 광선인 980nm의 빛을 쪼이면 안쪽 코어의 이터븀이 빛을 받아 반도체에서처럼 전자를 들뜬 에너지 상태로 튕겨 올린다. 만약 이대로 다시 전자가 바닥 상태로 가라앉는다면 그 간격에 해당하는 빛을 다시금 내뱉을 테니 980nm의 빛이 보일 수밖에 없다. 하지만 이 순간 옆에 있는 어븀의 에너지 준위로 한 단계 더 옮겨가게 되며 높아진 곳에서 전자가 뚝 떨어지니 적외선보다 높은 에너지를 갖는 500~550nm에 속한 녹색 가시광선이 나타난다. 이번에는 의료용으로도 흔히 사용되는 808nm의 적외선을 쏘아보자. 이번에는 바깥 껍질의 네오디뮴이 빛을 받아 전자를 들뜨게 하고, 옆의 이터븀으로 옮겨간 후 다시 한번 툴륨으로 넘어가 파란색 빛을 만들어낸다.

줄을 서서 기다리는 다른 란탄족 원소들을 대신 넣어본다면 원하는 색의 빛을 만들 수 있다. 툴륨 대신 홀뮴holmium, Ho 양이온을 넣으면 540nm의 녹색 빛이나 646nm의 빨간색 빛을 만들 수 있다.[12] 터븀terbium, Tb이나 디스프로슘dysprosium, Dy은 녹색, 유로퓸europium, Eu은 주황색, 사마륨samarium, Sm은 빨간색 등 조합에 따라 얼마든지 원하는 색을 만들어낼 수 있으니, 원소를 이용한 빛의 연금술이 현대에 와서 이루어지고 있다고 해도 이상하지 않다.

5장

나노로봇,
우리 몸을
치료하다

소소익선, 다다익선

도구나 장비, 건물을 비롯해 인간의 발명품들은 인간보다 작거나 커지는 방향으로 경쟁적으로 변모해왔다. 몸을 누일 건물이나 몸을 싣고 이동할 운송 수단 모두 처음에는 첫 번째 목적을 달성하기 위해 작고 간단하게 발명된다. 그리고 해당 기술이 완숙한 단계에 이르면 첫 번째 목적 이외의 편리함과 다양함 또는 특별함을 추구하게 된다. 지붕과 문, 창문 외에는 다소 밋밋하고 답답하던 건물은 어느새 예술적인 외형을 띠거나 열효율이 떨어지는데도 외벽을 투명하게 유리로 만들고 불필요할 정도로 높은 천장과 여유 공간을 만들기도 한다. 기차나 배, 비행기는 효율적으로 더 많은 승객과 짐을 빠르게 옮기기 위해 개량되어왔다. 필요하지 않은데도 지나친 거대함을 추구하는 게 반드시 잘못된 변화는 아니다. 확실한 것은 경이로울 정도로 웅장한 건물이나 설비는 효용성을 넘어 존재만으로도 특별하게 느껴진다는 점이다.

반대로 계속해서 작아지는 물품도 많다. 인간이 직접 들고 사용해야 하는 물건들은 휴대성을 높이기 위해 점점 작아진다. 단순히 크기를 작게 만든다고 똑같은 가치를 갖지는 못한다. 과거 콘스탄티노플의 성벽을 무너뜨린 거포는 공성전 시대의 막을 내리고 야전 위주의 전장으로 패러다임을 바꿨으며, 무기의 휴대성을 높이는 과정에서 총기류가 발달한다. 거대한 무기를 작게 만드는 과정에서 단순히 크기만 줄어들었다면 성능이 떨어지는 것을 피할 수 없다. 그런데 탄약과 화약, 주조 기술의 발달이 맞물리자 소형화와 더불어 새로운 쓸모가 드러나며 모든 발명이 가속된다. 작은 크기에 더 많은 쓰임새를 넣는 형태는 예전에 드라마를 통해 유행을 이끌었던 이른바 '맥가이버칼'에서 찾아볼 수 있다. 손바닥 크기 남짓한 막대 모양의 쇠붙이에 칼, 가위, 병따개를 비롯해 수십 가지 도구가 차곡차곡 접힌 멀티툴multi-tool은 소형화와 기능 집약이 최적화된 예시다.

하지만 손에 들고 사용하는 도구라고 모두가 작을수록 좋지는 않을 것이다. 초기에는 벽돌처럼 거대했던 휴대전화가 반도체와 배터리 등 부품 설계 기술이 발전하며 급속도로 작아졌다. 반으로 접히고 화면이 돌아가는 등 온갖 시도 끝에 손가락 두세 개 정도로 작은 크기까지 도달한다. 그 이후는 지금 우리가 사용하는 휴대전화를 살펴보면 어떤 방향으로 진화했는지 알 수 있다. 정보가 숫자나 문자 몇 개만으로 이루어지는 수준을 넘어 그림이나 줄글과 상호작용할 수 있는 형태로까지 확대되니 소형화는 오히려 독이 되었다. 이제는 얇고 가벼운 고성능이지만 화면은 되레 점점 더 넓고 커진다.

거대한 건물이 그 자체로 의미를 가질 때가 있듯, 끝없이 작아지는 소형화가 반드시 요구되는 분야도 당연히 존재한다. 작지 않으면 도달할 수 없는 곳, 우리 기준에서는 몸속일 것이다. 가장 오래전부터 발전했던 분야 중 하나였던 만큼, 의학 기술과 요법은 상상 이상으로 다채롭다. 하지만 그 누구도 굵고 커다란 바늘로 몸을 꿰뚫는 느낌을 좋아하지 않고, 큼직한 알약 수십 개가 목구멍에 걸릴 듯 넘어가는 고통을 즐기지 않는다. 이 영역에서는 더 작고 효율적인 도구가 궁극적인 형태일 것이며, 나노화학이 가장 먼저, 가장 깊이 관심받은 부분이기도 하다.

수리를 위해서는 당연히 표적보다 작은 도구가 필요하다. 고장난 자동차를 수리하는 일에는 부품을 교체하고 기름칠해 조이는 많은 힘과 기술이 필요하다. 그리고 이보다 더 높은 정교함과 경험, 기술이 필요한 일은 작은 손목시계를 고치는 작업일 것이다. 일반적으로 대상이 작아질수록 요구되는 물리적인 힘은 줄어들지만 정교함과 정확함은 기하급수적으로 늘어난다. 그나마 확대경으로 들여다볼 수 있는 손목시계라면 다행인 편이다. 사람의 몸속은 눈동자를 제외하고는 어떠한 가시광선도 들어오지 않는 어둡고 물컹거리는 복잡한 기관이다. 문제가 발생한 곳을 찾기 위해 문진과 청진을 하고, 필요하다면 피부를 절개해 속을 드러낸 상황에서 수술하기도 한다. 마취를 제대로 할 수 없던 시절에는 치료를 위한 진료 자체가 사형선고와도 같이 느껴졌을지도 모른다. 고통과 위협을 주는 침습적인 치료를 최소화하는 방향으로 기술이 발전하고 있으며,

이제는 복강경처럼 작은 내시경으로 모든 수술을 끝내는 방법도 충분히 보급되었다. 통증조차 느껴지지 않으며 들여다보고 조작하지 않아도 스스로 자기에게 맡겨진 일을 마무리하는 치료는 모두의 꿈일 수밖에 없다. 그 갈망은 오래전부터 인공지능이나 자율주행 자동차 등과 함께 '나노로봇nanobot'이라는 형태로 입에 오르내리며 미래 기술의 대표적인 형태로 기대되어왔다.[1]

나노로봇은 어떤 모습일까

다양한 공상과학 매체를 통해 우리는 로봇에 대해 비교적 높은 기준을 갖고 있다. 인간과 유사한 외형을 가졌거나, 그렇지 않더라도 최소한 팔이나 다리 형태의 기계장치를 가지고 사용할 수 있는 모습 말이다. 외형에 그다지 기대하지 않는다고 해도, 정해진 규칙 안에서 스스로 판단해 문제를 해결하고 위험한 임무를 마칠 수 있는 능력은 우리가 로봇에 기대하는 최소 요건일지도 모른다. 실제로 로봇은 기계의 하위 범주에 속하며 정해진 규칙에 따라 움직이는 자동기계를 의미하니, 앞서 나열된 진보된 미래 로봇의 특징이 지나친 기대는 아니다. 나노에서 로봇의 가능성을 이야기한다고 해서 머리카락보다도 작은 인간형 물체가 혈관 속을 헤엄치며 치료하는 광경은 이뤄질 수 없다. 이 문제를 이해하려면 기계란 무엇인가를 정의하는 단계가 다시 필요하게 된다.

　기계machine라는 단어는 철로 만들어진 차갑고 단단하며 강인해

나노화학

보이는 물체를 연상시킨다. 기계를 설명하는 가장 간단한 관점은 '에너지를 변환하거나 전달하는 장치'다.[2] 동력 공급과 동작은 매혹적이었으며, 어느새 자동기계automaton의 발명이나 복잡한 기계장치의 설계로 이어지며 인간이 하기 어려운 일을 해내는 장치가 된다. 꼭 증기기관이나 내연기관이 사용돼 연료를 연소함으로써 동력을 얻어야만 하는 것은 아니다. 태엽 장치나 용수철, 고무줄 등을 이용한 에너지의 변환과 전달도 기계가 된다. 기계는 헤론의 기력구Aeolipile나 증기기관으로 열리는 신전의 자동문, 수력 오르간 등 고대 그리스에서부터 사용되었으며, 아리스토텔레스는 연극에서 기계장치를 이용해 긴박한 국면을 타개하는 방법, 곧 '기계장치의 신deus ex machina'을 비판하기도 했다.

음식을 먹어 소화와 대사를 통해 화학 에너지로 변환시키고 운동과 작업에 전달하는 인간, 곧 생명체도 기계로 볼 수 있을까? 현재 통용되는 원자의 모형을 만들어내고 양자역학의 발전에 크게 이바지했던 에르빈 슈뢰딩거는 그의 저서 《생명이란 무엇인가?What Is Life?》에서 인간을 유전 정보를 담은 인자가 정보를 운반하는 대상으로 취급했으며, 육체를 자연법칙에 따라 순수한 메커니즘으로 기능하는 대상으로 보았다.[3] 다소 논쟁과 해석의 여지가 있겠지만, 기능과 구조적인 관점에서는 인간을 기계로 이해할 수도 있겠다. 반복성과 정밀성마저 완벽하게 대응되니 말이다.

간단한 화학물질을 이용해서 기계를 만들어낸 사례는 매우 유명하다. 2016년 노벨 화학상의 주인공이었던 '분자 기계molecular machine'는 이름부터 확고하다. 탄소로 골격을 이룬 고리 모양의 여

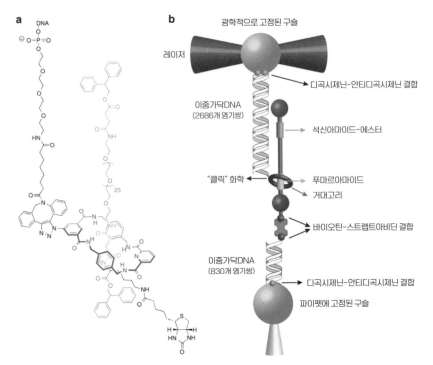

a

DNA

b

광학적으로 고정된 구슬

레이저

디곡시제닌-안티디곡시제닌 결합

이중가닥DNA
(2686개 염기쌍)

석신아마이드-에스터

"클릭" 화학

푸마르아마이드
거대고리

바이오틴-스트렙트아비딘 결합

이중가닥DNA
(830개 염기쌍)

디곡시제닌-안티디곡시제닌 결합

파이펫에 고정된 구슬

[그림 5-1] **분자 설계 및 실험 설정** 생리학적 조건에서 작동할 수 있는 분자 기계를 설계하는 실험.(출처: T. Naranjo et al., Nature Communications, 2018)

러 분자에 빛이나 열 같은 외부 자극이 가해지면 수축이나 이완, 직선 운동이나 회선 운동이 반복해서 일어날 수 있다. 작은 나노입자도 빛이나 열로 에너지를 전환하거나 전달할 수 있음을 플라스몬이나 반도체, 자성 나노입자 등으로 설명했던 내용을 기억한다면, 나노입자에 나노 기계라는 별명을 붙여도 부족함이 없음을 알 것이다. 이러한 맥락에서 과거부터 미래 기술을 상상하며 그려왔던 나노로봇은 작은 나노입자 자체로 봐도 무방하다.

나노화학

나노입자의 본질적인 특징이자 가장 큰 장점은 작은 크기다. 나노 세계까지 들어가지 않아도, 같은 종류의 물질이 크기에 따라 결과가 달라지는 현상은 교육과정에서 중요하게 다루는 부분이다. 언제나 언급되는 각설탕과 가루 설탕의 예시가 있다. 두 가지 모두 단맛을 내는 탄수화물의 일종으로 완벽하게 같은 원소와 화학 구조로 이루어졌다. 단 하나의 차이점은 입자의 크기다. 이 단순한 차이로 부피에 대한 표면적이 달라지고, 물에 넣었을 때 물 분자와 닿는 면적과 빈도가 달라져 녹는 속도 또한 달라진다. 많은 화학 반응은 모두 분자들의 충돌이 얼마나 자주, 효과적으로 일어나는가에 의해 결정된다. 약을 먹었을 때도 알약보다는 가루약이, 또 가루약보다는 물약이 흡수와 효과 발생이 더 빠를 수밖에 없다. 나노를 사용하는 이유는 작은 크기가 필요해서이기도 하지만, 같은 양(무게)의 물질로 더 많은 알갱이를 만들 수 있기 때문이기도 하다. 우리가 나노입자를 기계나 로봇으로 생각해 몸속에서 게으름피우지 않고 작업하도록 하려면 작고 많을수록 좋다. 큰 것보다는 작을수록 좋으며, 적은 수보다는 많은 수가 유리하니 치료를 위해서 나노 세계에 주목하는 것은 매우 합리적인 결정이다.

지금도 새로운 질병이나 다시금 퍼져나가는 과거의 질병이 수없이 많고, 질병을 치료해 생명을 구할 약도 계속 발명되고 있다. 신약 개발은 하나의 과학 분야가 해결할 수 없는 매우 고차원적인 첨단 분야다. 생명과학 및 병리학적으로 병의 원인과 진행 과정을 정확히 이해해야 하며, 세균이나 바이러스의 증식을 막고 감염된 세포를 치료하거나 제거하며 혹시 모를 재감염을 피할 면역까지 약의 개발에 앞서 밝혀져야 할 내용이 산더미다. 그다음은 화학의 시간이다. 감염이나 통증, 염증 등 증상에 대한 정보를 담고 전달하는 물질을 차단하거나 제거할 수 있는 화학물질, 감염된 세포에 들어가 병의 진행을 방해하는 화학물질, 세균이나 바이러스를 없애고 감염된 세포를 빠르게 격리할 수 있는 화학물질 등 탄소나 수소, 산소 등의 원소가 연결된 형태에 따라 우리가 원하는 기능이 발현될 수 있는 물질을 설계하고 합성한다. 원대한 목적을 위해 설계한 도면이 처음부터 완벽할 수도 있다. 하지만 자동차나 비행기 등 빠르게 달리고 하늘을 나는 수단을 만드는 데도 수없이 많은 시도와 구조나 기능을 개량해야 했던 것처럼, 약의 화학적 구조 설계와 합성도 엄청난 시간과 비용이 들어가야 성공에 가까워진다.

원하는 수준의 치료 효과가 나타날 수 있는지는 다시금 생명과학과 약학, 의학 분야에서 검증이 이어진다. 끈질기게 늘어나는 암의 치료가 그렇다. 암세포도 살아 있는 세포인 만큼 제거하는 방법은 간단하다. 독성 물질을 쏟아붓거나 물이 끓을 정도의 열을 가하고, 혹은 한 점에 집약된 높은 에너지의 빛을 쪼이는 등 일반적인 생명체의 사멸과 크게 다르지 않다. 하지만 암세포의 주변에는 정상 세포도 함께 있으니 지나친 독성은 우리 몸 전체를 병들게 한다. 흔히 치료 효과 외 의도하지 않았던 몸의 반응을 부작용이라 구분하며, 약을 개발할 때는 일어날 수 있는 모든 부작용을 미리 확인하고 문제가 발생하지 않는 복용량을 찾는 과정도 필요하다. 물론 모든 부작용이 단기간의 확인에서 드러나지는 않는다. 입덧 완화제로 발명되었던 탈리도마이드Thalidomide가 부작용으로 태아에게 기형을 유발한 의약 역사상 가장 충격적이었던 사건이 대표적이다. 신약개발에 몇 년에서 몇십 년에 이르는 임상 검증 의무가 도입된 것은 생명을 다루는 분야인 만큼 독성과 부작용에 대한 문제를 염려해서다.

이제 효과적으로 목표 질병을 치료할 수 있으면서 심각한 부작용을 일으키지는 않는 새로운 약물이 성공적으로 개발되었다고 가정하자. 대량으로 약을 만들어 판매해 고통받은 사람들을 구원하는 한편 개발에 들어간 엄청난 비용을 점차 회수해 모두가 행복해질 일만 남은 것 같지만, 여전히 가야 할 길이 남았다. 정확히는 더 편하고 안전하고 빠른 길을 찾는 과정이다. 이 마지막 단계이자 우리에게 가장 직접적으로 영향을 미치는 분야를 '약물 전달 체계drug delivery system', 간단히 DDS라 부른다. DDS에서는 약물이 인체에 들어가 얼마나 빠르게 흡수되어 혈류를 타고 몸을 떠도는지, 필요 부위에 흡수되는 양과 시간이 어느 정도인지, 잔여 약물이 몸속에서 분해되거나 소변, 대변, 땀, 호흡 등을 통해 어느 정도 배출되는지를 함께 고려한다. '약물 동역학pharmacodynamics, PD'과 '약물 동태학pharmacokinetics, PK'으로 구분되는 약의 몸속 유입 후 거동에 관한 연구는 DDS의 핵심 중 하나다.[4] 이처럼 신약 개발 후 적용의 마지막 단계이자 생명체의 반응과 화학물질의 안정성까지 모든 면을 고려해야 하므로 DDS는 첨단 분야이자 질병에 대한 이해가 높아진 후 새롭게 태어난 학문 분야라 생각되기 쉽다. 하지만 DDS는 인류사에서 가장 오래된 연구 분야 중 하나로 여겨진다.

인류는 오래전부터 식물을 그대로 섭취하거나 짓이기고, 물이나 술에 넣고 끓여 마시기도 하며, 광물을 곱게 갈아 물에 타 마시기도 했다. 물질을 추출하고 활용하던 화학의 관점을 떠나 직접 복용한다면 건강의 개선과 치료를 위한 약물 전달이 된다. 고대부터 해열 및 진통 효과가 발견되어 버드나무의 속껍질을 벗겨내 씹어 먹거나 물에 넣고 끓여 차로 마셨다는 기록이 남아 있다. 흰버드나무salix alba에 풍부하게 함유된 이 작은 유기화합물은 이후 살리실산salicylic acid이라는 이름을 얻고 그 자체로 약으로 사용된다. 산성 물질에 붙는 '-산'이라는 접미사가 포함된 것에서 알 수 있듯, 살리실산도 산성 환경을 만드는 화학물질이어서 자주 또는 다량 복용하면 속쓰림이나 위염, 위궤양 같은 부작용을 일으키곤 했다. 화학자들은 산성 환경을 만드는 양성자(H^+)가 방출되는 것을 막으려고 이 부분을 다른 구조로 바꿨으며, 이렇게 개발된 물질이 아세틸살리실산 ^{acetylsalicylic acid}이라는 조금 더 발전된 형태의 약물이다. '아스피린 ^{Aspirin}'이라는 이름으로 판매가 시작되며 지금도 아주 흔하게 사용하는 약 중 하나다.

아스피린을 이용해 신약 개발 과정을 모의 구성해보자. 발열과 통증은 프로스타글란딘^{prostaglandin}이라는 화학물질에 의해 유발된다. 몸의 편안함만 생각한다면 없는 편이 낫겠지만 염증반응을 비롯해 인체에서 여러 작용을 하기 위해 만들어진다. 발열이나 통증을 억제하려면 프로스타글란딘의 생성을 억제하면 되는데, 이들은 우리 몸속 세포에서 고리형 산소화효소^{cyclooxygenase, COX}라는 생체 효소가 지질을 이용해 만든다. 목표는 COX를 억제하는 것으로 구체화되며 아스피린이 COX가 작동하지 못하도록 방해해 효과를 나타낸다.

또 다른 문제는 인간의 몸이 매우 복잡하고 정교하게 설계되어 있어 비슷한 종류의 생체 효소더라도 구체적인 작용에 따라 더욱 자세히 나눠진다는 것이다. COX2라는 효소는 우리 목적에 부합한 염증 작용이나 발열 등에 관련된다. 하지만 이와 유사한 COX1은 혈액의 응고와 위장의 보호에 영향을 미친다. 아스피린이 효과적으로 열을 내리고 통증을 잊게 만들지만, 팔다리에 멍이 쉽게 들고 피가 잘 멎지 않으며 속쓰림을 비롯한 위장 기능 약화를 불러오는 이유가 여기 있다.

해열과 진통 효과는 있지만 다른 부작용이 없거나 최소화될 수 있는 양을 복용하거나, 목적에 따라 다른 방식으로 복용할 수 있다. 예를 들어 가장 일반적으로 복용하는 500mg의 아스피린 알약은 COX1과 COX2에 모두 작용해 유명한 효과와 부작용 모두와 관련된다. 하지만 다른 목적으로 제조된 아스피린도 있다. 흔히 아스피린 프로텍트라 불리는 알약으로, 용량이 겨우 100mg이다. 이 경우 COX1을 주로 억제하는데, 혈관에 스텐트^{stent}를 넣어 확장하는 수술을 한 경우 혈전이 생겨 혈관이 다시 막히지 않도록 관리해야 하므로 혈액 응고를 조절해 혈전 생성을 억제하는 효과가 있는 저용량의 아스피린 프로텍트를 예방적으로 복용하게 된다.

최고의 약물 운송 수단

입을 통해 약물을 몸속에 전달하는 방법은 상처 부위에 약을 바르거나 뿌리는 등 피부를 통한 약물 전달과 함께 가장 일반적이며 오래전부터 사용됐다. 비록 소화기관을 거치며 약물이 분해 또는 변형될 수도 있고, 위나 장에서 섭취한 음식물과 화학 반응을 일으키거나 건강 상태와 맞물려 흡수가 잘되지 않을 수도 있다. 입을 통해 전달한 약이 효과를 보이려면 우선 흡수되어 혈액을 타고 퍼져야 하는데, 이 과정에 시간이 소요되며 섭취한 약물의 상당량이 작용하지 못한 채 배설되기도 한다. 혈관에 직접 주입하는 주사나 링거가 먹는 약에 비해 즉각적인 반응을 보이는 이유가 여기 있다. 흡수되어 혈액에 퍼질 시간이 생략되고 소화기에서 손실되지 않아서다. 하지만 날카롭고 길쭉한 바늘이 피부를 뚫고 들어오는 장면과 감각을 좋아하는 사람은 없다. 수단을 가리지 말아야 할 위독하고 시급한 질환이 아닌 이상에야 사람들은 간단히 삼키거나 피부에 바르는 약을 선호한다. 치료와 편의 두 마리 토끼를 동시에 잡기 위해 약물 전달 기술은 계속해서 발전한다.

겉보기에는 똑같은 알약이지만 약의 겉면을 어떤 화학물질과 구조로 만드는가에 따라 완전히 달라진다. 가장 일반적인 알약은 약성분을 단단하게 뭉쳐 삼키기 좋은 모양으로 빚어낸 것이다. 물론 혀에 닿으면 쓰고 몸속으로 들어가면 녹아 약효가 있는 분자를 몸속으로 퍼트리기 시작한다. 모든 약은 독이라는 문제가 중요해진다. 간혹 다량의 알약을 한 번에 삼켜 스스로 목숨을 위협하기도 한다. 커피 100여 잔을 한 번에 마시면 카페인 과다로 목숨을 잃을 수 있다. 섭취가 더 힘들기는 하지만 소금 300g을 한 번에 먹거나 설탕 2kg을 한 번에 먹어도, 심지어 물 6.3L를 한 번에 마셔도 성인 남성이 죽음에 이를 수 있다. 본격적으로 몸의 기능을 조절하기 위해 사용되는 약은 소금이나 설탕 등보다 훨씬 적은 양으로도 높은 독성을 보이는 경우가 많다. 몸이 몹시 아프다고 약을 무작정 많이 먹으면 오히려 심각한 문제가 생긴다.

반대로 약이 너무 조금 투여돼 혈액 속 화학 분자의 양이 적다면 치료 효과가 전혀 나타나지 않는다. 매운맛을 많은 양의 물로 희석하면 맹물로 느껴지는 것처럼, 약도 몸과 분자의 화학 반응에서 치료 효과가 나타나므로 너무 적은 양으로는 의미가 없다. 효과를 보일 수 있는 최저 농도의 경계선에서부터 독성을 보이지 않을 최고 농도의 경계선 사이를 '치료적 창therapeutic window'이라 부르며, 우리의 목적은 혈액 속 약 분자가 이 범위 안에서 가장 오래 머물도록 만드는 것이다. 가장 간단한 방법은 독성이 나타나지 않을 양을 먹은 후 시간이 흘러 혈액 속 약 분자가 줄어들 때쯤 다시 한번 약을 먹는 방식이다. 약의 종류에 따라 하루에 세 번 또는 두 번 복용하도록 정해진 이유가 이것이다. 하지만 바쁘게 지내다 보면 정해진 시간에 약을 먹기 어려운 때도 있다. 약 분자가 빠르게 녹아 빠져나가는 것이 문제라면, 사탕이 입속에서 녹아가듯 서서히 약이 방출된다면 어떨까. 이 간단한 생각이 현대 약물 전달 기술의 핵심이 되었다.

약물이 서서히 방출되는 기능의 알약을 '서방sustained-release'이라 부르며 'SR'이라는 약어가 약 이름에 함께 표기된 것을 쉽게 찾아볼 수 있다. 단순히 느리게 방출되는 것만으로도 충분히 유용하지만, 한 단계 더 나아가 약물이 치료적 창에 속한 적당한 농도를 꾸준히 유지할 수 있게 약물의 방출을 화학적 또는 물리적 기법으로 조절하는 방식도 있다. 말 그대로 '방출제어controlled-release'라 하는데 'CR'이라 표기되어 있다. 더 기계적인 조절도 가능하다. 나노입자를 코어셸 형태로 층층이 감싸듯 약물이 포함된 층을 나눠 일정 시간을 두고 하나의 알약이 여러 번 약을 방출하도록 꾸며준 방식이다. '복효형extended-release'이라 부르고 약 이름에는 'ER' 또는 'XR'이라 쓰인다. 자주 찾아보긴 어렵지만, 특수한 막에 담긴 약물이 몸속 수분에 의한 삼투압으로 서서히 방출되는 '삼투제어osmotic-release'나 위 내부에

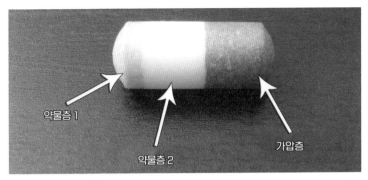

[그림 5-2] 삼투제어 알약 특수한 막에 담긴 약물이 몸속 수분에 의한 삼투압으로 서서히 방출되는 알약의 구조.(출처: 위키백과)

가라앉아 머물며 약물을 꾸준히 방출하는 '위정체gastric retention' 방식의 알약도 'OROS'나 'GR'이라는 표기로 찾아볼 수 있다.

오로지 입으로 먹는 약만 살펴봐도 위장으로 넘어가기 전 단계에서조차 다양하다. 누구나 먹기 편하도록 단맛과 향이 있는 알코올 함유 제제인 엘릭시르elixir나 흔한 물약potion, 점성이 있는 물약인 시럽syrup이나 걸쭉할 정도로 작은 고체 알갱이 형태의 약이 퍼진 현탁액은 액체 형태로 섭취된다. 단단한 알약tablet이나 작은 가루나 알갱이가 담긴 캡슐capsule 형태의 약, 말캉말캉하며 몸속에서 녹는 젤라틴gelatin에 담긴 약물도 있다. 같은 동전 모양의 납작한 알약이라도 표면을 매끈하게 만든 종류가 있고, 언제든 필요에 따라 반으로 쪼개 나눠 먹을 수 있도록 움푹 선이 파인 약도 있다. 이 모든 차이는 약물 전달 전략에 따라 결정되었다. 통증이 덜하다며 아무 약이나 반으로 뚝 잘라 먹어도 안 되고, 먹기 불편하다고 아무 약이나 가루 내 먹어도 안 된다. 마음대로 형태를 바꿔 먹는다고 당장 독성에 노출돼 쓰러지거나 하지는 않지만, 원하는 시점과 방식으로 약이 방출될 수 없으니 원하는 약효가 나타나지 않을 수 있기 때문이다. 올바른 방식으로 약을 먹지도 않고서는 모든 결과가 좋으리라 믿는 것은 현대 의학과 약학을 맹신하는 것이다.

입안 피부에 붙이는 구강정buccal tablet이나 혀 밑에 넣어둬 서서히 흡수시키는 설하정sublingual tablet, 알갱이의 형태로 흡입되는 연무제aerosol는 물론이고, 주사의 경우에도 정맥주사, 근육주사, 피하주사가 유용하게 사용되는 약물 전달 방식이다. 통증 없이 간단한 주사를 위해 마이크로미터 크기의 촘촘한 바늘을 반창고 형태로 피부에 붙여 약을 주입하는 마이크로니들microneedle도 많은 관심을 받고 있다. 이처럼 다양한 형태로 약물을 전달하는 이유는 치료라는 목적을 이루기 위해서다. 결국 '독성을 보이지 않을 양'이며 '치료 효과가 나타날 양'을 '안정하고 안전하게 전달'하는 것이 핵심이다. 정해진 양을 싣고 전달할 수 있는 똑똑한 운송 수단이 있다면 해결될 일이다. 나노로봇은 이를 위한 최고의 운송 수단이 될 수 있다.

나노로봇이 암을 치료하는 과정

어떤 물질로 이루어졌든 나노입자가 독성을 갖지만 않는다면 몸속에 넣어 혈관을 타고 돌아다니다 약을 전달할 수 있을 것이다. 첫 단계는 과연 어떤 원리로 만질 수도 없는 작은 나노로봇에 약을 싣느냐일 텐데, 화학은 이 복잡한 과정을 아주 간단하게 바꾼다. 만약

물리적으로 원자 몇 개가 연결되어 치료 효과를 보이는 작은 분자를 싣는다면 새지 않고 안정하게 갇혀 있을 밀폐된 공간이 필요하다. 하지만 물질과 물질 사이의 결합이나 인력 또는 척력으로 관계를 이루는 화학이라면 간단하다. 원자와 원자가 서로 전자를 공유해 운송 수단과 짐 사이의 결합을 만들거나, 전하를 띠는 운송 수단과 그 반대 전하를 띠는 짐이 정전기적으로 끌어당겨 달라붙게 할 수 있다. 더욱 매력적인 방식은 원소와 원소가 서로 좋아하는 정도를 이용하는 것이다.

가장 확실히 밝혀진 대상은 금과 황이다. 오래전 연금술 시대부터 관심 대상이었던 두 원소는 언제나 서로 함께하고 싶어 한다. 금은 자신이 가진 오비탈, 즉 방에 전자가 채워지지 않은 채 빈 곳이 있으며, 남에게 줄 전자가 있으며 큼직한 황은 금에 선뜻 전자를 나눠준다. 단순히 금 나노입자에 황을 포함하는 약 분자를 섞어 잠시 놔두는 것만으로도 짐이 꽉 차게 실린 나노로봇이 준비된다.

수많은 원소 중 황만 의미 있는 것은 아니다. 여러 결합과 원자 간의 선호도를 이용한다면 나노입자에 실린 약 분자가 떨어지는 상황을 조절할 수도 있다. 알약으로 복잡하게 천천히 또는 선택적으로 약이 새어 나오도록 만들 필요조차 없이 바로 문제가 발생한 장기나 세포로 나노로봇이 이동해 약을 내보내게 설계할 수 있다. 이에 따라 더욱 발전한 형태의 방출 제어 약물 전달 기술이 탄생한다. 가장 유용한 방식 중 하나는 우리 몸의 중성 또는 매우 약한 염기성에 가까운 환경에서는 약이 새어 나오지 않고, 산성 환경으로 알려진 세포 속의 소화 기능이 있는 위치나 종양 조직에서만 약이 빠르게 나오도록 산성도에 따른 반응 설계다.

종양, 곧 암은 난치성 질환으로, 세포에 이상이 생겨 지나치게 빠르게 분열, 증식해 문제를 일으킨다. 암세포도 생명체인 만큼 산소와 영양의 공급 없이 무한히 늘어날 수는 없다. 결국 주위에서 산소와 영양소를 대량으로 공급받기 위해 빠르게 혈관을 만들기 시작하는데, 지나치게 빠른 건축이 튼튼하고 견고한 구조로 이루어질 수는 없다. 부실 공사와 마찬가지로 암이 독촉해서 늘어나는 혈관들은 혈관 벽에 작은 구멍이 뚫리는 허술한 형태가 되어버린다. 몸속에 투입되어 혈관을 타고 유유히 떠돌던 나노로봇들은 종양 주위의 허술한 혈관 벽을 통해 종양 조직 속으로 이동해 쌓인다. 아무런 의도나 조절 없이 자연적인 종양의 과정을 이용해 약물 전달의 첫 단계가 이루어진 것이며, 이 방식을 '수동 표적passive targeting'이라 부른다.

빠른 분열과 증식을 위해서 혈관을 늘린 암세포는 공급된 산소와 영양소를 이용해 정상적인 세포들보다 빠른 대사metabolism 과정을 거친다. 우리가 음식을 먹고 소화해 에너지를 얻는 것과 같다. 인간이 살아가며 먹고 숨 쉬어 에너지를 얻고, 사용한 후에는 이산화 탄소나 배설물 같은 찌꺼기가 남듯, 세포의 빠른 대사는 주위를 산성 환경으로 만든다. 만약 나노로봇이 산성 환경에서만 방출되는 전략을 선택해 약을 싣고 왔다면, 이제껏 지고 있던 약이 뿜어져 나온다. 오로지 종양에만 약이 뿜어져 암세포로 빠르게 들어가니 평범한 화학 요법에서 나타나는 부작용이 덜할 것은 자명하다.

수동적인 표적 지향이 있다면 당연히 '능동 표적active targeting'도

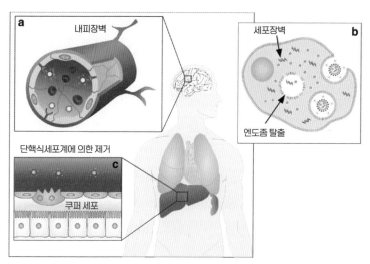

[그림 5-3] 나노로봇의 약물 전달 수동 및 능동 표적 나노로봇이 직면한 주요 생리학적 장벽의 개략도.(출처: D. Rosenblum et al., Nature Communications, 2018)

있을 것이다. 여기에는 과학자들의 의지가 포함되어 있다. 수동 표적을 위해서는 물리적인 틈으로 새어 나오기 전까지 나노로봇에 문제가 생겨서는 안 된다. 어딘가 달라붙거나 혈관 벽을 마음대로 뚫고 나오거나 백혈구 같은 혈액세포에 잡아먹혀 제거되면 곤란하다. 그럴싸한 과학 용어로는 '저류 효과enhanced permeability and retention effect, EPR effect'라고 말한다. 나노로봇이 무엇의 방해도 없이 혈액을 떠돌아다니며 수동 표적에 성공적으로 이르도록 성질을 만들어주어야 하는데, 역시나 나노화학에서 이 모든 일을 꾸미고 시도한다. 약과 함께 또는 약 아래 나노입자의 겉면에 그 무엇과도 연관되려하지 않는 안정하고 안전한 분자를 덕지덕지 붙여 보호하는 방식이다. 쉽게 상하거나 오염되는 음식을 랩이나 비닐로 감싸 산소와 외부 물질을 차단하면 더 오래 보관할 수 있는 것처럼, 나노로봇의 겉을 감싸 보호한다고 상상하면 완벽하다.

능동 표적에서는 나노로봇의 겉을 단순히 보호하려고 두껍고 활성이 없는 분자로 감싸는 것을 넘어서, 정해진 암세포만 찾아 달라붙고 들어갈 수 있는 추적자를 함께 붙인다. 우리 몸의 간, 신장, 폐, 근육, 뼈, 신경 모두 세포로 이루어져 있으며 그 기능과 형태는 완전히 다르다. 마찬가지로 각 장기와 조직에 생겨나는 암도 기능과 형태가 다른데, 심지어 빠르게 증식하며 몸의 수리 작업을 회피하기 위해 더 많은 다양함과 독특함이 생겨야만 한다. 표적과 추적자라 해서 굉장히 복잡하고 신기한, 인간의 몸속에 넣어도 괜찮을까 걱정되는 새로운 분자가 아니다. 예를 들어 건강을 유지하기 위해 섭취하는, 임신부라면 더욱 권장되는 엽산$^{folic\ acid}$은 유방암, 신장암, 자궁경부암, 직장암 등을 추적하는 데 쓸모가 있다.[5] 나노로봇에 약 분자와 함께 간단히 엽산 몇 개를 붙여준다면, 또는 엽산을 화학적으로 붙여둔 약물을 싣고 흘려보낸다면 자동으로 관련 종양을 찾아 치료를 시작한다. 치료할 종양을 추적하기 위해 엽산 외에도 수많은 탄수화물, DNA, 단백질 등이 사용되며 계속해서 적절한 물질이 밝혀지고 있다.[6] 우리가 기대하는 선택적이고 확실한 암 치료는 나노로봇의 도입으로 빠르게 발전하고 있다.

나노로봇에 무엇이든 붙여서 몸속 이곳저곳으로 배달할 수 있을 듯하지만, 생각보다 빠르게 장애물이 나타난다. 간단한 화학 구조로 이루어진 많은 약은 작동 원리 역시 다양하다. 푸른곰팡이에서 발견되어 세균을 죽이는 항생제로 쓰이는 페니실린^{penicillin}처럼 탄소 세 개와 질소 한 개로 이루어진 사각형 고리 구조인 베타-락탐$^{\beta\text{-lactam}}$은 생체 분자의 특정한 부위에 강하게 달라붙어 기능을 잃도록 만들어 약효를 보인다.[7] 페니실린은 세균의 껍질이라 할 수 있는 세포벽의 생성을 막아 세균이 터져 제거되도록 만드는 약이다. 이처럼 세균의 생존에 필요한 단백질을 만드는 것을 방해한다거나, 생명 반응을 조절하는 효소의 기능을 억제하거나, 생명 반응 자체를 차단하는 것 또한 약의 원리다. 문제는 특별한 질병이나 증상을 해결하기 위해 설계되고 만들어진 약이 200여 종류로 나뉘는 세포 총 37.2조 개로 이루어진 사람의 몸 어딘가에서 예상치 못한 작용을 한다는 것이다. 앞서 많은 양의 약은 독성을 보인다는 단순한 부작용만 이야기했는데, 아스피린이 의도하지 않은 출혈을 만들 수 있는 것처럼 작용 방식이나 역할의 다양성으로 인한 부작용이 남아 있다.

이제는 조금 더 복잡하고 큰 약을 이용해 적은 부작용으로 정확한 치료가 가능해지고 있다. DNA는 생물질로서 유전 정보를 담고 있으며, 염기라는 작은 조각 사이의 정교한 결합으로 만들어지는 두 가닥의 연결된 실 모양, 그리고 가장 놀라운 발견 중 하나였던 이중나선$^{double\ helix}$이라는 꼬인 형태에서 생명의 신비와 숭고함을 떠올리게 한다. 특히 화학적으로 유용한 것은 아데닌(A), 티민(T), 구아닌(G), 시토신(C)이라는 네 가지 작은 조각들이 A와 T, G와 C가 끼리끼리만 연결된다는 원리다. 언제나 일대일로 대응되며 프로그램을 짜내듯 원하는 대로 순서를 배열할 수 있기에 특별한 정보를 찾아내기 위한 작은 추적자부터 원하는 그림이나 도형을 만드는

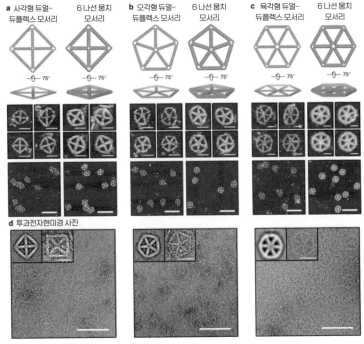

[그림 5-4] DNA 종이접기 DNA 이중나선을 이용해 원하는 대로 구조를 만들어낼 수 있다.(출처: H. Jun et al., Nature Communications, 2019)

DNA 종이접기라는 신기한 기술까지 개발되었다.

　나노의료에서는 DNA나 RNA를 나노입자에 붙여 추적과 치료에 사용할 수 있다. 다시 한번 악성 종양의 치료를 기준으로 생각해 본다면 암세포도 생명체며 이들의 분열과 증식 또한 저절로 일어나는 현상이 아니라 암의 유전 정보를 이용한다는 점에 주목할 수 있다. 암에서만 관찰되는 유전 정보, 즉 염기 조각들이 놓인 순서를 대상으로 삼고, 여기 결합할 수 있는 정확히 반대 대응의 염기 순서를 나노입자에 붙여준다면, 그리고 찾아낸 유전 정보를 잘라내거

나노화학

나 분해해 더는 증식할 수 없게 만든다면 어떨까. 물론 유전자를 목표물질로 삼아 치료 효과를 보이는 다른 작은 약 분자도 많다. 수업 시간에 이성질체를 배울 때 자주 보이는 시스플라틴^{cisplatin}이라는 백금에 암모니아와 염화 이온이 달라붙은 물질은 폐암과 위암, 자궁암, 고환암 등 여러 암의 치료에 사용된다. 암세포 속 DNA에 달라붙어 구조를 망가뜨리고 복제를 막아 세포를 죽여 없애는 방식으로 작용한다.

이처럼 세포 자체에 독성을 발휘해 죽이는 방식을 1세대 항암제인 화학요법용 세포독성 항암제라 한다. 암세포의 종류에 따라, 전달 방식에 따라, 작용에 따라 선택적으로 추적하는 표적 치료 물질은 다음 단계인 2세대 항암제에 속한다. '유전자 전달^{gene delivery}'과 '유전자 치료^{gene therapy}'라는 분야는 나노로봇을 사용하는 대표적인 2세대 항암치료 방식이다.

더 크고 까다로운 물질을 전달하는 나노로봇

유전물질을 추적자이자 약으로 사용할 수 있다면 조금 더 크고 확실한 생물질도 가능할지 모른다. 1962년 노벨 생리의학상 수상에 대해 약간의 논란이 남아 있으나 DNA의 이중나선 구조를 밝혀냈던 프랜시스 크릭^{Francis Harry Compton Crick}은 사실 이보다 더 거대한 발견을 이룩했다. '중심원리^{Central dogma}'라는 크릭의 제안은 단순한 공식과 이론으로 모든 문제에 답하지는 않은 채 시작되었지만 생명과학 분야에서는 혁명이었다. 이 개념은 유전 정보를 담고 있으나 단단히 뭉쳐져 염색체chromosome라는 X 자 형태의 세포핵 속에 안전하게 보관된 DNA가 어떻게 무엇을 위해 사용되는지를 이야기한다.

DNA는 유전 정보를 갖고 있지만 직접 생명 반응을 조절하는 등 구체적인 작용은 하지 않는다. 모든 작업은 효소 등의 형태로 단백질이 관여하는데, 단백질을 만들기 위한 정보가 DNA에 기록되어 있다. 간혹 우리는 변이(과거 돌연변이라 표기되기도 했지만, 모든 변이는 돌연 발생하므로 단순히 변이라 기록함이 옳다)라는 용어를 듣곤 한다. 중요한 유전 정보로 가득한 DNA의 한 서열만 빠지거나 바뀌거나 겹치는 등 변이가 일어나면 참혹한 결과를 낳는다. 그런 사태를 방지하려면 DNA에 꼭 필요한 정보 외의 미끼 정보를 여기저기 섞어두는 것이 안전하다. DNA에서 필요한 알짜 정보만 뽑아내 본격적으로 단백질을 만들려면 준비가 필요한데, 그 준비가 바로 RNA다. DNA에서 사용하려는 정보를 담은 RNA가 만들어지는 과정을 '전사transcription'라 부른다. RNA에 기록된 알짜 정보들은 염기가 배열된 순서 조합에 따라 대응되는 아미노산을 하나씩 연결해 '번역translation'이라는 과정을 통해 단백질을 합성한다. 과학 용어를 암기하듯 중심원리를 외우려 하면 헷갈릴 수 있지만, 필요한 정보를 옮겨쓰고(전사) 그 안에 기록된 순서대로 내용을 찾아내(번역 또는 해독) 생명에 적용하는 과정으로 생각하면 이해하기 쉽다.

DNA와 RNA의 운명은 중심원리에서부터 추측된다. 변이나 그 외 문제가 발생해도 안전하게 유전 정보를 보관해야 하는 DNA는 안정성이 높다. 바이러스 등 질환 감염을 높은 정확도로 찾아내려

나노화학

는 PCR 과정은 DNA의 양을 '복제^{replication}'해 검출할 수 있는 신호를 증폭시키는 과정인데, DNA를 붙였다 뗐다 하기 위해 90℃ 이상으로 가열하는 일도 흔하다. 물론 DNA는 가열하는 과정에서 부서지거나 달라지지 않는 안정한 물질이다. 반대로 RNA는 안정성이 낮다. 바로 사용할 수 있는 유전 정보 형태로 가공된 물질이니 너무 오랜 시간 몸속에 머물면 원하지 않아도 다음 과정이 진행될지도 모른다. RNA를 다루는 실험을 한다면 장갑 없이 맨손으로 잠시만 다뤄도 RNA 분해효소에 의해 모두 분해되어 아무것도 남지 않는 경험을 할 수 있다. 기능적으로 더 뛰어난 물질이지만 그만큼 다루기 힘드니 나노입자에 붙여 전달하는 과정에서도 더욱 세심하게 관리해야 한다.

최종적인 생성물이라 할 수 있는 궁극적인 기능 생물질인 단백질이라면 유용함과 함께 약물 전달의 어려움이 더 커진다. RNA나 단백질을 전달하는 나노로봇을 선택하려면 단순히 이제까지처럼 곁에 달라붙어 순조롭게 운행되기를 기대할 수 없다. 나노입자의 모양이 단순히 동그란 공 모양 하나가 아니었다는 사실을 기억한다면 우리에게 번뜩이는 선택지가 떠오른다. 전달 물질을 분해하는 방해꾼이 접근하지 못하도록 작은 구멍이나 텅 빈 곳이 있는 나노입자를 사용한다면 안전하게 보호할 수 있다. 이처럼 나노입자의 물리적인 형태를 이용한 전달 기술은 최근 연구되어 임상 실험에 적용되고 있는 첨단 기술 중 하나다.

3세대 항암제로 구분되는 면역 항암치료 역시 나노로봇의 도움이 절실하다. 면역 기능을 조절할 수 있는 물질을 전달해 몸속 면역 기능을 높이고 암을 치료할 수도 있다. 면역 기능을 조절할 물질을 입으로 삼키거나 주사한다면 원하는 작용을 보이기도 전에 분해되거나 변질해서 실패하기 쉽다. 하지만 표적을 추적하는 기술이 도입된 나노로봇에 안전하게 면역 물질을 싣고 혈관을 따라 흘려보낸다면 낭비 없이 가장 효율적으로 치료할 수 있게 된다.

가장 최근의 진보는 2020년 노벨 화학상의 주인공이었던 크리스퍼 유전자가위의 전달이라 볼 수 있다. 정확한 이름은 크리스퍼-카스9^{CRISPR-Cas9}인데, 규칙적으로 간격을 둔 짧은 회문(앞으로 읽어도 뒤로 읽어도 똑같은) 반복의 무리^{Clustered Regularly Interspaced Short Palindromic Repeats, CRISPR}라는 뜻인 '크리스퍼'와 크리스퍼 결합 단백질 9번 ^{CRISPR Associated protein 9, CAS 9}이라는 뜻인 '카스9'의 줄임말이다.[8]

흔히 사람의 유전자에서 질병을 일으키거나 환경에 취약한 부분을 제거하는 유전자 치료를 한다면 잠재적인 위험해서 안전해질 것으로 상상한다. 사람은 23쌍의 염색체에 유전 정보 모두를 담고 있다고 말한다. 각 염색체는 단백질을 만들기 위한 설계도로, 각각 몇백에서 몇천 개의 유전자 뭉치를 담고 있으며, 이 모든 정보를 기록하는 A, T, G, C 염기의 개수는 약 30억 개로 여겨진다. 많은 정보가 밝혀졌으니 각 염기서열의 의미는 알 수 있지만, 이 가운데 원하는 위치만 잘라내기는 정말로 어렵다. 조금만 실수해도 약물 복용이 일으키는 부작용은 우스울 만큼 엄청난 부작용이 일어날 수도 있다. 생명체는 특별한 순서의 염기로 잘라낼 곳을 표시해 중심 원리상 문제가 발생하지 않도록 방지한다. 크리스퍼-카스9은 이미 정해진 곳 이외에도 필요에 따라 임의의 위치를 잘라내기 위한 장

나노화학

치이며, 유전자가위라는 별명은 여기에서 나왔다. 최근 많은 연구는 드디어 확보한 유전자를 조정할 가위를 안전하게 원하는 위치로 전달하기 위한 기술로 연결되고 있다. 과거 약의 발견이 약물 전달로 연결되었던 것과 같다. 유전자가위를 전달하기 위한 나노입자의 개발은 현재진행형이다.

지금까지 모든 이야기는 사람의 몸속에서 일어나는 치료에 집중했지만, 결국 효율적인 운송 수단의 발명에 대한 강조였다. 운송 수단의 발달은 물건이나 사람을 짧은 시간 안에 원하는 위치로 옮길 수 있었으며, 산업과 문화 모든 측면에서의 발달이라는 의도하지 않은 거대한 결과를 낳았다. 우리에게 주어진 세계가 지구에서 인간의 몸 내부로 바뀌었을 뿐이다. 우리가 지금 주목하는 운송 수단으로서의 나노입자는 얼마나 큰 파급력을 가질지 기대되기도 한다.

나노화학을 이용한 치료와 진단

종양 등의 치료법은 문제가 있는 환부를 잘라내는 수술과 약물을 이용한 화학 요법이 가장 대표적이다. 물론 둘 중 하나만 택해야 하는 것은 아니며, 검사 결과와 전문가의 판단에 따라 복합적으로 치료가 이루어진다. 둘 중 한 가지 방식이 완벽했다면 복합적인 치료는 필요하지 않다. 하지만 수술로는 어딘가 숨어 있거나 전이한 아주 작은 초기 암 조직까지 찾아 제거하지 못할 수 있으며, 환자의 몸에 아주 큰 부담과 후유증을 남길 수 있다. 화학 요법은 이미 여러 차례 이야기했던 독성에 의한 부작용 외에도 약물에 대한 내성이 생겨 오랜 시도 끝에 결국 치료가 실패하는 상황이 생각보다 자주 일어난다.

수술과 화학 요법의 가장 큰 차이는 접근 방식이 물리적인가 화학적인가 하는 점이다. 화학적으로 치료한다면 좁은 범위에서 분자들 사이의 특별한 작용을 통해 결과를 얻을 수 있으나 우리가 조절할 수 있는 것은 단순히 화학 반응의 속도나 정도, 종류일 뿐이니 제어할 수 없다는 문제가 생겨난다. 수술은 내성이나 형태와 상관없이 물리적으로 제거할 수 있겠지만 섬세한 조절에 한계가 있다. 화학 반응 수준으로 작은 영역에서만 물리적인 치료를 해낼 수 있다면 모든 문제가 일거에 해결되지 않을까 하는 관심이 새로운 치료 기술을 가능하게 했으며, 나노의 조력이 꼭 필요하다.

절개하지 않고도 몸속을 수술하는 방법도 과학기술의 발전과 함께 개발되어 보급된 지 오래다. 빠르고 효과적으로 병변을 태워 제거하기 위해 높은 에너지를 갖는 빛인 감마선을 사용하는 '감마나이프Gamma knife'라는 기술이다. 엑스선보다도 강한 에너지의 빛인 감마선을 평범한 손전등 비추듯 사용하면 치료가 아니라 치명적인 손상이 생긴다. 대신 돋보기로 여러 빛을 모으면 좁은 한 점에만 높은 에너지가 집중되는 원리처럼, 201개에 달하는 가느다란 감마선 가닥을 몸속 한 공간에서 입체적으로 모이도록 배치해 내부를 태운다. 이 방법으로 무엇이든 치료할 수 있을 듯싶지만, 병변이 작은 경우에만 사용할 수 있어서 수술을 보조하는 용도나 뇌 신경질환 등의 협소한 치료에 쓰인다.

아주 가느다란 모세혈관 속까지 자유롭게 돌아다닐 수 있는 나노로봇은 수동 또는 능동 표적 전략을 통해 목표 위치에 다다르게 된다. 도착한 나노로봇이 물리적인 작업을 할 방법만 있다면 수술 없이 새로운 치료를 할 수 있다. 몇 가지 특징적인 나노입자를 둘러봤던 기억을 더듬어보면 유용한 물리적 작용을 선택할 수 있다. 첫째로 열을 이용해 나노입자 주위의 조직만 태우는 것이다. 아무런 에너지도 없는 상황에서 세포를 태워 죽일 정도의 열에너지를 발생시킬 수는 없을 테니, 이번에도 우리는 어떤 형식으로든 에너지를 전달해야 한다. 인체를 통과하며 내부로 고통 없이 침투해 에너지를 전달하는 방식의 첫 번째 단계는 역시 빛이다. 단지 빛이 열로 저절로 변환될 수는 없으니 특정한 파장의 빛을 흡수할 수 있던 플라스몬 나노입자가 주인공이 된다.

몸을 통과하는 근적외선 광선을 나노입자가 잔뜩 쌓인 암 조직 주위에 쪼이면, 빛 에너지는 플라스몬을 매우 빠르고 강렬하게 진동시킨다. 곧이어 전자는 높은 에너지의 들뜬 상태가 되며 빠르게 진동해 주위로 열을 발산한다. 사실 빛을 이용해 열을 만드는 방식은 전자레인지 덕분에 익숙한데, 전자레인지는 물 분자를 이용해 열을 일으킨다. 만약 몸의 70%가 물인 인간에게 전자레인지 같은 방식으로 전자기파를 쏘면 완전히 익어 목숨을 잃게 된다. 하지만 적외선이나 가시광선은 이를 흡수할 수 있는 특별한 나노입자에만 작용하니 아주 좁은 영역에서 안전하게 열을 발생시킨다. 빛을 이용한 열의 발생이어서 '광열photothermal' 치료라 이름 붙여진 이 기술은 실제로 사용되는 나노 의료기술 중 하나다.[9] 자성 나노입자의 이야기에서와 같이 몸을 통과할 수 있으며 위해성이 없는 자기장을 이용해 열을 발생시키는 '자기열magnetothermal' 역시 가능하다.

또 다른 방식은 화학 반응이지만 너무나 강렬해 생체 조직을 파괴하는 라디칼radical을 이용하는 전략이다. 라디칼은 전자를 하나만 가지고 있는 물질을 뜻한다. 두 개의 전자가 하나의 안정한 결합을 만들어 화학 분자가 구성되므로, 단 하나의 전자는 언제나 주위에서 새로운 전자를 가져오거나 공유하려는 성질이 강할 수밖에 없다. 자유롭게 떠돌아다니는 전자를 채집하듯 구할 수는 없으니, 이미 결합을 이룬 물질의 약한 부분을 공격해 전자를 강제로 빼앗는데, 그 결과는 완성되어 있던 분자가 깨지고 변형되는 것으로 나타난다. 만약 분해되는 분자가 우리가 원치 않는 독성 물질이나 위험한 물질이라면 오히려 좋은 결과로 볼 수 있다. 하지만 우리 몸속에서 라디칼이 생겨난다면 DNA나 단백질, 지질 등 온갖 유용하고 필수적인 분자까지 손상되는 비극이 벌어진다. 라디칼은 높은 에너지를 갖는 물질이니, 높은 에너지의 빛인 자외선에 의해 생겨나기도 한다. 사람은 물 등 산소가 풍부한 물질로 가득하므로 자외선에 노출되면 우리 몸은 '활성산소$^{reactive\ oxygen}$'라는 화학종을 만들어내는데, 피부 노화나 피부암을 포함해 암을 발생시키는 주요 요인 중 하나다.

독이라도 적절한 양과 방식으로 사용되면 약이 되는 것과 마찬가지로, 활성산소가 발생하는 위치를 죽여 없애야 할 암 조직으로 한정한다면 오히려 새로운 치료법이 된다. 그리고 좁은 영역에서만 현상을 일으키는 것은 나노화학의 전매특허다! 이번에도 작업할 위치에 도착한 나노로봇에 에너지를 공급해줘야 하는데 역시나 빛이 가장 편리하다. 이번에는 빛을 받아 높은 에너지의 전자를 만들기 좋은 나노입자, 곧 반도체 나노입자가 주인공이다. 높은 에너지의 전자는 진동으로 열을 만드는 대신 주위의 물 분자나 산소로 옮겨가 라디칼을 만들고, 라디칼은 주위의 생물질과 격렬하게 결합해서 모두 파괴한다. 빛으로 역학적인 작용을 일으키므로 '광역학^{photodynamic}' 치료'라 부른다.[10] 낯선 이름이지만 광역학 치료 역시 이미 동물병원에서는 실제로 사용되는 치료 기법이다. 차이점이라면 나노입자가 아닌 빛에 감응성을 갖는 염료 종류가 같은 결과를 보일 수 있어서 광감각제라 불리는 유기물질을 이용해 치료가 이루어지고 있다는 것이다.

언뜻 듣기에는 설계하고 만드는 데 어려움이 큰 나노입자를 사용하는 것보다 수천 년의 역사가 쌓여온 유기화합물을 사용하는 게 더 경제적이고 안전하다고 여겨질지도 모른다. 현실은 정반대다. 적혈구 속 헴^{heme}이나 식물의 엽록소 같은 고리 모양의 유기화합물인 포르피린^{porphyrin}이 주로 사용되는데, 1회 주입 양인 75mg이 약 2천만 원이나 될 정도로 가격 부담이 크다. 광감각제도 유기화합물이니 탄소들의 결합으로 이루어져 있고, 라디칼이 광감각제를 분해해 사용 수명을 줄이기까지 하니 그 대신에 더 튼튼하고 저렴하며 안전한 나노물질을 쓰려는 노력이 계속되고 있다. 활성산소를 만드는 방식도 계속해서 진화하고 있다. 전자를 옮겨야 하니 고리 모양의 금속 선으로 암 조직 주위를 감싸 전류를 흘려보내는 '전자기역학^{electrodynamic}' 방식이나 초음파 에너지로 라디칼을 만드는 '초음파역학^{sonodynamic}'도 최근 주목받고 있다.

정리하자면 통째로 들어내 제거하는 적출 수술이나 약을 풀어 녹이거나 죽이는 화학 요법 외에도, 영화 속 장면처럼 뜨거운 열을 폭발시켜 모든 것을 태우는 광열 치료나 피라냐 떼 같은 라디칼을 풀어 주위의 모든 걸 먹어버리도록 만드는 광역학 치료가 탄생했다. 현실적 어려움을 극복하려고 개발된 광열이나 광역학 치료지만, 완전한 하나의 해결책은 아니다. 다시 한번 복기하자면 우리 목

나노화학

적은 질병을 치료하는 것이지, 단 하나의 가장 좋은 방법만 선택해야 한다는 강제성은 없다. 약물 전달 기술과 접목해 병변에 약을 전달한 나노로봇이 빛이나 자기장, 전류나 초음파를 이용해 열 또는 활성산소를 만들도록 활용할 수도 있다. 여러 방식의 치료 기법이 동시에 작용해 시너지 효과를 발휘하는 '복합 치료combinatorial therapy'는 더 적은 양으로 최대의 효율을 얻도록 한다. 그리고 복합 치료의 시작과 끝은 모두 나노화학의 발달과 함께한다.

더 정확한 진단을 위한 노력들

치료보다 중요한 것은 예방이라고 한다. 완전한 예방은 어려운 만큼 혹시 모를 질병을 초기에 정확하게 찾아내는 진단은 완벽한 치료를 위한 선행조건이기도 하다. 혈액이나 소변 속 성분을 검사해 상태를 확인하고, 심전도나 초음파, 엑스선을 이용한 촬영으로 몸속을 들여다보기도 한다. 특별한 경우에는 머리카락이나 손톱, 타액을 이용해 중독 여부나 유전 정보를 확인하기도 한다. 대부분의 진단은 증상이나 징후, 생물질의 양 변화를 통해 이루어진다. 가장 정확한 확인은 나노입자를 전자현미경으로 바라보며 이루어졌던 것처럼 사진이나 영상 등을 눈으로 관찰해야만 이루어진다.

엑스선을 이용해 촬영한 이미지를 컴퓨터로 재구성해 입체적인 형상을 만들어내는 전산화 단층촬영computed tomography, CT은 뼈나 몇 몇 단단한 부분만 선명히 볼 수 있던 엑스선 촬영과 달리 복부에 차 있는 가스나 장기와 혈관까지 촬영할 수 있다. 자기장을 발생하는 커다란 자석 통 속에서 수소 원자핵(양성자)을 자극해 신호를 얻는 자기공명영상magnetic resonance imaging, MRI은 인대와 연골, 근육, 지방 등 근골격계 질환과 뇌 질환을 추적하는 데 유용하다. 방사선을 이용하는 촬영도 있다. 양전자 단층 촬영positron emission tomography, PET은 방사성 표지를 한 물질을 몸에 넣어 암 같은 질병이 위치한 곳을 촬영할 수도 있다.

촬영 기술과 장비는 이미 만들어졌다. 다음은 나노화학을 이용해 이전보다 더 선명하고 정확하며 효율적인 영상을 얻는 도약의 과정이다. 영상 촬영은 밝은 부분과 어두운 부분이 얼마나 선명하게 구분되는가로 해상도가 달라진다. 그래서 밝기가 크게 차이 나도록 그림자가 만들어지는 것을 도와주는 물질인 조영제造影劑가 촬영 전에 몸에 주입된다. 자기장을 이용하는 MRI는 자기장에 영향받는 물질을 주입하면 영상의 질이 높아진다. 자성 나노입자가 완벽한 조영제다. 기본적으로 철로 이루어진 산화 철 자성 나노입자가 사용되며, 인체 안전성이 이미 완벽히 밝혀져 실제 병원에서 사용되고 있다. 다른 방식으로는 란탄족 원소인 가돌리늄gadolinium, Gd이 포함된 나노입자가 쓰이기도 하며, 망가니즈manganese, Mn 역시 가능하다. 작은 알갱이로 뭉쳐 이동할 수 있게 된 이상 새로운 기술이 꾸준히 추가되고 있는데, 인체에는 없는 동위원소인 ^{19}F를 함께 붙여 특별한 신호를 얻어 정보의 수준을 높이기도 한다.[11]

CT 조영제는 금속 나노입자를 위한 것이라 해도 과언이 아니다. 단단하게 뭉친 무거운 원소, 즉 높은 원자번호의 금속 원소들은 엑스선을 막아 그림자를 맺히게 한다. 현재 의료에서는 원자번호 53번의 아이오딘을 주입해 CT 영상의 선명도를 높인다. 하지만 아이오딘은 독성을 보이며 몸에서 빠르게 빠져나가 더 편리하고 안전한 조영제의 개발은 오랜 관심사였다. 처음 해결책으로 떠오른 것은 이제 우리에게도 조금은 친숙해진 금 나노입자였다. 금은 무려 원자번호 79번이며 작고 단단한 나노입자의 형태로 뭉쳐진다면 엑스선을 깔끔하게 막아낸다. 생체 독성을 보이지도 않고 암이나 다른 질병을 추적할 물질로 겉을 꾸며줄 수도 있으니 기능성이 압도적이라 할 수 있다. 단지 귀금속이라는 특성상 비용을 무시할 수 없다는 문제가 남아 있었지만 말이다. 그래서 독성이 높지 않으며 높은 원자번호를 갖는 원소를 찾기 시작했으며, 56번의 바륨barium, Ba, 64번 가돌리늄, 70번 이터븀, 73번 탄탈럼, 83번 비스무트bismuth, Bi에 이른다. 특히 비스무트는 산업 분야에서 엑스선의 피해를 막는 방호복이나 방호판 제조에 사용되는 납보다도 높은 번호를 가지면서 약으로 사용될 만큼 안전하고 금의 1/1000에 불과한 가격으로 구할 수 있어 차세대 CT 조영 물질로 꼽는다.[12]

PET의 경우 방사성 동위원소를 이미 사용 중인 안전하고 편리한 나노입자에 추가로 뒤섞거나 붙이기만 하면 되니 오히려 간단하다. 새롭게 떠오르는 영상 진단 기술 중 하나로 플라스몬 나노입자를 이용해 빛을 열로 바꿔 치료에 이용했던 방식의 변형인 '광음향photoacoustic' 영상 기법이 있다. 물체는 진동이나 회전 등을 통해 열을 발생시킨다. 열이 발산되지 않는다면 아무리 녹는점이 높은 금속이라도 온도를 견디지 못하고 녹아내리거나 변형된다. 막

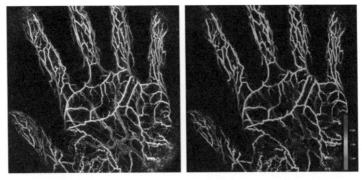

[그림 5-5] 광음향 영상 기법 광음향 단층 촬영 기기를 이용해서 촬영한 손바닥 혈관 형태.(출처: Y. Matsumoto et al., Scientific Reports, 2018)

대기 모양의 금 나노물질도 열을 발산하는 속도보다도 빠르게 열을 발생시키게 만들면 녹으면서 모양이 동그랗게 바뀌어버린다. 열을 만드는 속도와 비슷하게 또는 그보다 빠르게 열을 주위로 내뱉는다면 어떻게 될까. 아주 짧은 시간 동안 온도가 오르고 내리는 과정이 계속해서 반복된다. 오르고 내림이 빠르게 반복되는 과정, 즉 파동이 만들어지며 주위 물질이 가열되고 냉각되는 과정이 빠르게 반복되면 매질을 진동시켜 음파를 발생시킨다. 음파를 측정해 영상으로 바꾸는 기술은 초음파 영상으로 흔히 사용되는데, 나노물질을 주입한 후 빛으로 만들어지는 열 영상을 촬영한다면 새로운 진단 기술이 된다.[13]

영상 촬영과 전문가의 해석은 정확한 진단이 가능하지만, 비전문가도 간단히 할 수 있는 진단법 역시 중요하다. 나노화학이 사용된 가장 유명한 예는 간이 임신 진단기다. 소변을 검사하면 임신 여부가 빨간색 선으로 나타나는 방식인데, 선명한 붉은색 나노입자라면 바로 떠오르는 물질이 있다. 바로 금 나노입자다. 맨눈으로 관찰할 수 있는 금 나노입자의 선명한 색상과 더불어, 표면에 온갖 물질을 원하는 대로 붙여 기능을 부여할 수 있다는 특징이 활용된다. 임신했을 때 분비되는 융모성 생식샘 자극 호르몬(HCG)이라는 특별한 호르몬이 소변에서 검출되는데, 이를 인식해 달라붙는 항체로 겉이 뒤덮인 금 나노입자가 검사선이 나타날 위치에 달라붙으며 간단히 확인하게 된다. 이 외에도 정상적인 기기인지 확인하기 위한 대조선을 통해 한 줄의 음성이나 두 줄의 양성을 손쉽게 확인하는 방식은 코로나바이러스 감염 진단기에도 사용된다.

하나의 금 나노입자는 붉은색으로 보이지만, 이들이 서로 엉겨 커다란 덩어리를 만들면 나노입자 자체의 크기가 증가한 것과 같은 효과를 보여 보라색으로 바뀐다. 반대로 다시 떨어져 나가면 붉은색이 되니, 색의 변화는 관심 물질이 섞여 있는지를 판단하는 기준이 될 수도 있다. 암과 관련된 단백질인 Mdm2를 찾는 데 금 나노입자의 색 변화를 사용하기도 하며, 유전자나 중금속 등을 찾아낼 수도 있다. 이제껏 나노입자가 사용된 진단이 색이 나타나는 것을 관찰하는 방식이었다면, 반대로 나노입자가 녹아 색이 사라지거나 변화하는 것을 주목하기도 한다. 지속해서 관찰해야 하는 당뇨 등의 간이 진단에 적용하려는 시도도 계속되고 있다.

나노물질이나 나노입자, 나노로봇 모두 살펴본 대로 가능성이 무궁무진하다. 수많은 장점이 있는데도 실제 적용이 활발하게 이루어지지 못하는 것은 잠재적인 독성 때문이다. 당장은 세포를 죽이는지, 혈액 속 적혈구를 파괴하거나 과민 또는 면역 반응을 일으켜 고통을 주는지는 당연히 검증한 후 적용된다. 금 나노입자는 의료 분야에 적용하는 데 큰 거부감이 없지만, 빛을 내는 등 특별한 기능을 갖는 양자점이 카드뮴 등의 독성 원소를 포함하면 사용이 금지되는 이유가 여기 있다. 우리가 보고 싶은 독성과 안전성은 더 먼 미래를 향해 있다. 과연 나노입자를 몸속에 투입해도 5년, 10년, 또는 30년 이상의 시간이 지나도 아무런 문제가 없을까? 혹시 과거에 인기 있던 몇몇 약물이 그랬듯 유전적인 문제를 일으켜 기형이나 정신 문제가 발생하지는 않을지, 알 수 없는 경로로 알츠하이머나 파킨슨병을 비롯한 많은 난치병을 유발하지는 않을지, 중금속 중독처럼 빠져나오지 못한 나노입자들이 꾸준히 문제를 조금씩 일으키지는 않을지, 모든 것이 확실하지 않다. 하지만 금 나노입자를 비롯해 화장품이나 식품 첨가제에도 사용되는 이산화 규소나 이산화 타이타늄, 조영제나 빈혈 치료에 쓰이는 철 나노입자가 미국에서 식품의약국(FDA)의 승인을 받았으며, 이름조차 낯선 이산화 하프늄^{HfO_2} 나노입자 역시 유럽 규격 조건인 CE 마크를 획득했다. 지금도 계속해서 새로운 나노물질들이 진단이나 치료를 위해 임상시험이 진행 중이며, 머지않아 우리에게 차세대 의료기술로 보급될 것이다.

6장

나노 판화와 디스플레이가 펼치는 이미지

어릴 적 고장 난 시계나 기계장치를 호기심에 분해해본 기억이 있다. 저절로 시간을 표시하는 듯싶던 시곗바늘은 단순히 작고 얇은 바늘일 뿐이었으며, 오히려 보이지 않는 뒷면에 수많은 톱니바퀴가 맞물려 있었다. 복잡한 구조는 시간을 정확히 표현하기 위함이며, 시간과 시기를 정확히 알고 예측하는 기술은 농경과 여행을 비롯한 수많은 분야에서 거대한 변화를 만들어냈다. 해와 별의 움직임을 바라보는 데서 시작되어 이제는 시간의 가장 기본적인 단위인 1초를 '세슘$^{cesium, Cs}$-133 원자 바닥 상태($6S_{1/2}$)에 있는 두 개의 초미세 에너지 준위($F=4, F=3$)의 주파수 차이인 9,192,631,770Hz의 역수'라는 지극히 물리적이며 화학적인 방식으로 정의하는 데까지 이르렀다. 단위의 규명에도 머리가 띵할 정도의 복잡함이 숨어 있다면, 편하게 사용하는 컴퓨터나 휴대전화 같은 전자기기에는 얼마나 더 많은 원리가 숨어 있는 걸까.

손바닥 하나에 들어오는 스마트폰은 온갖 색상과 도형, 기호를 이용해 누구나 직관적으로 이해할 만한 화면으로 우리와 교류한다. 쉽게 깨지지 않는 단단한 강화 유리와 손으로 건드렸을 때 인식하는 전기적 반응이 포함된 투명 유리, 높은 에너지의 푸른 빛을 차단해서 시력을 보호하는 유리까지, 겉면에만 특별한 유리 물질이 겹겹이 쌓여 있다. 실제 기능을 하는 내부를 열어보면 완벽히 맞물린 톱니바퀴들로 가득한 시계보다도 오히려 간단해 보인다. 녹색의 얇은 판에 손톱보다도 작은 부품들이 정해진 위치에 박혀 있다. 이들 간의 의사소통 창구를 그려놓은 듯 부품들 밑면에는 금색의 얇은 선이 거미줄처럼 복잡하게 연결되어 있기도 하다. 얼핏 봐도 물리적으로 밀고 당기고 회전하는 고전적인 방식으로 작동하는 것은 아니다. 부품들이 정보를 옮기고 연산해 표현하는 모든 과정은 화학 원소와 반응의 핵심이었던 전자로 이루어진다. 더 정확히 말한다면 전자들의 이동인 전기 신호로 작동한다. 전기로 작동하는 첨단 기계들의 이름인 '전자기기electronics'가 반도체와 도체, 진공이나 기체 속에서 움직이는 전자들과 제어하기 위한 트랜지스터나 다이오드, 마이크로칩이 회로에 설계된 물체를 의미하는 만큼 전문가가 아니라면 단순한 분해만으로 작동 원리를 이해할 수는 없다.

부품 하나하나를 만드는 데 반도체가 사용되었으리라고 쉽게 예상할 수 있지만, 자그마한 소자와 회로가 어떤 기술로 만들어졌을지는 막연하다. 정밀한 수작업으로 진행하기에는 생산성이 보장되지 않고 품질이 균일하지 않을 것이며, 기계로 찍어내기에는 너무 작고 복잡하다. 하지만 우리는 이미 아무리 작은 세계라 해도 접근할 방법이 있음을 살펴보았다. 요리하듯 또는 건축하듯 나노물질을 만들고 쌓아 실제로 기능할 수 있는 결과물을 얻는다. 작고 얇은 선으로 이루어진 모양을 새기는 기술도 일상에서 영감을 얻을 수 있다. 책이나 신문을 만들듯 약간의 점성이 있는 잉크로 인쇄하는 방법도 있고, 필기구를 이용해 선을 그을 수도 있다. 이미 만들어진 원형을 사용해 도장이나 판화를 찍어내는 것처럼 압력을 주어 흔적을 남길 수도 있으며, 빛이 닿으면 색이 변하거나 사라지는 물질을 발라 청사진을 다량으로 얻는 것 또한 좋은 선택이다. 그리고 흥미롭게도 나노미터 크기의 아주 작은 칩^{chip}을 만드는 데는 지금껏 예로 든 기술들이 실제로 사용된다.

포토리소그래피와 포토마스크

단순히 예를 든 것으로 느껴졌을지 모르지만, 전자기기의 회로나 기판을 만드는 데 쓰이는 최고의 방식은 미술 기법 가운데 하나인

[그림 6-1] 초기의 석판화 왼쪽: 〈폭포가 있는 풍경〉, 19세기 미국.(출처: 게티이미지) 오른쪽: 조제프 니엡스가 찍은 최초의 사진. 19세기 프랑스.(출처: 위키백과)

'석판화^{lithography}'다. 그리스어로 돌을 의미하는 'litho'와 글쓰기를 뜻하는 'graphy'가 합쳐진 용어로, 석회석으로 만든 인쇄판과 빛을 이용하는 인쇄 방법이다. 19세기 초 최초의 사진을 발명한 조제프 니엡스^{Joseph Nicéphore Niépce}가 천연 아스팔트를 감광물질로 사용한 것에서 시작되었다.[1] 다만 판화라는 용어를 그대로 사용한다면 다른 분야의 용어와 혼동될 수 있어서 나노기술과 공정에서는 보편적으로 영어 발음을 그대로 가져온 '리소그래피'로 표기한다.

리소그래피에도 다양한 방식이 있으며, 그중 가장 먼저 살펴볼 대표적인 방식은 빛과 화학 반응을 이용한 '포토리소그래피^{photolithography}'다. 집적 회로나 반도체 부품, 패턴을 정교하게 새기려면 잉크나 물질을 인쇄하거나 압인하는 방식보다는 빛을 사용하는 편이 더 적합하다. 붓과 물감을 이용해 그림을 그려보거나 작고 얇은 선으로 이루어진 도장을 찍어본 경험이 있다면 물질의 특성에 따라 선과 선이 뭉개지고 합쳐지거나 주위로 번지는 실패를 떠올릴 수 있다. 하지만 빛은 가로막는 불투명 물체의 위치에 따라 정확히 차단되고 상이 맺히니 가장자리를 더욱 깔끔하게 마감할 수 있다.

석판화 자체의 화학은 금속이나 유리판 등에 얇게 아스팔트(역청)를 발라두고 빛을 쬐어 생겨나는 변화에 기반한다. 끈끈하고 점성 있는 역청에 빛이 닿으면 서로 연결되어 굳어지는데, 이후 씻어내면 빛이 닿지 않은 부분만 깔끔하게 씻겨져 원판이 드러난다. 여기에 화학적인 처리를 한 차례 더 거치면 굳은 역청에 의해 보호받는 곳은 아무런 반응이 일어나지 않지만, 씻겨나간 곳에서는 원판이 녹거나 파이고 산화되어 처음 빛이 닿았던 모양대로 조형하는 방식이다. 반도체 공정에서의 포토리소그래피도 완벽하게 같은 방식으로 작업이 이루어진다.

먼저 단결정의 단단한 규소 판 위에 빛과 반응하는 감광재 photoresist를 고르게 바른다. 직접 용액에 담갔다 꺼내는 딥코팅dip-coating이나 스프레이를 이용해 뿌려주는 방식도 있지만, 가장 흔히

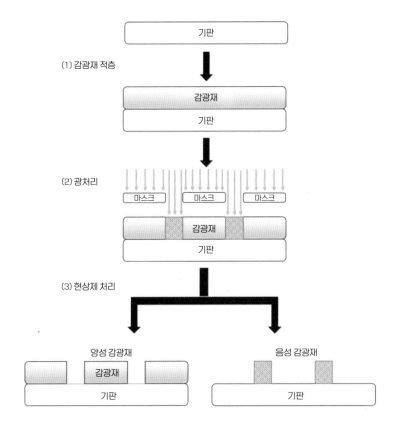

그림 6-2 포토리소그래피의 감광재 감광재를 이용해 빛과 화학 반응을 일으킨다.(출처: 위키백과)

사용되는 방식은 회전에서 발생하는 원심력을 이용하는 스핀코팅 spin-coating이다. 넓적하고 얇은 규소 판을 회전시키며 중앙에 감광재 용액을 떨어뜨리면 원심력에 의해 바깥쪽으로 빠르게 펴지며 얇은 막을 이룬다. 잔여물은 바깥으로 튕겨 나가 제거되며 한곳에 뭉치거나 엉겨 붙는 일 없이 빠르게 코팅할 수 있으니 손쉽게 사용되는 방식이다. 감광재라는 용어에서 알 수 있듯이 빛이 닿으면 화학 반응이 일어나는데, 이번에도 두 가지로 접근 방향을 넓힐 수 있다. 손톱에 바른 젤 형태의 레진resin(수지)을 푸른색 빛을 쬐어 단단하게 굳히는 것처럼, 감광된 부분에서 물질들이 화학 반응을 일으켜 서로 단단히 연결되어 굳어질 수 있다. 반대로 천연염료 등이 빛을 받아 색이 바래고 분해되는 것처럼 감광된 부분에서만 화학적 분해가 일어나 보호된 부분이 제거되는 방식도 가능하다.

빛이 닿는 위치를 조절할 수 있다면 원하는 패턴이나 형상을 새길 수 있다. 전등 앞에서 손으로 모양을 맺으며 토끼나 여우 그림자를 만드는 놀이와 완벽히 같은 방식이다. 원하는 부분의 빛만 가려 특정한 모양이 맺히게 만드는 물체를 '포토마스크photomask'라 부른다. 포토마스크도 같은 방식으로 만들 수 있다. 캐드CAD 또는 도면을 그리는 데 쓰는 몇 가지 그래픽 툴을 이용해 원하는 회로의 형태를 그리게 되는데, 단순히 우리가 그려준 모양이 그대로 사용될 거라고 기대하면 가장자리에서 빛의 번짐으로 문제가 발생한다.[2] 튀어나온 위치의 꼭짓점은 조금 더 두툼하게 튀어나오도록 그리고, 움푹하게 파인 위치의 꼭짓점은 더욱 깊이 파이도록 보정해서 패턴을 그린 후 크로뮴chromium, Cr 금속이 얇게 코팅된 유리판 위

[그림 6-3] **포토마스크** 원하는 부분의 빛만 가려서 특정한 모양을 만들 수 있다.(출처: 위키백과)

에 감광재를 올려놓고 강력한 전자빔을 이용해 우리가 만든 도면대로 형태를 새겨준다. 도면을 넣으면 그대로 기계가 이동하며 깎아내는 선반 작업을 떠올리면 이해하기 쉽다. 가늘고 강력한 전자의 광선은 입력된 도면대로 이동하며 정확히 같은 모양으로 감광재 부분을 제거한다. 제거된 부분에서는 크로뮴 금속이 자연스레 노출될 수밖에 없으며, 금속이 산에 의해 선택적으로 녹는 화학 반응, 즉 산화를 이용해 크로뮴을 제거해 패턴대로 투명한 유리만 남도록 만든다. 마지막으로 표면에 발랐던 감광재를 벗겨낸다면, 처음 그려준 패턴 대로만 빛이 투과될 수 있는 유리판이 완성된다. 만들어진 포토마스크는 깨지거나 망가지기 전까지 재사용할 수 있는 유용한 도구가 된다.

이렇게 만들어진 포토마스크는 우리가 설계한 형태대로만 빛이 맺히게 하는 차폐막으로 사용된다. 이제껏 전자빔이라는 빛으로 포토마스크를 만들었으면서도 또다시 빛을 막아야 할 이유가 있다. 화학물질과 빛의 작용을 이용한 판화 작업이 본격적으로 시작된다. 규소 판 위에 패턴을 새기고 싶은 물질을 올려 막을 만든 후, 그 위에 감광재를 한 층 더 올려 패턴이 새겨진 포토마스크 위로 빛을 쪼여준다. 어떤 감광재를 선택하느냐에 따라 빛이 닿은 곳만 단단히 굳을 수도 있고 감광재가 분해될 수도 있다. 빛을 쪼인 후 용액으로 처리할 때 빛이 닿은 곳이 분해되는 물질을 양성 감광막이라 부르며, 닿지 않은 곳이 제거되는 물질을 음성 감광막이라 한다. 둘 중 더 두껍고 산소와 간단히 반응하지 않아 사용하기 편한 양성 감광막이 주로 사용된다.

남아 있는 감광재는 규소 판 위에 코팅된 물질을 보호하는 용도로 사용되는데, 용해제에 담가 감광막 없이 노출된 부분이 제거되어 처음 만들었던 포토마스크 형태대로 원하는 물질을 새길 수 있다. 회화 기법 중 각종 도구로 표면을 긁어내 아래 감춰진 독특한 특성이 드러나게 만드는 그라타주grattage와도 흡사하다. 나노물질의 합성뿐만 아니라 표면의 개질과 소자의 제작에서도 일상적인 기법들과 비슷한 점을 찾아볼 수 있다.

빛과 나노물질의 다양한 조합

빛의 해상도가 허락하는 한 포토리소그래피는 정교하고 섬세한 패턴을 원하는 물질로 새기는 데 편리하게 사용된다. 단 하나의 단점도 없는 완벽한 방식은 찾아보기 어려운 것처럼, 포토리소그래피 역시 몇 가지 한계점 또는 어려움이 남아 있다. 첫 번째가 임계 치수critical dimension와 초점심도depth of focus라는 상충하는 두 가지 요건이다. 더욱 작은 선폭으로 섬세한 패턴을 새기려면 임계 치수라고도 불리는 해상도 한계를 확장해야만 한다. 빛과 산란에 관해 이야기했을 때처럼, 나노 수준의 작은 패턴을 새기려면 회절 현상이 가장 적어지는 짧은 파장의 빛을 사용해야 한다. 그래서 자외선이나 이보다 짧은 전자빔을 사용하며, 자외선에 의해 화학적 변화를 일으키는 물질을 감광재로 사용해야 한다. 문제는 짧은 파장의 빛, 렌즈의 디자인 등을 조절해 해상도를 높이다 보면 초점을 맞출 수 있는 범위이자 한 번에 노광할 수 있는 범위인 초점심도도 함께 줄어든다는 점이다. 이런 한계는 물리적인 이유로 발생하므로, 화학적으로 초점심도를 개선하려는 시도가 많다. 감광재의 종류를 바꾸거나 더욱 매끈하고 편평한 막을 만드는 방식, 심지어 완전히 다른 공정과 기법을 시도하는 방향으로 개선되고 있다.

몇 가지 최근의 발전을 살펴보자면, 자외선 이하의 짧은 빛을 쏘아낼 수 있도록 새로운 광원들을 도입해왔다. 초기인 1980년대 중반까지는 일반적으로 자외선-단파장 가시광선에 해당하는 250~450nm의 빛을 내는 수은등(수은 증기의 방전에서 발생하는 빛)을 사용했다. 이후 더 짧고 균일한 파장의 빛을 좁은 범위에 높은 에너지로 쏘기 위해 레이저를 사용하기 시작하는데, 엑시머[excimer, 여기 이합체]라는 두 가지 종으로 이루어진 들뜬 분자가 에너지를 빛의 형태로 방출하는 성질을 이용한다.

단순히 전기에너지를 빛으로 바꿔 레이저를 만들 것 같지만, 균일한 특정 파장을 갖는 레이저의 제조에는 원자나 분자가 사용된다. 그중에도 다른 물질과 쉽게 화합물을 만들어 변형되거나 변화되지 않는, 안정한 기체인 18족 '비활성 기체[noble gases]'가 제격이다. 역사적인 비활성 기체의 분리와 발견에서도 특별한 색상의 빛을 만드는 광원으로서의 쓰임새가 관심받은 적 있었던 만큼, 빛과 관련된 안정한 원소들의 집단이라 봐도 어폐가 없다. 반응성이 낮아 게으르다는 의미로 이름 붙여진 아르곤[argon, Ar]은 351.0nm, 457.9nm, 488nm와 514.5nm로 이루어진 청록색 광선을 만든다. 특히 혈액 속 적혈구나 멜라닌, 눈 속의 색소들과 들어맞는 파장이어서 혈관을 태우거나 열로 봉합하는 데 쓰인다. 원소에 따라 에너지 준위가 달라 특유의 선스펙트럼을 보였던 것처럼, 다른 비활성 기체들도 제각각의 빛을 만들어낸다. 크립톤[krypton, Kr]은 413.1nm, 530.9nm, 568.2nm, 647.1nm의 빛을 만든다. 꼭 한 가지 원소만 사용할 필요는 없으며, 대표적으로 헬륨과 네온을 함께 사용하는 헬륨-네온[He-Ne] 레이저의 632.8nm 붉은 광선이 있다.

이 모든 레이저는 분명 흥미롭고 유용하지만, 여전히 색상으로 관찰되는 가시광선에 속한다. 반응하지 않는 비활성 기체와 결합할 수 있는 너무나도 강력한 반응성의 물질이자, 분자 그 자체로는

나노화학

무려 157nm의 단파장 빛을 내는 플루오린^{fluorine, F}을 사용한다면 포토리소그래피에 적당한 엑시머 레이저가 만들어진다. 플루오린화 제논^{XeF}은 351nm, 플루오린화 크립톤^{KrF}은 248nm, 가장 흔하게 사용되며 현재 널리 보급된 플루오린화 아르곤^{ArF}은 193nm의 강렬한 짧은 빛을 만든다.

고출력의 엔진을 갖고 있어도 자전거에 장착해 사용할 수는 없는 것처럼, 짧은 파장의 레이저를 개발했어도 전과 같은 방식으로 사용하기는 어려웠다. 가장 큰 이유는 빛과 감광재가 올려진 규소판 사이를 채운 물질 때문이다. 지구의 대기권을 채운 공기는 태양에서 쏟아져 내려오는 여러 파장의 빛 중 짧은 파장인 엑스선과 자외선, 적외선을 유독 잘 흡수한다. 반면에 가시광선은 흡수 대신 투과시키므로 맨눈으로 물체를 관찰하고 색을 분간할 수 있다. 수은등이나 레이저는 가시광선의 빛이었으니 문제가 없었지만, 193nm라는 단파장의 플루오린화 아르곤 엑시머 레이저는 공기에 상당한 양이 흡수된다. 만약 공기를 제거해 진공 상태를 형성한다면 이 문제가 해결된다. 하지만 빠르고 많은 양의 반도체 소자를 제작하는데 일일이 공기를 제거하는 과정이 사용된다면 효율이 떨어질 테니, 공기가 아닌 다른 매질, 즉 물이나 액체 용매로 간격을 채워주는 '액침 노광^{immersion lithography}'이 발명된다. 액체의 높은 굴절률은 해상도를 높이는 효과도 있었고, 37nm 이하의 폭까지 반도체에 새겨넣을 수 있는 극적인 결과로 나타났다.

시도는 계속된다. 빛이 작용한 후 반사되어 되돌아오며 물결무늬의 원치 않는 패턴을 만들어내는 현상을 막으려고 상쇄시켜 제거하는 '반사 방지 코팅anti-reflective coating'을 감광재 겉면이나 아랫면에 추가해 더욱 선명한 경계를 만들거나, 구형 또는 여러 개의 작은 구멍으로 빛을 통과시켜 크기와 선명도를 개선하는 '비 등축 조명 노광off axis illumination, OAI' 기술도 성공적인 패턴 제작에 도움을 준다. 하나의 포토마스크로 모든 것을 해결하려 들지 않고, 서로 다른 패턴을 순차적으로 사용하는 '다중 패터닝multiple patterning'은 20nm보다 작은 크기를 새길 수 있게 했다. 현재 사용되는 10nm 또는 그이하의 미세 패터닝은 전자기기의 성능을 계속해서 높이고 있으며, 지금까지 설명한 모든 기술이 조화롭게 사용되고 있다.

빛의 파장은 물질의 규모에서 나노가 화학의 범위에서 제한을 만드는 것보다 더 폭넓게 적용될 수 있다. 물론 원자의 크기보다도 파장이 짧은 빛이 실제로 반도체 분야에서 사용되지는 않지만, 엑시머 레이저에서 접근한 백여 나노미터보다는 압도적으로 짧은 빛이 차세대 리소그래피로 쓰이기 시작했다. 크립톤이나 아르곤의 플루오린 화합물을 사용하는 단파장 자외선을 흔히 심자외선deep ultraviolet, DUV이라 부른다. 이보다 더 짧은, 파장이 고작 13.5nm에 불과한 빛은 극자외선extreme ultraviolet, EUV이라 부른다. 높은 출력의 이산화 탄소 레이저를 주석tin, Sn이 포함된 감광재에 쪼이면 고온 고밀도의 플라스마에서 극자외선이 발생하는데, 주석의 흡수 단면적absorption cross-section이 92eV에 해당할 정도로 높아 13.5nm의 빛이 발생한다.[3, 4]

튼튼하고 유연한 나노 도장 만들기

포토마스크를 만들고 광원과 감광재를 개량해 규소 판 위에 새긴 패턴은 그 자체로도 사용되지만, 판화나 도장의 개념처럼 다른 곳에 옮겨 원하는 물질을 패턴대로 찍어내는 새로운 도구로도 사용된다. 이제껏 만든 단단한 패턴을 도장처럼 사용하는 '나노 임프린트' 방식은 유용하지만, 앞의 모든 과정에는 하나의 큰 문제가 남아 있다. 바로 소모용으로 한껏 만들고 다루기에는 비용이 너무 크다는 근본적인 문제다. 포토마스크를 만드는 데도 전자빔이나 레이저가 사용되고, 규소 판에 감광재를 올려 다양한 레이저와 기술로 패턴을 각인하는 데도 역시나 노동력과 기술력이 필요하다. 이 모든 사항은 나노 수준의 첨단 기술이라는 특성상 높은 비용으로 연결된다.

확보한 패턴을 새로운 틀로 이용해 도장을 만든다면 조금 더 여러 차례 사용할 수 있을 것이다. 특히 고무로 만들어져 손으로 누르면 밀착되어 패턴을 그대로 복사할 수 있는 도장이라면 누구나 쉽게 사용할 수 있다. 단단하지 않은 물질을 이용한 판화 기술은 그 특징에서 유추할 수 있듯 '소프트 리소그래피^{soft lithography}'라 불린다.[5] 무조건 부드럽기만 해서는 내구성이 보장될 수 없다. 우리가 원하는 올록볼록한 패턴 위에 정확히 들어맞는 형태로 빚어질 수 있으면서 부드러워서 휘어지거나 비틀릴 수도 있고, 압력을 가한 후에도 파괴되지 않고 원래 모습으로 돌아오려면 고무 같은 고분자 물질이 적합하다. 가장 흔히 사용되는 연성 물질로는 폴리다이

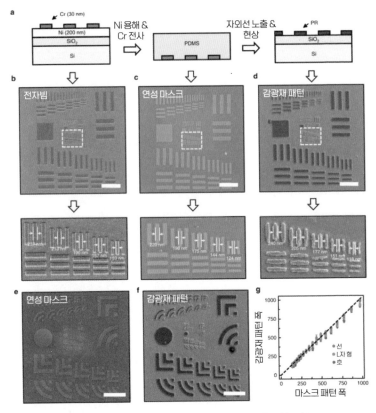

a

Cr (30 nm)
Ni (200 nm)
SiO₂
Si

Ni 용해 &
Cr 전사

PDMS

자외선 노출 &
현상

PR
SiO₂
Si

b 전자빔

c 연성 마스크

d 감광재 패턴

e 연성 마스크

f 감광재 패턴

g

감광재 패턴 폭

● 선
● L자 형
● 호

마스크 패턴 폭

[그림 6-4] 소프트 리소그래피 단단하지 않은 물질을 이용한 판화 기술.(출처: S. Paik et al., Nature Communications, 2020)

메틸실록세인polydimethylsiloxane, PDMS이 꼽힌다.

우연일지 필연일지 몰라도 규소로 만들어진 단단한 포토리소그 래피와 반도체의 핵심 원소처럼, PDMS라는 물질의 골격도 규소로 이루어져 있다. 정확히는 규소와 산소가 번갈아 배열된 사슬 모양 의 화학물질이다. 금속을 비롯한 많은 물질은 지구 대기에 풍부한 산소와 만나 산화되어 변질되기 마련이다. 반대로 이미 충분한 양의 산소와 결합해 형성된 물질은 산화에 취약하지 않아 화학적 내구성이 뛰어나다는 장점이 두드러진다. 세라믹 등의 금속 산화물이 이에 해당한다. PDMS도 산소로 연결되어 금속이 보이는 단단하고 부러지는 성질 없이 높은 내구성과 유연성이 발휘된다.

고분자 물질의 경화도 흔히 찾아볼 수 있는 특징이다. 고분자와 플라스틱의 차이를 떠올린다면 쉽사리 상상할 수 있다. 하나하나 긴 사슬 형태로 이루어진 고분자 물질은 물속에서 흩날리는 머리카락처럼 유연하게 이쪽저쪽으로 움직이곤 한다. 하지만 서로 복잡하고 단단하게 엉긴다면 흩날리는 대신 직물이나 종이처럼 섬유의 집합체 형태로 탈바꿈한다. 일상에서 사용하는 플라스틱도 굳어지기 전에는 작은 화학물질 조각이거나 실처럼 가느다란 고분자 사슬이지만, 가교화crosslinking 과정을 통해 하나의 튼튼한 물질이 된다. 말랑말랑한 찰흙이나 녹아 흐르는 유리가 굳어지며 원자들이 서로 연결되어 단단한 토기나 판유리가 만들어지는 과정이 모두 가교화의 일종이다. 이제 소프트 리소그래피를 위한 PDMS 도장의 제조법이 자연스레 머릿속에 떠오른다. 굳지 않고 점성 있는 액체 형태의 PDMS 고분자를 포토리소그래피로 만든 요철이 있는 패턴 위에 부어 굳힌다면 가교화되어 단단해진다. 이후 스티커를 떼어내듯 힘을 가해 쭉 뜯어 분리하면 다루기 쉽고 튼튼하지만 유연한 도장이 완성된다. 그 이후는 무엇이든 찍어낼 수 있는 복제된 판화 틀을 사용할 시간이다.

판화의 핵심은 만들어진 틀에 원하는 종류의 잉크를 묻혀 종이나 나무판 등 매끈한 표면에 찍어내는 것이다. 특히 완벽하게 같은 그림을 손으로 끝없이 그려내기는 불가능에 가까운 것과는 다르게, 도구만 준비된다면 계속해서 복제할 수 있는 대량생산의 시작이기도 하다. 화학에는 셀 수 없을 정도로 다양한 물질이 있다는 사실을 떠올린다면, 소프트 리소그래피의 가치도 무한하다는 점을 깨달을 수 있다. 다양한 용매에 녹아 액체 상태의 잉크가 될 수 있는 탄소와 수소의 결합체인 유기화합물들이 첫 목표물이 되었다. 남은 문제는 우리의 목표에 잉크가 찍힌 후에도 흘러내리지 않고 단단히 고정되도록 화학 반응을 찾아내 설계하는 것뿐이다.

전도성과 공기에 대한 안정성을 고려해서 매우 얇게 펴진 금으로 전자 소자의 회로를 만든다는 사실을 기억한다면, 금에 달라붙을 수 있는 물질을 찾아내는 일이 중요함을 알 수 있다. 화학물질을 판화처럼 찍을 첫 목표도 결국 금이다. 금은 산소와 잘 결합하지 않아 녹슬지 않는다. 하지만 산소와 같은 족에 속했지만 한 주기 아래에 자리한 황과는 의외로 강하게 결합한다. 원소들의 결합에도 '같은 종류끼리 함께한다(like dissolves like)'는 원리가 적용된다. 소금이 물에 녹지만 벤젠에는 녹지 않듯, 극성 물질은 극성 용매에 녹고 비극성 물질은 비극성 용매에 녹는다. 높은 원자번호를 가져 크고 거대한 형태인 금 원자는 작은 산소보다는 큰 황과 연결되고 싶어 한다. 우리가 준비할 물질은 한쪽 끝에 황이 달라붙어 있고, 약간의 거리를 두기 위한 탄소 사슬이 있고, 반대편 끝에는 원하는 기능을 갖는 화학 구조가 존재하는 작은 분자들의 잉크다. 단순히 종이에 잉크를 찍어내는 것보다 더 다채로운 두 가지 특징이 나노 판화에서 관찰된다.

첫 번째로, 거리를 두기 위해 넣었던 탄소 사슬들이 촘촘하고 빽빽곡한 분자들의 배열을 만들어낸다. 탄소와 수소만으로 이루어진 탄화수소들은 기본적으로 물에 퍼지지 않는 비극성을 갖는다. 탄화수소 분자들은 다시 한번 비극성끼리 함께하고 싶어 한다는 기본적인 원리에 따라 밀집되는데, 분자 하나 두께의 단단한 막을 만들기 때문에 찍어낸 패턴 그대로 유지될 수 있다. 막을 만드는 원리와 방식에 따라 이를 '자기조립 단분자막self-assembly monolayer, SAM'이라 부른다.[6] 만약 SAM을 만든 후 금만 선택적으로 녹일 수 있는 용액을 뿌려준다면 단분자로 보호된 패턴은 그대로 남지만 그렇지 않은 곳은 모두 녹아 깨끗하게 사라진다. 얇은 금박으로 이루어진 패턴만 남겨 회로나 도선을 구현하는 방식은 소프트 리소그래피와 더불어 단분자막의 보호 기능을 이용한 결과다.

두 번째로, 단분자막의 반대편 끝에 존재하는 특별한 기능을 갖는 화학 구조를 원하는 대로 조절할 수 있다. 앞서 다루었던 친수성이나 소수성 같은 성질 외에도 화학에서는 여러 가지 상호작용이나 화학 반응이 사용된다. 가장 단순하게는 양전하와 음전하를 갖는 화학 구조를 넣어 같은 전하끼리 밀어내거나 다른 전하끼리는 달라붙게 조절해 추가 물질을 붙이거나 분리하고 검출할 수 있다. 층층이 쌓아 올리는 LbL 방식을 얇은 판 위에서도 만들어줄 수 있는 것이다. 또한 결합을 만들거나 빛을 받았을 때 분해되고, 전압을 걸어주었을 때 휘어지거나 곧게 펴지는 등의 물리적인 동작을 끌어내는 물질을 반대쪽에 붙인다면 손쉽게 나노 또는 마이크로 세계에서의 동작을 구현할 수 있다. 자동차의 가속도 센서나 의료기기, 정보기기의 발전에 핵심인 '초소형 정밀기계 기술[Micro-electro mechanical systems, MEMS]'이 바로 이러한 나노화학적 기술들을 이용해 탄생한 것이다.

황을 포함한 유기화합물만 사용될 이유는 없다. 찍어낸 패턴 위에 따로 합성한 나노물질을 뿌려 패턴을 만들 수도 있으며, 나노물질을 만들 때 사용되는 금속 이온들을 찍어낸 후 열을 가하거나 화학 반응을 일으켜 일정한 간격 또는 형태로 성장하도록 직접 꾸며볼 수도 있다. 보호받지 않은 곳의 금만 녹였던 방식을 반대로 이용해 찍어낸 패턴 부분만 녹여낼 수도 있다. 금이나 은, 유리, 규소 등 어떤 물질이라도 적절한 용해액을 찾아 잉크로 사용한다면 패턴 형태의 요철을 만들어볼 수도 있다.[7]

반드시 한 번의 판화 작업으로 모든 것을 만들 필요는 없다. 반도체 포토리소그래피에서의 다중 패터닝 기술과 마찬가지로 하나의 패턴을 찍어낸 뒤 다른 패턴을 반복해 찍어준다면, 또한 사용되는 잉크의 종류와 목적을 구체화할 수 있다면 하나의 작은 기판이 수많은 기능을 보유한 소자가 탄생한다. 하나의 나노 칩으로 여러 질병을 진단하거나 표적 물질을 검출하는 고효율 집적 시스템은 바로 나노 패터닝에서 시작된다.

LED,
전기를 빛으로

전자기기를 움직이게 하는 힘은 전기다. 간단한 기기는 태양광을 이용해 작동하기도 하고, 자전거에 부착해 발판을 밟아가며 작동시킬 수도 있지만, 그 모든 작용의 핵심은 전자기기에 쓸 전기를 만드는 것이다. 전기를 사용하는 가장 흔한 방식은 빛을 밝히는 것이다. 간혹 날씨나 예기치 못한 사고로 정전되었을 때, 재미있게 보던 텔레비전이 꺼지거나 더위를 식혀주던 선풍기가 멈춘다고 그다지 크게 당황하지는 않는다. 하지만 거주 공간으로서 안정감과 편안함을 주던 익숙한 실내에서 빛이 사라지는 순간, 갑작스레 어둠에 빠진 우리의 눈과 뇌에는 불안함과 답답함을 안겨준다. 빛은 그만큼 중요하며, 더 밝고 간편하고 저렴하게 빛을 만들려는 노력은 전기를 이용해 수많은 원소를 발견했던 험프리 데이비 경^{Sir Humphry Davy}이 이룬 또 다른 업적이다.

데이비 경은 1809년 두 개의 탄소 막대에 전지를 연결하고는 겹쳐 전류가 흐르게 한 후 떼어내는 실험을 했다. 탄소 막대에 전류

[그림 6-5] **아크방전** 두 탄소 막대 사이에서 활 모양의 빛이 발생한다.(출처: 위키백과)

가 흐르면 열이 발생하는데, 고온에서 발생하는 탄소 증기가 분리된 두 막대 사이를 안개로 이루어진 구름다리처럼 잇는다. 전도성을 갖는 원소여서 전류가 증기를 타고 흐르며 활 모양(弧線, arc)의 빛이 발생한다. 이 모양에서 전기 아크, 아크방전이라는 이름이 나왔다. 이 실험 결과에 따라 아크가 방전과 발광에 쓰이게 되었으며, 조명의 한 종류인 아크 램프$^{arc\ lamp}$가 탄생했다. 탄소에 전류가 흐르면 열을 발생시키는 현상은 '유도 가열$^{induction\ heating}$'로 설명되는데, 탄소로 이루어진 옷감이나 섬유, 판 위에 나노물질을 만들기 위한 간편하고도 유용한 방식으로 지금도 사용된다.[8]

나노화학

탄소 증기를 이용해 빛을 발생시키는 데이비 경의 아크 램프는 1800년대 중반부터 실제 전등으로 사용될 만큼 발전한다. 문제는 효율과 수명이었다. 전기를 빛으로 바꾸는 변혁은 열로 인해 피어 오르는 탄소 증기가 아닌 전도성을 갖는 가느다란 필라멘트의 사용으로 넘어간다. 저항이 커야 충분히 가열되는데, 너무 두꺼운 필라멘트는 전도성이 뛰어나 밝은 빛을 낼 수 없다. 그래서 최대한 가늘고 긴 선에서 열과 빛이 발생하도록, 그리고 작은 전구에 들어맞도록 만들기 위해서 가느다란 선을 나선형으로 꼬아 사용했으며, 필라멘트라는 이름도 선을 길게 꼬아 뽑았다는 의미의 중세 라틴어 'filāmentum'에서 왔다. 흔히 발명왕이라는 별명으로도 불리는 토머스 에디슨[Thomas Edison]은 특허에 관련된 여러 이야기도 따라붙지만, 필라멘트를 발명하기 위해 수없이 시도한 것이 사실이다. 결국에는 대나무로 만든 필라멘트로 최대 1,200시간의 수명을 갖는 백열전구가 탄생한다.

대다수 위인전기에는 단순히 대나무로 필라멘트를 만들었다는 설명만 있어서 바구니나 삿갓 등을 만드는 얇게 잘린 대나무가 그대로 쓰이는 것으로 오해받지만, 실제로는 일종의 탄소 섬유가 사용된 셈이다. 곧게 뻗어 자라난 대나무는 강도가 매우 뛰어나며 길이 방향대로 쪼개면 얇고 반듯하게 쪼개진다. 섬유질이 풍부해 실처럼 뽑아낼 수 있으면서 탄성과 유연성이 높아 부러짐 없이 휘거나 둥글게 말아낼 수도 있다. 에디슨은 대나무를 산소가 없는 환경에서 가열해 탄소 섬유로 탈바꿈시켰다. 목재가 공기 중에서 산소와 결합하며 연소하면 탄소가 이산화 탄소 형태로 분해되어 날아가지만, 산소가 없는 환경에서는 검고 단단한 숯이 만들어지는 탄화 반응이 일어난다. 하지만 대나무 필라멘트도 완벽한 발명품은 아니었다. 수명은 길었지만 밝기는 촛불보다 약했다고 하며, 조금 더 발전된 필라멘트가 개발되어야 했다.

이후 탄소 대신 금속으로 이루어진 필라멘트가 발명되기 시작하는데, 가장 최근까지 사용된 물질은 무려 3,400℃에서 녹기 시작하는, 녹는점이 가장 높은 금속인 텅스텐이었다. 산소가 남아 있는 공기는 탄소 섬유를 태워 이산화 탄소로 변화하며 끊어지게 했고, 금속 필라멘트를 산화시켜 망가뜨리거나 빛을 잃게 만들기도 했다. 표면 화학의 선구자로 여겨지는 미국의 화학자 어빙 랭뮤어^{Irving} ^{Langmuir}는 질소를 비롯한 비활성 기체로 채운 전구에서 두 배 이상 늘어난 효율을 확인함으로써 밝고 오래가는 백열전구를 완성하게 된다. 백열전구를 사용해본 경험이 있다면 달궈진 전구가 전원을 끈 후에도 오랫동안 뜨거웠던 기억이 있을 것이다. 켜진 전구를 맨손으로 건드리면 화상을 입을 정도로 열이 발생했으며, 이는 넣어준 전기에너지의 많은 양이 열로 손실된다는 뜻이다. 다음 목표는 조금 더 밝지만 뜨겁지는 않은, 백색의 빛을 만들어내는 새로운 조명이었다.

유리관 속 공기를 거의 모두 제거하고 전류를 통과시키면 방전을 통해 빛이 발생한다는 사실이 발견된 후, 다양한 비활성 기체로 내부를 채워 빛의 색상과 밝기를 조절하게 된다. 조명 이야기에서 다시금 만난 이 현상은 앞서 리소그래피에서 사용되는 레이저에 비활성 기체나 할로젠이 사용되던 것과 크게 다르지 않다. 전구에 연관되었던 두 명의 거물인 에디슨과 니콜라 테슬라^{Nikola Tesla}도 방전 현상을 이용한 전구 개발을 시도했다. 상업적으로 쓰일 수 있을 만큼 뛰어난 효율은 보이지 못해 백열전구에 그쳤지만 말이다.

1901년 피터 쿠퍼 휴잇^{Peter Cooper Hewitt}이 수은 증기가 채워진 방전 램프가 백열전구보다 더 효율적으로 청록색 빛을 만들어낸다는 사실을 발견하면서 형광등이 탄생한다. 초기에는 수은등이라는 이름으로 간혹 쓰이기도 했지만, 일상적으로 편안하게 사용할 만한 색상은 아니었다. 하지만 눈에 보이지 않는 자외선을 흡수하는 대신 백색 빛을 만드는 형광물질을 내벽에 얇게 바른 유리관에 약간의 수은 증기와 비활성 기체인 아르곤을 채워 방전시키면 밝은 백색 빛을 만든다는 사실이 발견된 후 상황은 반전된다. 처음 형광등이 쓰이던 시절에 수명이 다한 형광등을 함부로 깨뜨려 버리지 못하게 한 이유가 소량이지만 유독성 수은 증기가 포함되었기 때문이기도 했다. 이후 형광물질의 종류를 조절해 다양한 색을 내는 안전한 형광등이 탄생해 더 적은 전력으로 효율적인 발광이 가능케 된다.

반도체로 빛을 만들어내다

현재와 미래의 조명은 기체를 방전시키거나 형광물질을 자극해 빛을 만드는 대신 전기를 직접 빛으로 바꾸는 방식으로 이루어진다. 바로 반도체를 사용하는 발광다이오드^{LED}의 도입이다. 백열전구나 형광등처럼 모든 방향으로 빛이 퍼져서 방향을 조절할 반사판이나 확산기조차 필요하지 않고, 아주 좁은 영역에서 밝은 빛을 몇만 시간 동안이나 만들 수 있었기 때문에 LED는 최고의 조명으로 사용되고 있다.

다이오드의 핵심은 반도체다. 1962년 닉 홀로니악[Nick Holonyak Jr.]은 붉은색 빛을 만드는 LED를 처음으로 발명한다. 붉은색 빛은 경고나 상태 알림의 목적으로 사용하기에는 충분했다. 파장이 긴 붉은색 빛은 공기 속으로 더 멀리까지 뻗어나갈 수 있어 소방차나 경찰차 등의 경광등에 사용되기도 하며, 소방시설이나 감지 시설의 긴급 상황 알림에서도 경보음과 함께 사용된다. 한 가지 색상을 선명하게 만들려면 일정하고 간격이 특정한 에너지 상태가 필요하다. 에너지 높이가 특정한 물체인 반도체를 이용해서, 그것도 두 종류의 반도체를 맞붙여 에너지의 간격을 조절하는 방식으로 만든 결과가 다이오드다. 다이오드 중 전기에너지를 바로 빛으로 바꾸는 종류를 LED라 한다. 홀로니악의 붉은 LED는 규소보다 전자가 하나 부족한 13족 원소인 갈륨, 규소보다 전자가 하나 더 많은 15족 원소 인과 비소를 사용해 만들어졌다.

각각 단맛과 짠맛, 매운맛 음식을 뒤섞으면 개별적인 맛보다 더욱 매력적인 맛을 갖는 결과물이 탄생하기도 한다. 토마토케첩과 설탕을 함께 묻힌 핫도그나 매콤하지만 달콤한 떡볶이처럼 말이다. 비화 갈륨은 반도체 물질이지만, 우리가 원하는 가시광선이 아닌 약 850nm 파장의 눈에 보이지 않는 근적외선을 만들어낸다. 그리고 반도체의 특성이 온도에 따라 달라지듯, 인화 갈륨의 빛도 절대온도

1도가 변할 때마다 약 0.4nm씩 변한다. 파장을 조절할 수 있다는 흥미로운 장점일 수도, 반대로 온도 변화로 인해 원하는 결과가 틀어지는 단점일 수도 있다. 인화 갈륨은 보통 초록색 빛을 만든다. 그리고 이들 셋이 모두 혼합된 홀로니악의 인화 비화 갈륨^{GaAsP}은 주황색에서 호박색에 해당하는 중간적인 색을 만든다. 오늘날에는 고휘도 LED 하나를 300원보다 적은 가격으로 쉽게 구할 수 있지만, 초기 홀로니악의 LED는 밝기가 에디슨의 첫 전구와 비교해 1/10에 불과했는데도 개당 약 30만 원(당시 260달러)이나 되었다.

LED를 구성하는 원소의 종류나 구동 온도, 인가되는 전압의 크기에 따라 색상이 조절될 수 있다는 점은 LED 개발의 원동력이 된다. 두 종류의 15족 원소를 사용하는 대신 갈륨과 함께 또 다른 13족 원소인 인듐을 사용할 수도 있고, 산화물이 되면 인체에 독성을 끼치는 비소 대신 안전하고 풍부한 질소를 넣어볼 수도 있다. 갈륨보다 전자가 하나 더 부족한 12족의 아연, 비소보다 전자가 하나 더 많은 16족의 셀레늄으로 반도체를 이루는 셀렌화 아연^{ZnSe}은 녹색과 파란색 빛을 만든다.

LED 제조는 기판 위에서 이루어지는 경우가 많다. 다양한 리소그래피 기술을 이용할 수도 있겠지만, 둘 또는 그 이상의 원소가 고르게 뒤섞인 편평한 소자를 대량으로 만들기에는 정밀도나 생산성이 떨어지는 방식이다. 조금 더 간단하게 반도체로 이루어진 표면을 만들려면 '화학증착법$^{chemical\ vapor\ deposition,\ CVD}$'이라는 기술이 사용된다. CVD는 말 그대로 화학물질을 증기 형태로 표면에 쌓아 올리는 방식이다. 곧바로 패턴을 새기거나 형태를 만들기보다는 넓

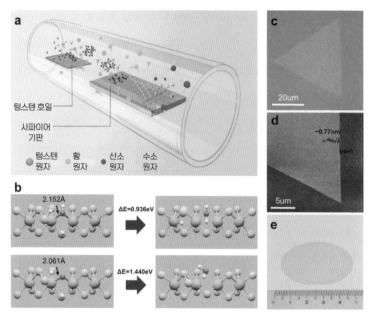

[그림 6-6] **수산화물 기상 증착법** 화학물질을 증기 형태로 쌓으면 정밀한 반도체를 대량으로 생산할 수 있다.(출처: Y. Wan et al., Nature Communications, 2022)

은 표면에 전체적으로 원하는 원소들을 올려놓는 방식이다. 유리창에 거리를 두고 분무기로 물을 뿌리면 아주 작은 물방울들이 유리창에 고르게 자리 잡는 모습을 떠올릴 수 있다. 물 대신 유기물이나 금속 원소 등을 증기 상태로 날려 보내 달라붙도록 만든다. 반도체를 만드는 데만 쓰는 기술은 아니다. 뒤이어 살펴볼 평면 형태의 탄소 물질인 그래핀을 만들 때도 사용할 수 있고, 반도체 물질이나 세라믹, 그 외의 어떠한 물질이든 표면에 편평하거나 올록볼록하게, 심지어는 바늘처럼 날카로운 모습으로 자라날 수 있도록 돕는 기술이다. 실제로 기판 형태의 소자가 필요한 전자 및 전기 분야 전반

나노화학

에서는 균일한 결과물을 만들어내는 자동화된 공정 중 하나로 현재 활발히 사용되고 있다.

리소그래피를 이용해 특별한 패턴을 도입하거나, 넓은 면적에 균일한 반도체를 형성하기 위해 CVD를 사용하는 것 외에도, 간혹 원하는 부분에만 특별한 나노물질을 고정하고 싶은 상황이 생기기도 한다. 이 경우에는 따로 만들어둔 반도체 물질을 뿌리거나 바르거나 칠해서 고정하는 방식이 더 유리한 때도 많다. 반도체 나노물질은 양자점이라는 이름으로 살펴본 것처럼, 높은 온도의 용액 속에 반도체를 구성하는 다양한 목표 원소를 넣어 아주 작은 씨앗을 만들고 자라나도록 합성해 표면에 고정하는 단계를 추가하기도 한다.

기상천외한 나노물질 소자

이제껏 살펴본 여러 기술은 모두 일상적인 방식에 빗대어 설명할 수 있었다. 요리하듯 나노물질을 만들거나, 청사진이나 판화를 찍어내듯 패턴을 만들기도 했고, 심지어 분무기를 사용하듯 원소를 흩뿌리기도 했다. 별도로 만들어진 반도체 나노물질, 곧 양자점을 원하는 형식대로 고정하는 것도 우리에게 친숙한 방식을 기준으로 이해할 수 있다.

먼저 붓에 물감을 묻혀 종이에 그려내는 기법이 있다. 리소그래피의 일종으로, '딥-펜$^{dip\text{-}pen}$'이라 불리는 방식이다.[9] 잉크에 푹 담근^{dip} 철필^{pen}을 종이로 옮겨 직선이든 곡선이든 원하는 그림을 그

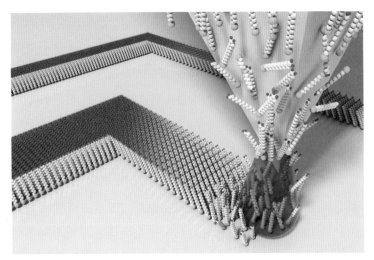

[그림 6-7] 딥-펜 나노리소그래피 아주 작고 날카로운 펜에 유기 또는 무기 나노물질을 묻혀 기판으로 옮기는 방식이다.(출처: 위키백과)

리듯이, 아주 작고 날카로운 펜에 유기 또는 무기 나노물질을 묻혀 기판으로 옮기는 방식이다. 여기서 사용하는 날카로운 펜촉은 표면의 형태를 측정하기 위해 초 근접거리에서 높낮이를 읽어내는 분석기기인 '원자힘 현미경$^{atomic\ force\ microscopy,\ AFM}$'의 탐침이 된다. 자동화된 분석기기이므로 나노 잉크를 묻혀 원하는 도형대로 움직이게 설정한다면, 단순한 선을 그리는 것부터 일정한 배열로 점이나 형태를 나열할 수도 있고, 심지어 피카소의 그림이나 사람의 초상화를 아주 작은 공간에 그려낼 수도 있다. 반도체 잉크가 사용되었으니, 그려준 형태대로 빛을 만들어낼 수 있는 것은 당연하다. 딥-펜 기술은 나노물질에 국한되지 않는다. 잉크 형태로 제조할 수 있는 작은 것은 무엇이든, 심지어 살아 있는 생명체까지도 가능하다.

세균이나 세포를 묻혀 표면에 배열하고 성장시켜 살아 있는 패턴을 그리는 결과도 확인되었으니, 말 그대로 아주 작은 생체 분석 시스템을 만드는 재미있는 방식이기도 하다.

잉크를 사용하며 패턴을 그려내는 방식이자 도면과 자동화가 사용되는 더욱 편리한 기술이 하나 떠오른다. 바로 인쇄 기술 중 하나인 '잉크젯ink-jet'이다. 이번에도 일반 잉크 대신 반도체 또는 그 외 무엇이든 나노물질을 잉크로 투입한다면 같은 결과를 기대할 수 있다. 기판에 물질을 고정하는 것 외에도 종이 위에 나노물질을 원하는 대로 고정할 수도 있다. 이 경우 종이로 만들어진 리트머스 시험지처럼 나노물질이 고정된 얇고 작은 종이를 이용한 물체를 만들 수도 있다. 물론 가끔 잉크로 노즐이 막혀 프린터가 오작동하는 문제는 나노물질에서도 발생할 수 있다는 점을 기억하자.

이외에도 온갖 기상천외한 방법들이 나노물질로 소자를 만드는 데 시도되고 있다. 벽면에 스프레이를 뿌려 그림을 그리듯 공기의 힘으로 아주 작은 나노물질 알갱이를 쏘아내 그리는 방법, 입체적인 골격이나 형상을 만드는 3D 프린팅에 나노물질이 포함된 잉크를 사용하는 방법, 심지어는 나노물질을 섞은 비눗방울을 만들어 원하는 표면에 닿게 한 후 터뜨려 고른 간격과 방향의 패턴을 만드는 방법도 있다. 각양각색의 소재가 확보된 만큼 이들을 최적화된 방법으로 사용해 소자를 제작한 결과는 LED를 비롯한 간단한 광원 부품부터 첨단 기기의 집적회로까지 현대 문물의 가장 중요한 부분이 되었다. 나노가 화학의 가장 작은 경계였던 만큼 한계에 다가서고 넘어서는 순간 어떤 상상하지 못한 세계가 펼쳐질지 흥미롭다.

2차원 나노물질과 접히는 화면들

아무리 빠르고 똑똑한 연산 기기가 있다고 해도 기술의 발달이 와 닿지는 않는다. 그보다는 점차 커지는데도 이전보다 밝고 선명하며 낯설 정도로 얇은 시각적 출력장치인 디스플레이^{display}가 더 큰 감흥과 놀라움을 준다. 유채색 화면을 그려내려면 빨간색(R), 녹색(G), 파란색(B)이라는 세 가지 바탕이 되는 색만 있으면 된다. 이제는 전시관에서나 찾아볼 수 있는 두꺼운 부피와 묵직한 무게를 자랑하는 이른바 '브라운관$^{Braunsche\ Röhre}$' 텔레비전부터 종잇장처럼 가벼운 현대의 텔레비전까지 빛의 삼원색은 똑같다. 실제로는 빛을 내기 위해 전자총으로 사용되는 음극선관$^{cathode-ray\ tube}$이어서 'CRT'라 불리지만, 물리학자 카를 페르디난트 브라운$^{Karl\ Ferdinand\ Braun}$이 이 기술을 텔레비전을 만드는 데 처음 사용하면서 브라운관이라는 친숙한 이름이 되었다.

전자를 쏘아내는 것은 나노 세계를 들여다보기 위한 가장 뛰어난 현미경들이 작동하는 원리라고 이미 살펴보았다. 텔레비전에 사

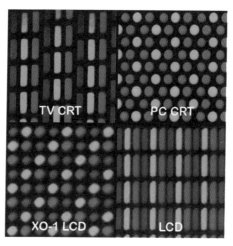

[그림 6-8] 화소 다양한 시각적 출력장치의 화소.(출처: 위키백과)

용되는 기술은 전자현미경만큼 고압이 필요하지는 않지만, 기본적인 원리는 같다. 단지 쏘아진 전자들이 무엇인가에 가려지거나 튕겨 상을 맺히게 하는 대신, 반도체 나노물질 등이 에너지를 받아 빛을 만들어냈듯 형광빛을 만드는 형광물질에 부딪혀 작용하게 된다. CRT 텔레비전에서 RGB의 세 가지 색상이 화면을 전기적으로 분해한 최소 면적인 화소[pixel]마다 찍혀 있을 것은 쉽사리 예상되지만, 어떤 물질이 찍혔을지는 의문이다. 단순히 색을 갖는 물감을 칠한다고 영상을 구성할 정도의 선명한 색상이 만들어지지는 않는다. RGB 형광체는 작게는 나노물질이며 크게는 고체 상태의 물질이자 여러 무기 원소의 집합체다. 파란색은 은이 첨가된 황화 아연[ZnS]이 꾸준히 사용되어왔다. 녹색과 빨간색은 사용된 물질이 계속해서 바뀌었는데, 양자점에서 카드뮴 같은 독성 중금속 원소가 문제를 일으켜 대체되었던 것과 같은 과정을 거쳤다. CRT 텔레비전이 역사 속으로 사라지면서 녹색 형광체는 구리와 알루미늄, 때로는 금이 첨가된 황화 아연이 사용되었고, 빨간색 형광체는 선명한 붉은색 형광으로 유로화의 위조 방지 표식으로도 쓰이는 유로퓸이 첨가된 산황화 이트륨^{Y_2O_2S}이 사용되었다.

광원의 종류를 음극선에서 개별적인 자외선으로 바꾸고, 색을 만들기 위해 쏘아내는 빛을 하나의 방향으로 걸러내 간편히 조절하도록 만든다. 액체도 고체도 아닌 중간 형태의 물질인 액정^{liquid} ^{crystal}을 사용한 디스플레이를 넘어 이제는 반도체가 만들어낸 혁신적인 광원인 LED를 그대로 사용한다. 전자나 자외선을 쏠 필요도 없이 바로 전기 신호를 원하는 색상의 빛으로 바꿀 수 있으니 디스플레이는 점점 더 얇고 가벼워질 수 있다. LCD에 포함되는 후방 광원이 없으니, LED 디스플레이는 두께 개선 외에도 발열이나 전력 소모가 적다는 장점이 있고, 검은색을 표현하려면 단순히 해당 위치의 광원을 켜지 않으면 되니 명암 차이가 확연히 두드러져 더욱 선명하고 밝은 상을 그려낼 수 있다.

여러 금속 및 비금속 원소가 어우러진 반도체가 기본적인 LED로 사용되었지만, 꼭 반도체만 쓸모있는 것은 아니다. 특정 에너지의 간격만 균일하게 만들 수 있다면 물질의 종류는 크게 제약받지 않는다. 여러 개의 탄소 고리로 이루어진 유기물질은 특별한 파장의 빛과 연관될 수 있어서 이를 이용한 유기 발광다이오드^{OLED}가 선명하고 유연한 디스플레이를 만드는 데 사용된다. 발광 소자마다 제어용 박막 트랜지스터를 추가해서 아몰레드^{AMOLED}로 구분되는

나노화학

또 다른 형태가 만들어지기도 했다. 물론 가장 작은 반도체인 양자점을 사용할 수도 있고, 그 최종 결과인 양자점 발광다이오드^{QD-LED}라는 방식도 현재 개발되고 있다.

디스플레이의 선명한 해상도와 화려한 색감은 직관적으로 우리의 눈을 끌어당기지만, 조금만 사용해도 쉽사리 익숙해진다. 이제는 눈에 보이는 화면의 질은 따로 고려할 필요가 없는 당연한 항목이 되었고, 그 외의 새로운 기능과 형태가 주된 관심사다. 얇은 화면의 수준을 넘어 공간을 더욱 효율적으로 활용할 수 있도록 말아서 보관하거나 펼쳐서 볼 수 있는 롤러블^{rollable} 디스플레이나, 화면 손상이나 주름짐 없이 원하는 대로 접고 펼칠 수 있는 형태, 손목에 감거나 옷감에 붙일 수 있도록 유연한 비닐 형태의 디스플레이가 차세대 기술로 주목받고, 또 실제로 사용되고 있다. 형광체나 양자점, 유기 분자는 아주 작은 분자나 입자 형태여서 구부러지는 과정에서 부러지거나 망가지지 않는다. 하지만 빛을 만들기 위해 전류를 흘려보내야 하는 기판은 내구성 있는 단단한 패턴이기에 힘을 주면 부러지는 등 돌이킬 수 없는 손상이 뒤따른다. 휘어지는 디스플레이가 탄생하려면 전류의 흐름을 조절할 수 있으며 간단히 합성하고 생산할 수 있는 매우 얇은 두께로 연결된 새로운 물질이 필요하다.

나노화학이 만들어내는 새로운 디스플레이

디스플레이의 자세한 구조나 활용보다는 리소그래피나 패터닝 등 모든 기판 제조 방식에 적용될 수 있는 2차원 나노물질의 화학에 대해 현 단계부터 발전 중인 미래까지 살펴보자. 가장 대표적인 2차원 나노물질이자 이미 상용화된 소재는 역시 그래핀이다. 탄소는 다른 원자와 최대 4개까지 화학 결합을 만들 수 있는 만큼, 탄소가 연결되어 탄생하는 물질의 다양성 역시 풍부하다. 그런 다양성만큼이나 다채로운 특성과 뛰어난 물질적 가치를 자랑한다. 가장 오래된 쓰임새는 검은색 흔적을 남길 수 있어 필기구로 사용되었던 흑연graphite이다. 탄소가 세 개의 다른 탄소와 연결된 대표적인 형태다.

점의 개수에 따라 만들어지는 기하학적인 형상은 정해져 있다.

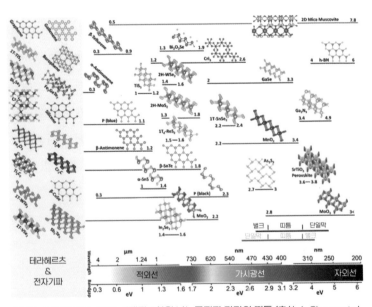

[그림 6-9] 2차원 나노물질 선택된 2차원 나노물질과 각각의 띠틈.(출처: A. Chaves et al., npg 2D Materials and Applications, 2020)

나노화학

점 하나는 0차원의 점 그 자체이며, 점 두 개를 연결하면 언제나 1차원의 곧은 직선이 탄생한다. 점 세 개를 나란히 줄을 세워 선을 그어볼 수도 있겠지만, 서로 가장 멀리 떨어뜨리는 안정한 형태를 고려한다면(원자는 전자의 덩어리이니 서로 가장 멀리 떨어지는 편이 이롭다.) 2차원의 평면 삼각형이 만들어진다. 평면끼리 계속해서 연결될 테니 흑연의 기본적인 구조는 육각형의 평면이 된다. 최대 4개까지 연결할 수 있었지만 3개로 마무리됐으니 커다란 특성 차이가 숨었을 수밖에 없다.

탄소가 4개를 모두 연결해서 사면체 형태의 입체적인 연결로 엮인 다이아몬드가 무색투명하고 가장 단단한 물질이지만, 같은 원소에 결합 개수만 다른 흑연은 검은색의 무른 물질이라는 사실을 떠올리자. 남는 결합 하나는 우리 눈에는 보이지 않지만 편평한 흑연의 면 위와 아래 방향으로 다시 한번 원자 속 전자들의 공간인 오비탈로 남아 있다. 종이를 한 장씩 겹쳐 쌓아두면 안정하고 빈틈없는 책자처럼 한 덩이가 되듯, 흑연은 탄소 평면 한 장 한 장이 위아래의 오비탈을 서로 겹쳐가며 층을 만든다. 층층이 쌓인 물질이니 문질렀을 때 벗겨져 흔적을 남기고 필기구의 기능을 할 수 있다.

그래핀은 흑연의 층을 벗겨내 한 겹 또는 두세 겹의 매우 얇고 튼튼한 나노 크기의 육각형 탄소 종이에 빗댈 수 있다. 그래핀이 사용되기까지의 여정은 그 흔한 흑연에서 시작된다. 어떻게 흑연에서 탄소막을 한 꺼풀씩 벗겨낼지가 가장 큰 관심사였고, 무엇이든 가장 기초적인 분해 또는 분리는 뜯어내거나 비틀어 떼어내는 물리적인 처리로 이루어지듯 그래핀도 물리적인 작용으로 분리됐다. 재미있게도 흔히 사용되는 접착용 셀로판테이프가 붙이고 찍어내는 분리 과정의 핵심이었다. 너무 간단해 보여서 과학적인 결과로 의미가 있을지 의아할 수도 있겠지만, 그래핀의 분리와 특성의 규명은 거대한 사건이었으며, 그 결과는 2010년 노벨 물리학상 수상으로 검증된다.

셀로판테이프를 이용한 물리적인 분리는 단순히 붙어 있던 막들을 떼어내는 것뿐이니 약간 찢어질 수는 있어도 화학적으로 물질의 성질이 바뀌지는 않는다. 그래핀이라는 물질 그대로 얻을 수 있는 유용한 전략이었지만, 첨단 사회가 요구하는 큰 가치 중 하나이자 현실성의 측면인 생산량 또는 대량 합성에는 적합하지 않았다. 생산성 문제는 두 가지 화학적인 방법으로 해결할 수 있다. 강산성 물질과 산화제를 이용해 음전하를 띠는 산화 그래핀graphene oxide을 만들어 전기적인 반발력의 도움으로 떼어내고, 원하는 소자의 표면에 패터닝과 화학 처리로 환원할 수 있다. 또 하나는 앞서 반도체 표면을 형성하듯 CVD를 통해서 말 그대로 원하는 위치에 그래핀을 성장시키는 기술이다.

그래핀을 단순히 떼어낸 흑연 한 장으로 생각한다면 가치가 그다지 높지 않아 보이지만, 1nm에도 미치지 못하는 단 하나의 원자 두께로 가장 얇고 가벼우며, 높은 내구성과 강도, 뛰어난 열과 전기 전도성을 보이면서도 투명한 물질이라는 장점을 나열할 수 있다. 도체와 부도체를 나누어 금속과 비금속을 이야기했고, 이들의 중간적인 성질로 반도체를 언급했던 것처럼, 그래핀은 지구에서 가장 흔한 원소 중 하나로 만들어진 전도성 우수한 금속과 투명한 비금속 플라스틱의 장점만 가져온 소재다. 우리가 그래핀에 기대하는 것은 현재 스마트 기기의 터치형 디스플레이에 사용되는 인듐과 주석이 산화물 형태로 섞인 유리를 대체하는 새로운 물질이라는 쓰임새다. 보통 90%의 인듐 산화물^{In_2O_3}과 10% 내외의 주석 산화물 ^{SnO_2}을 섞어 유리에 칠하는데, 무색투명하며 전기 전도성이 우수해 우리가 마주하는 거의 모든 전자기기에 사용되고 있다. 그래도 두 가지 커다란 문제가 남아 있는데, 첫째로 인듐과 주석의 산화물을 칠한 유리는 단단해서 휘거나 구부러지는 대신 깨진다는 한계점이며, 둘째는 인듐이 지각에 존재하는 비율이 64번째로 다시 말해 현재 사용량대로면 몇십 년 안에 고갈될 수 있는 희소 금속 원소라는 점이다.

많은 매체에서 그래핀을 완벽한 신소재로 묘사하며 유연 디스플레이의 제조에 투입되는 것으로 그리지만, 실제로는 생산 단가를 비롯한 여러 이유로 완전히 상용화가 이루어지지는 않았다. 오히려 그래핀과 OLED를 이용한 방식으로 기존 디스플레이의 성능에 도달한 것은 비교적 최근의 결과다.[10] 실험실에서 확인된 결과가 실제 산업에 적용되기까지는 시간이 걸린다. 하지만 그래핀은 계속 발전하고 있으며, 그래핀 디스플레이 제품을 손쉽게 구할 수 있기까지도 그다지 오래 걸리지는 않을 것이다.

아직 실험실 수준에서도 연구가 진행되고 있으며, 언젠가 그래핀을 넘어선 차세대 신규 나노화학 소재로 주목받을 수 있는 최첨단 2차원 물질은 수없이 많다. 그래핀과 가장 유사한 형태의 물질은 '질화 붕소$^{boron\ nitride,\ BN}$'다. 흥미롭게도 질화 붕소 역시 그래핀처럼 육각형 평면 모양을 만드는데, 원소들이 반도체를 이루는 방식을 통해 이유를 찾아낼 수 있다. 반도체에서는 탄소가 속한 14족을 기준으로 전자가 하나 부족하거나 많은 원소가 만나 최종적으로 탄소와 같은 전자 개수를 만들었다. 갈륨과 비소는 하나 적고 많은 전자 개수가 서로 보완되었고, 카드뮴과 황 등은 두 개씩 적고 많은 전자 개수가 보완되었다. 질화 붕소를 이루는 두 가지 원소인 질소와 붕소는 각각 주기율표에서 탄소의 양쪽 옆에 자리하며, 함께 했을 때 전체 전자 개수가 탄소와 같아진다. 질화 붕소는 그래핀과 같은 구조여서 무기 흑연$^{inorganic\ graphite}$이라 불리기도 한다. 물론 완전히 같을 수는 없으며, 약간 다른 점도 있다. 모든 구조가 한 종류의 원소만으로 이루어진 그래핀에 비해서 전자들이 조금 더 질소에 치우쳤으므로 전기 전도성은 조금 낮다. 하지만 높은 온도에서 산화되어 찌꺼기처럼 변질되는 그래핀에 비해 열에 대한 안정성이 압도적으로 높다는 장점이 있어 고온 환경에서 사용하기에 적합하다. 비슷한 형태로 흑연 구조의 질화 탄소^{C₄N₃} 역시 독특한 육각형 평면구조를 갖는 나노물질이다. 소수성이어서 쉽사리 분산되지 않는 그래핀과는 다르게 물에 녹여 사용할 수 있다는 편리함, 가시광선 빛을 이용해 다양한 효과를 끌어낼 수 있다는 장점이 더 있지만 말이다.

질화 붕소나 질화 탄소처럼 두 가지 이상의 원소가 반복해서 배열되며 평면을 이루는 경우는 생각보다 많이 찾아볼 수 있다. 최근 화학 반응의 촉매나 의료를 포함해 모든 분야에서 주목받는 평면 물질로 4장에서 잠시 살펴본 '전이금속 칼코젠화물^{TMC}'이 있다.

'TMC'라는 약자 외에도 조금 더 매력적으로 표현되는 관용명은 맥신^{MXene}이다.[11] 보통 금속^{metal}을 표현하는 축약어인 'M'과 비금속 음이온을 포괄적으로 나타내는 'X'가 탄소들이 평면을 이루기 위해 갖는 이중결합의 접미사 '-ene'로 수식된 용어다. 한마디로 금속이 비금속 원소와 결합해 평면을 이루고 있다는 의미를 아주 직관적으로 묘사한 것이다. 조금 더 구체적인 조건은 주기율표의 원소 구분에서 찾을 수 있다. 금속은 흔히 먹거나 사용하는 소금 속 소듐이나 우유에 풍부한 칼슘 등이 아닌, 주기율표의 중앙 부분에 빼곡히 자리 잡은 3족부터 12족까지의 전이금속이 대상이다. 이들과 결합하는 비금속 원소들은 칼코젠이라 불리는 16족의 황, 셀레늄, 텔루륨이 필수적이다. 조금은 낯선 이름들이지만 예상 밖으로 모두 풍부하며, 화학 반응을 통해 결합하면 열과 전기를 변환하는, 즉 온도 차이로 전기를 만들거나 전압 차이로 온도를 바꿀 수 있는 '열전^{thermoelectric}' 효과의 대표적인 나노물질이 된다.

원소의 종류와 형성되는 온도나 압력 등의 조건을 조절한다면 우리가 원하는 2차원 평면 소재를 만들 수 있다. 그리고 그래핀처럼 단 한 종류의 원소인데도 원자 두께의 매우 얇은 평면구조를 만드는 물질들도 있다. 정확히는 들어본 적 없어 낯설 뿐, 예상보다 매우 다양한 종류가 있다.[12] 그래핀이 준금속의 성질을 보이는 우수한 전도체라면,[13] 이보다도 더 뛰어난 전도성을 갖는 금속 형태의 2차원 물질은 붕소로 이루어진 보로핀^{borophene}, 알루미늄의 2차원 평면 나노물질인 알루미닌^{aluminene}, 체온으로도 녹는 금속인 갈륨 평면인 갈레닌^{gallenene}, 안전한 무독성 금속으로 주목받는 인듐으로 구성된 인다이인^{indiene}이 있다. 물질의 이름과 구성 원소가 생소하지만, 초전도체나 기억장치, 태양전지와 에너지 저장에 높은 잠재력을 가져 기대된다.

그래핀과 같은 준금속 나노 소재로는 규소로 이루어진 실리신^{silicene}, 광섬유의 핵심인 저마늄으로 구성된 저메이닌^{germanene}, 주석 평면 물질인 스태닌^{stanene}, 독성 원소이기도 한 탈륨$^{thallium, Th}$으로 구성된 탈린^{thallene}을 꼽을 수 있다. 각각의 준금속 평면 나노물질은 중간적인 성질을 이용해 트랜지스터나 구조적으로 작동하는 절연체 등의 분야에서 쓰임새가 있다.

반도체의 성질을 갖는 평면 나노물질의 발견은 전자 및 전기 소자로 활용할 차세대 나노 소재 연구에서 가장 기대되는 성과다. 납으로 된 플럼빈^{plumbene}이나 무겁지만 독성이 낮아서 납을 대체하기 시작한 비스무트 평면구조인 비스무틴^{bismuthene}, 태양광 발전판의 재료이자 풍부한 칼코젠 물질인 셀레늄의 셀리닌^{selenene}과 텔루륨의 텔루린^{telluene}, 독성으로 활용이 제한적인 비소로 된 아르세닌^{arsenene}과 안티모니로 이루어진 안티모닌^{antimonen}이다. 가장 주목해야 할 반도체 평면 물질은 성냥의 점화 부위부터 콜라 등 탄산음료 보존제로도 사용되며 인체에 꼭 필요한 물질이기도 한 인의 한 종류인 포스포린^{phosphorene}이다. 인은 색상에 따라 적린, 백린, 자린 등 동소체가 있는데, 검은색의 흑린이 평면 소재이자 그래핀에는 없는 특별함이 있다. 그래핀이 보여주는 뛰어난 전기 전도성은 그 자체로 우수한 특성이지만, 조절될 수 없다는 어려움이 남는다. 너무 빠른 전달은 제어하기 어렵다는 문제로 연결되기 때문이다. 반면 흑린은 겹겹이 쌓인 층의 개수를 조절함으로써 전기 전도성을 자유자재로 바꿀 수 있다는 큰 강점이 있다. 물론 완벽한 물질이라면 이미 제품 제작에 사용되었을 테지만, 흑린은 산소와 수분에 약해 분해되는 단점이 있다.

우리가 전자기기에 기대하는 것은 단순하다. 더 빠르고 선명하게, 저렴하지만 안전하게, 긴 수명과 내구성, 원하는 형태로 필요한 장소에서 사용할 수 있다면 더 바랄 게 없다. 흐릿하게 잠시 타오르던 불빛이 몇만 시간의 수명을 갖는 밝은 LED가 되어 이 순간에도 머리 위를 밝히고 있듯, 모든 전자기기는 발전하고 있다. 회로의 형태나 구조, 기능의 추가, 소형화나 대량생산을 비롯해 모든 범위에서 퇴보가 아닌 진보가 조금씩이지만 이루어지고 있다. 그 핵심에는 이 모든 것을 구성하고 구현하기 위한 재료가 꼭 필요하다. 많은 것이 뒤섞인 낮은 순도의 기초적인 재료에서 하나의 물질, 한 종류의 원소로 이루어진 가장 특별하고 일정한 기능의 소재를 사용하게 되었다. 이제는 조금 더 나아가 인간이 물질을 다루는 화학에서 나노의 영역에 발을 딛고 미지의 첨단 문명으로 빠르게 들어서고 있다. 가장 작은 물질의 세계가 가장 위대한 문명의 문을 열었다.

7장

환경을 지키고
에너지를 만드는
나노기술

모으고 분리하고 분해하기

인간은 지구에서 살아간다. 조금 더 정확히는 지각에 발을 딛고 표면 위를 오간다. 가끔은 더 위로 올라가기도, 또 가끔은 표면 아래로 내려가기도 하지만, 사람 키보다 750만 배나 큰 거대한 지구에서 인간에게 허락된 영역은 매우 작다. 그야말로 수박 겉핥기에 그칠 뿐이다. 그런데도 우리는 주위의 모든 자연과 물질을 오로지 인간을 위해 가능한 만큼 마음껏 활용한다. 호흡하는 공기는 지구 표면 위 32km까지를 감싸고 있으며, 자원을 찾기 위해 이제껏 지표면 아래 12.3km까지 암석을 파헤쳐 내려갔다.[1] 지구의 기온과 기상 현상을 좌우하며 생명 유지에 꼭 필요한 물은 지구 표면 대부분을 덮고 있다. 우리는 강과 하천의 물을 사용할 뿐만 아니라 바다에서 식량을 양식하기도 하고, 소금과 화학 원소를 뽑아내며, 아득히 깊은 마리아나 해구Mariana Trench의 10,927m 심연까지 탐험하기도 했다.

환경을 사용하는 대가는 컸다. 시작은 눈에 보이지 않는 가장 작은 분자들에서부터였다. 내연기관이 화석연료를 태우며 발생하는 질소 산화물이나 황 산화물은 수증기와 그다지 다르지 않은 나노 이하의 크기여서 알아볼 수 없었다. 물론 기계장치를 개발하고 연구한 모든 사람은 화석연료의 부작용을 정확히 알고 있었겠지만, 실제로 사용하는 소비자에게는 크게 와닿지 않는 먼 미래의 위험이었다. 확연히 두드러지는 매캐한 검은 연기는 공포심을 간단히 불러일으키지만, 수많은 자동차가 늘어선 길가를 걸으면서도 듬성듬성 서 있는 가로수가 미약하게 만들어낼 산소의 상쾌함에 만족한다.

본격적인 첫 변화는 떨어지는 빗물에 녹아들어 고풍스러운 대리석 조각상과 철제 외벽을 부식시키기 시작한 산성비였다. 곧이어 독성 연기 안개인 스모그가 평소의 시야를 완벽히 변질시키고 호흡을 방해하는 순간이 왔다. 몇만 명의 사상자가 발생한 후 점차 대기 오염을 줄였으며 어느덧 깨끗한 하늘을 되찾은 것 같았지만, 나노 세계를 들여다본 순간 희망은 다시 깨졌다. 미세먼지를 넘어 크기가 단 2,500nm 이하인 초미세먼지로 하늘이 뒤덮여 있었고, 눈앞의 문제뿐 아니라 호흡기 질환이나 암의 발생을 꾸준히 늘릴 것이 확실했기 때문이다. 마스크 등을 써서 완화할 수 있는 미세먼지 이야기는 오히려 사소한 축에 속한다. 보이지 않는 아주 작은, 인간과 생명체 모두가 만들어내기에 큰 위협으로 생각지 못한 온실 기체들이 지구를 하루하루 더 뜨겁게 만들고 있다.

대기로 흩뿌려진 먼지와 화학물질은 빗방울을 타고 땅으로, 물로, 결국 바다로 흘러든다. 대기를 거치지 않고도 생활과 산업에서 쏟아지는 폐수들은 계속해서 더 큰 물줄기를 타고 모인다. 중금속의 유출로 인한 집단 중독과 사상자 발생은 그리 낯선 일이 아니다.

나노화학

동물의 위협색처럼 알록달록 다채롭거나 새카만 액체와 거품이나 기름이 떠 있는 폐수는 아무도 다가가려 하지 않는다. 오히려 투명하고 깨끗해 보이는 물이지만 눈에 보이지 않는 중금속과 독성 원소가 녹아든 경우가 더욱 위험하다. 플라스틱 문명이 널리 퍼지면서 몸속 호르몬 작용을 어그러뜨리는, 일명 환경호르몬 역시 물을 통한 유입이 문제 요소로 여겨졌다. 대기 중에서 아주 작은 독성 먼지들이 분석되었듯이, 최근에는 사용 또는 방치 과정에서 떨어져 나오는 미세 플라스틱이 어디에나 떠돌고 있다는 사실이 관찰되어 새로운 위험으로 여겨진다.

지구의 환경은 모두 하나로 연결되어 있다. 물의 순환은 바다와 대기와 땅을 오가며 이루어지고, 해류와 바람은 물질을 지구 곳곳으로 이동시킨다. 발생 원인 중 하나만 엄격히 틀어막는다고 나아질 수 없다. 세상의 모든 물질이 화학으로 이루어진 만큼, 문제를 일으키는 유해성 물질도 화학에 포함된다. 이 때문에 화학은 유해하며 위험한 학문이라는 오해도 계속해서 커져만 간다. 현재 우리가 처한 상황은 모두 필연적이다. 확실성과 불확실성 사이에서 효용성과 위험성의 무게를 저울질한 끝에 인간 모두가 선택한 모습이다.

화석연료인 석유가 처음 발견되었을 때는 쓸모없는 자원이었다. 지하수를 얻거나 광산을 개척하는 과정에서 예상치 못하게 솟구친 검은색의 미끈거리는 알 수 없는 액체는 자원이라기보다는 재앙이었다. 이제껏 파헤친 노력과 공간을 어쩔 수 없이 버리거나 옮겨서 처음부터 다시 시작해야 하는 적신호였을 것이다. 하지만 과학이 발전하고 화학이 확립되며 석유가 수많은 유기화합물로 이루어진

땅속의 자원이라는 사실, 구성하는 물질들의 서로 다른 끓는점을 이용해 분리할 수 있다는 기발한 생각, 불에 잘 타는 만큼 많은 양의 에너지를 포함한 유용한 연료라는 사실이 발견된다. 심지어 자연 친화적이지만 생산량이 한정된 천연 섬유나 소재보다(물론 천연 재료의 생산 과정마저 자연 친화적이라 할 수는 없다) 물성이 뛰어나고 유용한 플라스틱 등이 발명되면서 석유는 재앙에서 보물로 뒤바뀌었다. 석유가 매장되어 채굴할 수 있는 국가는 그 자체로 엄청난 부를 손에 넣었으며, 화석연료가 미비한 땅에 자리 잡았다는 이유만으로 그 외의 국가들은 무역과 협약으로 손을 벌려야 하는 상황에 놓인다. 그 편리함의 대가가 이제껏 이야기한 대기 오염과 미세먼지, 해양의 미세 플라스틱이다.

문명의 편리함을 누려왔지만, 그 핵심이 화학으로 해석해 생산하고 개량한 물질들인 만큼, 모든 책임과 원인이 화학에 있다는 이야기는 관련된 분야에서 지식과 실험으로 이바지해온 모든 사람에게는 낙인과도 같다. 언젠가 다가올 수 있는 잠재적인 위험성은 분명 이전부터 알고 있었지만, 포기하기에는 너무나 큰 이득이었다. 이제는 문제를 해결해야 할 시간이 되었고, 일을 시작한 사람들이 풀어내는 것이 가장 현실적일 것이다.

나노물질을 제거하는 나노물질

공기나 물, 토양에 존재하는 물질을 제거하는 가장 단순한 방법은 교육 과정에서 한 번쯤 접하는 '혼합물의 분리'다. 목표 물질을 선택적으로 녹이고 거름종이로 거르거나, 온도를 낮춰 더는 녹아 있지 못하도록 만들어 가라앉혀 모으기도 한다. 끓이거나 자석을 사용하고, 체를 이용해 크기별로 나누는 등 분리에 사용할 수 있는 방법은 다양하다. 단 하나의 문제점은 우리의 목표물인 나노 크기의 물질은 너무 작고 가벼워 단순히 거르거나 크기별로 분리할 수 없다는 것이다. 나노 크기 또는 그 이하의 물질을 제거하는 가장 유용한 도구는 또다시 나노 세계의 물질이 된다.[2] 크게 세 가지 방식으로 사실상 모든 물질을 제거할 수 있다. 원하는 위치에 모으고, 이들을 분리하거나 걸러내며, 더 직접적으로는 분해해서 제거하는 전략이다.

공기나 물을 통해 몸속에 들어온 독성 중금속을 제거하는 데는 화학적인 원리에서 하나의 가능성을, 그리고 생물학적인 반응에서 또 다른 가능성을 찾을 수 있다. 소듐이나 포타슘, 칼슘 등 주기율표의 1족과 2족에 자리한 금속들은 너무 많은 양이 들어오면 문제가 되기도 하지만, 신경 신호를 전달하거나 몸속 균형을 유지하는 등 필수적으로 섭취되고 남은 양은 간단히 배출되는 금속 원소들이다. 주의해야 할 원소들은 반도체나 나노 소재를 비롯해 나노화학의 실질적인 핵심이었던 전이금속 원소들이다. 금속의 공통적인 성질로는 비중이 높으며 전기 전도성이 뛰어나고 은백색의 광택을 갖는다는 점이 있다. 또 다른 공통점은 섭취되거나 자연환경을 떠돌 수 있도록 물에 녹는 이온 형태가 되었을 때 두드러진다. 바로 모든 금속은 전자를 잃어버린 양이온의 형태로 물에 녹는다는 것이다.

양전하와 음전하 사이에는 언제나 서로 끌어당기는 힘이 작용하는 것처럼, 전자를 잃어버린 중금속 양이온은 전자가 풍부한 질소나 황 같은 원소들과 작지 않은 친화성을 갖는다. 한 가닥의 거미줄에 잡힌 나비는 줄을 끊고 달아날 수 있지만, 여러 가닥의 거미줄에 붙잡힌다면 꼼짝할 수 없게 된다. 화학에서도 똑같은 장면을 목격할 수 있다. 양이온이 질소나 황에 달라붙는다면 다시 떨어져 나가겠지만, 두 개, 세 개, 심지어 여섯 개의 위치에서 동시에 달라붙는다면 붙잡힌 채로 남게 된다. 이를 게나 가재의 집게발, 새의 갈퀴, 동물의 발굽을 의미하는 그리스어에서 유래한 단어 '킬레이트 chelate'라 부른다. 가장 효과적인 킬레이트로는 여섯 개의 집게로 중금속을 가둬버리는 'EDTA'라는 화학물질이 있으며, 물이나 용액에 녹아든 금속을 잡아 제거하는 데 사용된다.

킬레이트 화합물을 이용해 수질 정화나 몸속에 쌓인 중금속을 제거하는 방식은 현재도 사용되고 있지만, 더 효과적인 나노물질을 이용한 방식도 관심을 받는다. 인체가 대상이라면 납이나 카드뮴 등의 독성 중금속을 EDTA로 제거하는 방식이 그다지 유리하지 않다. 대소변이나 땀, 호흡, 극단적인 경우는 구토로 몸속의 물질을 외부로 배출하게 되는데, 그중 가장 빠르고 많은 양의 수용성 물질을 내보내는 소변은 신장의 여과를 거치게 된다. EDTA에 붙잡힌 중금속들은 신장에 상당히 높은 독성을 보여 새로운 위험을 일으키기도 한다. 급박한 상황에서는 사용해야겠지만, 몸속에 쌓인 중금속을 계속해서 배출하는 조금은 느리지만 안전한 방식을 택하려면 비타민 종류가 쓰인다. 특히 피부의 항산화 효과를 얻고 몸속 기능을 조절하려고 섭취하는 비타민C는 식품이나 가공식품에서도 가장 쉽게 찾아볼 수 있는 영양소지만, 몸속 중금속 배출에도 뛰어난 효과를 보인다.[3]

환경 측면에서는 킬레이트 물질을 마음껏 뿌려서 정수해도 괜찮지만, 한없이 많은 물속 중금속을 모두 제거하려면 비용이 엄청날 뿐만 아니라 붙잡힌 중금속이 그대로 떠다니니, 제거보다는 잡아두는 것에 그친다. 붙잡은 다음 분리할 수 있다면 제거는 물론이고 모인 중금속을 다시 한번 필요한 곳에 사용할 수 있다. 지구에 매장된 원소가 무한정이 아니며, 끝없이 땅을 파헤쳐 금속을 얻으려면 더욱 심각한 환경 파괴가 일어날 수 있으니 분리에 최종 목적을 두는 방식이 더욱 현명할 수밖에 없다.

눈에 보이지 않는 나노물질의 분리 전략은 앞서 독특한 성질의 나노입자들을 이야기하며 살펴본 적 있다. 빠르게 회전시켜 원심력을 이용해 강제로 끌어내리는 방법과 자력에 끌려오는 성질을 갖는 자성 나노입자를 이용하는 것이다. 현실적으로 둘 중 어느 선택이 올바른지는 잠시만 고민해도 답을 찾을 수 있다. 지구의 물을 모두 모아 회전시킬 각오가 없다면 강력한 자석을 근처에 가져다 대고 떨어뜨리는 것만으로도 보이지 않던 알갱이들을 끌어당기고 다시 보내는 방식이 훨씬 편리하다. 킬레이트 역할을 할 수 있는 화학물질을 자성 나노입자 겉에 붙여 흩뿌린 뒤 모아서 분리하고 또다시 퍼트리는 작업을 반복한다면 물속의 유해 물질을 모으고 분리해 재활용할 수 있다. 물론 이 모든 과정을 자동화하기도 어려운 일이 아니겠다.

모으고 분리하는 것보다 더 간단한 방식은 분해다. 중금속은 더는 분해할 수 없는 원자여서 적용될 수 없지만, 환경호르몬이나 발암성 화학물질, 플라스틱이나 비닐, 심지어 수생태계를 크게 어지럽히는 녹조현상을 일으키는 남조류와 감염성 세균에는 분해가 파괴적이지만 가장 효과적인 대응법이다.

물질 분해의 첫 단계는 화학 구조의 끊어짐이다. 수많은 화학 결합 중 한두 개만 끊어진다고 과연 큰 차이가 발생할지 의심스럽지만, 화학물질은 아주 작은 변화나 차이 하나로도 본질이 달라진다. 음식의 간을 맞추기 위해 넣는 소금(염화 소듐)은 짠맛이 나지만, 소듐 대신 가장 유사하며 같은 그룹으로 구분되는 포타슘으로 교체된다면 약간의 짠맛과 더불어 씁쓸한 맛과 금속을 먹는 듯한 맛으로 바뀐다. 염소 대신 비슷한 크기의 수산화^{OH}로 바뀌면 더는 감미료가 아니라 위험한 염기성 물질이 되어 먹으면 사망할 수도 있다. 옷감을 물들이는 염료 분자들도 여러 개의 탄소와 산소, 수소 등이 정해진 방식대로 결합해 만들어진다. 이 중 한두 개의 결합만 끊어지더라도 이전까지 보이던 선명한 색상은 사라져버린다. 강한 햇빛 아래 오랜 시간 노출되면 천연염료로 물들인 옷감의 색이 흐릿하게 바래는 경험을 할 수 있다. 높은 에너지를 갖는 태양의 자외선이 염료 화학 분자들의 결합을 깨뜨리기 때문에 일어나는 일이다. 화학물질의 독성도 마찬가지다. 가장 흔히 언급되는 예로 입덧 완화제로 환영받던 탈리도마이드^{Thalidomide}라는 물질은 완벽히 똑같은 형태에서 딱 한 곳의 입체 구조만 반대로 바꿔도 기형을 유발하는 위험물이 된다. 하나의 작은 차이만 만들어낼 수 있다면 불쾌한 색상을 없애고 독성을 소멸시켜 환경 문제를 해결할 수 있게 된다.

자외선을 흡수하여 물 정화하기

지구로 쏟아지는, 인간에게는 시간적으로든 양적으로든 무한한 에너지의 보고인 태양광은 화학 구조를 깨뜨리고 바꾸는 작용으로 인해 살균과 소독, 물질의 분해에 쓰일 수 있다. 하지만 우리가 원하는 것은 조금 더 즉각적이고 효과적인 결과다. 이 순간에도 태양광은 닿는 곳의 문제들을 해결하고 있지만, 인간이 가정과 산업 현장에서 만들어내는 독성 물질과 오염 물질이 더 빠르게 늘어난다. 언제나 시간과 효율이 중요하다.

알 수 없는 물질이 혼합된 물을 정수할 방법은 상황에 따라 다르다. 단순히 세균을 비롯한 미생물을 제거하려면 열을 가해 끓이는 것만으로도 충분하며, 떠다니는 흙먼지를 배제하려면 가만히 놔둬 가라앉힐 수 있다. 이 방식들은 생존을 위한 식수를 구하는 데는 충분하지만, 보이지 않는 화학물질을 분해하기에는 부족하다. 더욱이 마시거나 씻기 위한 소량의 물이 아닌, 강과 호수를 이루는 막대한 양을 정수하기에는 곤란하다. 설령 호수 하나를 통째로 끓일 수 있다고 해도 세균과 함께 그 안에서 살아가던 생명체마저 몰살당할 테니 말이다. 화학 결합을 망가뜨릴 정도로 강한 에너지를 대가 없이 얻으려면 친환경적이며 얻기 쉬운 다른 형태의 에너지에서 전환해야 한다. 모든 화학물질이 전자들의 관계로 형성된다는 사실을

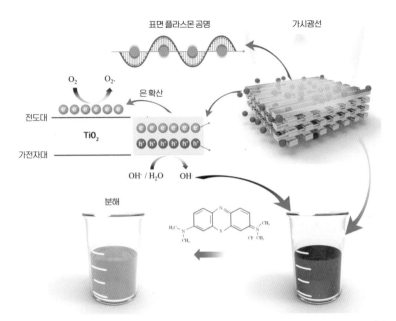

표면 플라스몬 공명　　　　　　　가시광선

O_2　$O_2\cdot$

은확산

전도대

TiO_2

가전자대

OH^- / H_2O　　OH

분해

[그림 7-1] 은-이산화 타이타늄 나노복합체 구조의 원리 은과 이산화 타이타늄 나노복합체에 가시광선을 쪼이면 표면 플라스몬 공명(SPR) 현상에 의해 광촉매 반응을 높인다.(출처: Z. -J. Zhao et al., Scientific Reports, 2017)

떠올린다면, 빛을 전자로 바꾸는 반도체 물질이 환경에서도 유용할 것을 짐작할 수 있다.

태양광 속 자외선을 흡수하고 다른 형태로 전환할 수 있는 물질을 '광촉매photocatalyst'라 부른다. 광촉매라는 용어가 조금은 위험하고 어려운 느낌이 들기도 하지만, 예상외로 안전하며 주위에서 바로 찾아볼 수도 있다. 여름철에 피부를 보호하려고 사용하는 자외선 차단제 등에 포함된 이산화 타이타늄이 대표적인 광촉매 나노물질이다. 티타늄이라고 불리기도 하는 타이타늄은 강철만큼 단단하면서도 훨씬 가볍고, 심지어 몸의 염증 반응이나 부작용을 일으키지 않을 정도로 생체 적합한 금속이어서 삽입형 보철이나 치아 임플란트의 주재료로 사용된다. 이산화 타이타늄 역시 FDA에 의해 안전한 물질로 구분되어 치약이나 식품 첨가제로도 사용된다.[4]

나노 크기의 이산화 타이타늄 알갱이에 햇빛이나 자외선을 쪼이면, 태양광 발전에서 반도체 물질이 전자(e^-)와 정공(h^+)을 분리하는 현상이 똑같이 관찰된다. 발전 과정에서는 생성된 전자와 정공의 흐름이 곧 전류를 만들어냈지만, 광촉매에서는 나노물질 표면에서 오갈 데 없는 전자와 정공이 주위의 화학물질로 옮겨가 반응을 일으킨다. 주위의 화학물질은 곧 풍부한 물이다. 흔히 물^{H_2O}에 전기를 흘려보내 수소와 산소 기체로 분해하는 반응이 전기에너지를 이용한 화학 반응의 기본적인 형태로 알려져 있다. 하지만 물은 지구의 생성 과정에서 탄생한 후 변질하는 대신 상태만 수증기와 물, 얼음을 오가며 변화할 만큼 매우 안정한 물질 중 하나다. 태양광을 받은 광촉매는 물을 완전히 분해해 기체를 만드는 대신, 전자를 받아 환원되거나 반대로 정공을 통해 산화되어 매우 높은 반응성을 갖는 라디칼이라는 홀전자 물질을 탄생시킨다. 온전한 화학 결합마다 전자 두 개로 이루어진다는 사실을 생각한다면, 전자가 하나인 물질은 어디에선가 전자를 빼앗아 안정한 형태가 되기를 갈구할 수밖에 없다. 이런 갈구가 곧 제거하려는 유해성 화학물질의 결합을 깨뜨리고 구조를 파괴하는 원동력이 된다. 그 대상은 작은 화학물질일 수도, 조금 더 커다란 세균이나 바이러스일 수도, 심지어 이미 찐득하게 늘어 붙어 포화한 녹조일 수도 있다. 아주 작은 나노 알갱이에서 시작된 폭력적인 라디칼은 주위의 물질을 깨뜨리며 정

수 작업을 시작한다.[5]

　유해 물질의 제거에 킬레이트를 통한 흡착이나 광촉매를 이용한 분해가 적용된다면, 이제껏 유용한 다른 에너지의 형태였던 열은 큰 도움이 될 수 없을까? 제거가 아닌 분리만 목적이라면 열은 더 직접적인 방식으로 우리를 돕는다. 흔히 오염된 물이나 그대로 마실 수 없는 바닷물로 둘러싸인 환경에 조난한 경우, 식수를 얻는 생존 수칙을 책이나 방송에서 배운 경험이 있다. 빗물을 받아 마신다는 자연 현상에 기댄 선택지도 있지만, 소변이나 바닷물을 증발시킨 다음 다시금 물의 형태로 응축시켜 모으는 기술이다. 가장 극단적인 방식으로 그 무엇도 포함되지 않은 순수한 물인 증류수를 얻으려면 물을 끓여 수증기를 모아 식히면 된다. 이 방식은 해수를 담수로 만드는 데도 사용될 수 있으며, 물보다 빠르게 휘발되는 많은 유기물질을 제거하고, 감염성 미생물을 박멸하는 데도 사용될 수 있다. 원하는 위치에서 친환경 에너지로 물을 끓이려면 아주 작은 영역에서 빛을 받아 열에너지로 바꾸는 나노물질의 광열변환 작용이 다시 한번 적용될 수 있다.

　특별한 파장의 빛을 흡수하는 금이나 은 같은 플라스몬 나노입자를 사용할 수도 있겠지만, 더욱 저렴한 가격으로 다양한 파장의 빛에너지를 모두 활용하려면 모든 빛을 흡수해 검은색으로 관찰되는 물질을 사용하면 좋다. 땡볕에서 빛을 흡수하는 검은색 옷을 입으면 모든 빛을 반사하는 하얀색 옷을 입는 것보다 더 심한 더위를 느끼는 상식이 이번에도 들어맞는다. 검은색 물질이라면 숯이나 흑연을 먼저 연상할 수 있듯, 탄소로 이루어진 그래핀이나 탄소 나노튜브

a

3 흡광 및 소수성
2 단열 및 친수성
1 대용량 물층

c

b 열 집약을 위한 대표적 구조

박리된 흑연
(흡광, 소수성 및 다공성)

탄소 폼
(단열, 친수성 및 다공성)

[그림 7-2] 태양광 증기 생성을 위한 이중 구조 태양광을 이용해 증기를 만들어냄으로써 태양열 변환 효율을 높이는 실험.(출처: H. Ghasemi et al., Nature Communications, 2014)

등의 물질은 이번에도 첫 후보로 꼽힌다. 실제로도 물의 정수에 숯이나 활성탄을 사용하는 것을 생각한다면, 탄소 물질을 물의 정화에 적용하는 데 거부감은 들지 않는다. 오히려 단순한 정수 과정에 태양광을 이용한 가열 살균과 증발까지 포함되니 매력이 커진다. 이와 같은 정수 방식을 '태양광 증기 생성solar steam generation'이라 분류하는데, 이론적 배경은 단순하지만 활용 가능성이 높아 최근 몇 년 사이에 급격히 연구되는 첨단 환경 응용 분야라 할 수 있다.[6]

나노화학이 전기를 만들다

발전이라는 단어만 본다면 대부분 더 좋은 상태, 더 높은 단계로 나아가는 긍정적인 의미를 떠올린다. 그리고 흔하지는 않지만, 개인의 관심사와 직종에 따라 모든 조명과 전자기기를 비롯한 첨단 문물을 사용하는 데 꼭 필요한 전기를 일으키는 작업 자체를 연상하기도 한다. 두 경우 모두에서 흔히 접할 수 있는 용어인 만큼 기본적인 지식도 풍부하다.

특히 전기를 만드는 과정은 가장 고전적이며 현재도 가장 큰 비율을 차지하는 석탄에 기반을 둔 화력 발전, 조금 더 '발전된 발전' 방법이며 친환경적이지만 만에 하나의 사건이 일어나면 돌이킬 수 없는 비극을 불러오는 원자력 발전이 익숙하다. 발전에서 친환경적인 방식의 중요성은 계속해서 높아지고 있으며, 중력에 의해 떨어지는 물이라는 당연한 과정을 통한 수력 발전이나 끝없이 반복되는 파도의 에너지를 이용한 파력 발전, 바람의 흐름이 만들어내는 풍력 발전이나 유출되는 지구 내부의 열기를 활용한 지열 발전 등이 대체 에너지의 대표적인 사례로 친근하다. 이제껏 살펴본 물질의 반도체 특성을 이용한 태양광 발전도 빠르게 성장하고 있으며, 미래 지구 환경을 지키려면 기존의 화력 발전에서 벗어나야 한다는 공감대가 모두에게 만들어져 있다.

중요한 점은 친환경 발전이라고 해서 모든 것이 완벽히 자연을 위해 구성되지는 않는다는 사실이다. 수력 발전과 물을 모아두려고 건설되는 인공적인 댐은 자연 생태계를 크게 망가뜨린다고 여겨지며, 태양광 발전은 광활하고 편평한 공간이 필요한 만큼 잘 자란 나무를 임의로 베어내거나 습지 등을 메워야 한다는 문제가 뒤따른다. 그 외의 친환경 발전들도 설치할 공간의 문제나 정상적으로 가동할 수 있는 지역에 한계가 있는 등 모든 면에서 완벽한 발전 방식은 아직 탄생하지 못했다. 여러 어려움과 한계가 있지만 친환경 발전은 화력 발전이나 원자력 발전에 비해 명확한 장점이 있다. 지구 온난화와 대기 오염의 주범인 이산화 탄소를 비롯한 온실 기체가 발생하지 않고, 주기적인 수선과 관리가 필요할지언정 한 번의 실수로 광범위한 지역이 오염되어 인류에게서 금지된 땅으로 낙인찍히지도 않는다.

어느 발전이든 기본적인 방식은 같다. 공기나 물 같은 유체의 흐름에서 에너지를 추출해 회전식 기계장치를 의미하는 터빈을 돌려 전기를 만든다. 터빈을 돌릴 에너지로 석탄의 연소에서 나오는 열을 이용하는지, 핵분열에서 생겨나는 열로 수증기를 만들어내는지, 또는 바람이나 물을 그대로 사용하는지만 다를 뿐, 최종 과정은 운동에너지를 전기에너지로 바꾸는 것이다. 에너지 변환 측면에서 태양광 발전은 가장 진보된 형태 중 하나다. 태양의 열기나 빛 에너지를 이용해 물을 끓여 터빈을 돌리는 다단계 반응 대신, 빛을 흡수해 전자를 만들어내는 반도체를 이용한 직접적인 에너지 변환이기 때문이다. 그렇다면 궁금증 하나가 뒤를 따른다. 전기에너지로의 전환, 곧 전자의 흐름을 만들어내기 위해서 태양 이외의 다른 무언가를 사용할 수는 없을까? 만약 가능하다면 더는 무언가를 태우고 쪼개고 끓이는, 약간은 위험하고도 번거로운 중간 과정 없이 진정 효율적인 방식이 탄생할 수도 있으니 말이다.

세상에서 가장 작은 발전소

전기는 발전의 목적이지만, 목적을 떠나서 전기를 찾아볼 수 있는 간단한 현상이 몇 가지 있다. 고무풍선을 털옷이나 머리카락에 잔뜩 문지르면 어느새 풍선 표면에 전기가 모여 머리카락을 공중으로 들어 올린다. 흐르지 않고 머물러 있는 전기라는 뜻의 '정전기static electricity', 또는 접촉이나 마찰로 표면에 정전기가 만들어지는 대전 electrification의 한 종류인 '마찰전기frictional electricity'다. 실제로 고대 그리스 최초의 철학자 탈레스Thales가 나무 수지의 일종인 호박amber에 묻은 먼지를 양모로 닦다가 처음으로 전기를 발견했던 일을 떠올린다면, 이 때문에 전기electricity라는 단어가 호박을 의미하는 그리스어 'ēlektron'에서 기원했다는 점을 고려한다면 가장 기초적이고 단순한, 하지만 이해하기 어려웠던 전기의 종류는 마찰을 통해 발생한

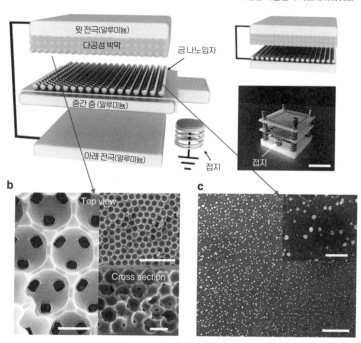

윗 전극(알루미늄)

다공성 박막

금 나노입자

중간 층(알루미늄)

아래 전극(알루미늄)

접지

접지

b

Top view

Cross section

c

[그림 7-3] **3층 구조의 마찰전기 나노발전기** 마찰전기를 이용해 전기를 발생하는 장치는 아주 작고 간단한 마찰전기 발생 소자가 수없이 많이 병렬로 늘어선 형태가 유리하다.(출처: J. Chun et al., Nature Communications, 2016)

정전기일 것이다.

물속 오염 물질을 분해하기 위해 태양광으로 나노물질의 표면에 전자와 정공을 만들 수 있었다. 만들어진 전하들은 어딘가로 흘러가 전기를 만들어내는 대신 표면에 멈춰 있었으며, 결과적으로 주위의 물이나 화학물질과 만나 화학 구조를 바꾸거나 라디칼을 만들어냈다. 태양광 발전을 위해서는 만들어진 전자와 정공이 자연스럽게 흘러갈 수만 있으면 된다. 그렇다면 마찰로 만들어지는 정전기도 흘러갈 수 있도록 길을 열어준다면, 그리고 계속해서 마찰이나 접촉을 일으킨다면 동작 외의 어떠한 재료도 필요 없는 발전 방식이 될 수 있지 않을까?

정전기라는 일상적인 표현 대신 조금 더 과학적인 용어를 쓰면 문지른다는 뜻의 그리스어 접두사 'tribo(τρίβω)'를 이용해 '마찰전기 효과^{triboelectric effect}'라 한다. 정전기의 발생에 마찰이 꼭 필요한 것은 아니다. 단순히 두 가지 물질이 접촉하기만 해도 전자가 이동한다. 어떤 물질들이 접촉하느냐에 따라 전자가 많게 또는 적게 이동하는지가 다를 뿐이다. 두 물질이 접촉하면 조건에 따라 서로 달라붙거나 바로 떨어지는 차이가 관찰되곤 한다. 접촉에서 일어나는 전자의 이동이 약한 화학 결합을 만들어 달라붙는 현상을 접착^{adhesion}이라 부른다. 처음의 물질 상태에서 전자가 이동하게 되면 자연스럽게 전하의 균형이 깨진다. 접촉이 해제되어 떨어지는 동안 물질의 종류에 따라 전자를 다시금 가져가기도 하고 그대로 남겨두기도 한다. 이 현상이 반복되거나 커지면 정전기가 발생한다. 접촉하는 면적이 넓고 촘촘하거나, 더 강하거나 깊이, 더 자주 접촉한다면 정전기의 양도 늘어난다. 마찰은 맞닿은 상태에서 접촉과 분리가 수없이 많이 여러 국소 영역에서 일어나는 만큼 정전기의 발생에 가장 큰 역할을 한다.

마찰전기를 이용해 전기를 발생하는 장치는 굳이 거대할 필요가 없다. 오히려 기존의 발전소처럼 거대한 장비를 이용해 접촉과 마찰을 일으키려면 매우 정밀하고 정교한 장치가 필요하며, 원하는 방식대로 정전기를 만들기 어려울 수도 있다. 아주 작고 간단한 마

나노화학

찰전기 발생 소자가 수없이 많이 병렬로 늘어선 형태가 유리하다. 작은 크기와 물질의 배열은 나노 크기의 물질이 배열되고 쌓인 형태에서 극대화된다. 가장 작은 발전소이자 전자의 현상을 사용하는 기술을 '나노 제너레이터nanogenerator'라 부른다.[7] 현상 자체는 간단하다. 마찰이 정전기를 만들고 우리는 정전기를 흘려보내 전기를 만든다. 무엇으로 얼마나 유용하게 사용할 수 있을지 발전 기술의 현 위치와 가능성, 전망을 알아보는 것이 나노 세계가 무엇을 바꾸고 있는지 느끼는 데 도움이 된다.

먼저 고민해야 할 것은 어떤 물질로 마찰할 것인가이다. 작고 가벼우며 가장 넓게 접촉하려면 점이나 선, 또는 덩어리진 형태가 아닌 넓고 납작한 2차원의 평면일수록 좋다. 이가 맞지 않는 톱니바퀴는 서로 부딪히고 헛돌기만 할 테니 너무 단단하고 울퉁불퉁해 부딪히고 마모될 복잡한 모양은 오히려 불편하다. 마찰을 견디며 맞닿은 상태를 유지하고 형태가 달라져도 다시 복구될 수 있는 고분자 물질이 적당하다.

전자의 흐름이 만들어지려면 전자를 내뱉는 제공자donor와 받아들이는 수납자acceptor가 서로 다른 물질로 구성되어야 한다. 전자 수납자로 가장 흔하게 사용되는 물질은 폴리테트라플루오로에틸렌polytetrafluoroethylene, PTFE라이라는 고분자다. 매우 낯설게 느껴지는 이름이지만, PTFE의 상품명인 테플론Teflon(듀퐁사)이라는 단어는 우리 삶 속에서도 쉽게 찾아볼 수 있다. 테플론은 일반적인 탄화수소가 갖는 모든 수소가 플루오린으로 치환된 독특한 물질인데, 이 때문에 고분자가 응집되는 성질이 강하다. 단순히 강하다는 말로는 부족하며, 지금까지 알려진 지구상의 모든 물질 중 가장 뛰어난 응집력을 갖는다고 설명할 수 있다. 압도적인 응집력은 테플론을 환상적인 재료로 만들어준다. 다른 물질이 침투해 뒤섞이거나 변질하지도 않고, 어딘가 끈적하게 달라붙고 접착되지도 않는다. 심지어 진한 황산이나 질산 같은 강산성 액체에 넣어도 녹지 않고 그 모습을 그대로 유지한다. 음식물이 달라붙지 않게끔 조리기구 겉면을 코팅하는 데 사용하기도 해서 테플론으로 코팅된 알루미늄 프라이팬을 테팔^{TefAl}이라 부르곤 한다. PTFE를 매우 빠르게 길게 늘여 섬유 형태로 만들면 고어텍스라는 매우 작은 구멍이 뚫린 옷감이 된다. 빗방울처럼 흔한 물방울보다는 20,000배나 작지만 땀 같은 수증기보다는 큰 구멍이어서 방수와 더불어 통풍 효과를 보여 유용하다. 그리고 마찰전기 발전에서는 전자를 끌어당기는 힘이 강한 플루오린이 PTFE를 전자 수납자로 쓰일 수 있게끔 돕는다. 이 외에도 소프트 리소그래피의 도장으로 쓰이던 PDMS나 플루오린이 풍부한 FEP 같은 고분자도 전자 수납자로 쓰인다.[8]

전자 제공자로는 정전기가 쉽게 발생하는 나일론이나 음료 용기를 만드는 PET 등의 고분자가 쓰이기도 하지만, 최근에는 알루미늄이나 구리, 은과 금을 포함한 여러 금속도 사용되고 있다. 수납자와 제공자로 작용할 수 있는 물질들이 접촉되어 눌리거나 반복적으로 휘어질 때마다 전기가 발생하는데, 이를 통해 작은 LED를 켤 수도 있고 운송과 저장을 통해 본격적인 발전에 쓰일 수도 있다. 특히 걷거나 굽히고 펴는 사람의 동작이 옷감의 접촉과 쓸림을 계속해서 만들어내는 만큼 마찰전기 발전은 생체 기반의 새로운 미래

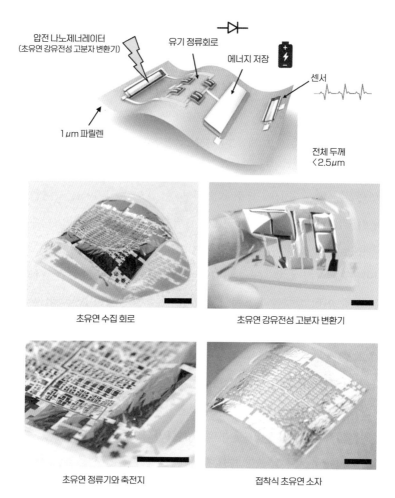

초유연 수집 회로

초유연 강유전성 고분자 변환기

초유연 정류기와 축전지

접착식 초유연 소자

[그림 7-4] **압전 발전 장치** 압전을 이용해 전기를 만들고 모을 수 있는 매우 유연한 발전 장치 실험.(출처: A. Petritz et al., Nature Communications, 2021)

기술로 주목받고 있다.

물질들이 맞닿고 문질러지며 전기를 만들 수 있다면 조금 더 간단한 방식으로도 기계적인 동작을 전기로 바꿀 수 있을 것이다. 바로 '압전^{piezoelectric}'이라는 현상을 이용하는 기술이다.[9] 누르거나 쥐어짜는 동작을 의미하는 그리스어 'piezein'에서 나온 이름인 만큼, 힘이나 무게를 이용해 소형 발전 소자를 눌러 전하의 축적과 전기의 발생을 만들어낸다. 가장 오래되었으며 흔한 압전의 사용 방식은 부싯돌이다. 물론 실제 황철석으로 이루어진 말 그대로의 부싯돌이나 생존용품으로 사용되는 파이어스틸은 마찰이나 충격에서 쪼개지는 작은 조각이 산소와 만나 불을 일으키는 방식으로 작용한다. 압전 불꽃은 연소 반응이 아닌, 버튼을 누르면 스프링에 의해 작동해 딸깍 소리와 함께 순간적으로 불꽃이 발생하는 식으로 이루어진다. 순간적으로 압력에 의해 발생하는 고전압은 연료에 점화해야 할 여러 장치에 사용되고 있으며, 시계나 마이크를 비롯한 다양한 장비에서도 성능을 높이는 데 쓰인다.

특별한 소재들이 만나 이루어지는 마찰도 유용하지만, 압력을 전기로 바꿀 수 있는 소자는 압력이 가해지는 모든 곳에 사용될 수 있어 잠재력이 높다. 하루에도 수천수만 번 이상의 압력이 가해지고 해소되는 차량용 도로나 보행 도로, 이와 맞물려 눌리는 바퀴나 신발 밑바닥 모두 압전이 가능한 곳이다. 물론 전기의 생성보다 어려운 부분은 이들을 이동시켜 모으고 저장하는 단계다. 발생하는 전기 신호 자체를 이용할 수 있는 간단한 부분에서는 이미 압전 기술이 사용되기 시작했다. 자동차의 타이어 압력을 측정하는 센서를 대표적으로 떠올릴 수 있다. 세라믹 나노물질을 이용한 압전 에너지 수집 기술은 계속 개선하는 중이다. 하지만 압전 기술을 이용한 발전은 에너지 소비가 큰 장비를 단독으로 계속해서 가동하기는

나노화학

힘들어서 아직은 출력을 개선해야 할 분야다.

아직 상용되지 못한 발전 아이디어

화력발전소에서 물을 가열해 터빈을 돌리는 일차원적인 작용과는 다른 방식으로 열을 전기로 바꾸는 기술도 있다. 첫째로 우주탐사선이나 자동차, 스마트워치 등에 쓰이는 열전이다. 1821년 토마스 제베크Thomas J. Seebeck는 두 종류의 금속 또는 반도체를 접합했을 때, 두 부분의 온도가 다르면 열전기력에 의해 전류가 흐르는 현상을 발견한다. 이는 두 종류의 반도체를 접합한 후, 한쪽 부분만 절연물로 가열하면 전류가 발생하도록 활용할 수 있다. 지상에서는 태양열이 닿는 부분과 그 반대쪽의 온도 차이를 이용한 열전발전이 가능하며, 인체에서는 물질이 몸에 닿아 따뜻해진 면과 반대쪽 차가운 면 사이에 전류의 흐름이 생겨난다. 사실상 연료를 공급할 수 없는 인공위성이나 우주탐사선에서도 방사성 붕괴를 통해 꾸준히 열을 발생하는 플루토늄plutonium, Pu이나 폴로늄 같은 원소로 오랫동안 전력을 만들어 장치를 구동할 수 있다. 이미 물을 끓이는 용도로 열을 사용하던 발전소에서 버려지는 열을 다시 한번 사용할 수 있으니 열전발전은 모든 다른 발전의 추가적인 재활용 수단이 되기도 한다.[10]

태양광을 이용해 전기를 만들고, 다시 전기를 소모해 LED를 밝혀 빛으로 바꾸었던 것처럼, 열전의 정반대 방향으로 구동하는 소

자도 있다. 1834년 프랑스의 물리학자 장 샤를 펠티에^{Jean Charles A.}

Peltier는 물체의 양쪽 끝에 두 종류의 도체를 연결한 후 전류를 흘려 보내 가열과 냉각이 각각 발생하는 현상을 관찰한다. 전류로 온도를 조절할 수 있다는 점은 인간이 필요한 장소에 원하는 온도 조건을 설정할 수 있는 장치의 개발과 연결된다. 바로 냉매나 압축기 없이 전기만으로 작동하는 냉장고다.

열과 관련된 두 번째 이론이 적용되기 시작한 것은 오래지 않지만 이론 자체는 장구한 역사가 있다. 무려 기원전 314년 아리스토텔레스의 제자 가운데 한 명이었던 테오프라스토스^{Theophrastos}는 수정의 일종이자 전기석이라고도 불리는 투르말린을 가열하면 주위의 톱밥이나 지푸라기를 끌어당기는 신비한 모습을 보인다고 기록한다. 특정한 물질이 가열되거나 냉각될 때 순간적으로 전압이 발생하는 이 현상을 불^{pyro}과 전기의 합성어인 '초전^{pyroelectric}'이라고 부른다. 앞서 살펴본 열전과 전혀 다른 원리로 발생하며, 극저온에서 저항이 사라져 자석 위로 물체가 떠오르는 초전도^{superconduction}와도 전혀 다르다. 고체 물질은 구성 원자가 어수선하게 뒤섞인 비정질과 정해진 위치에 가지런하게 배열된 결정성으로 나뉜다. 열이 가해지면 가지런하던 결정 속에서 원자들의 위치가 조금씩 자유롭게 틀어지는데, 이 작은 변화에서 극이 생겨나며 전압이 발생한다. 균형이 맞춰진 시소 위에서 위치를 조금만 바꿔도 어느 한쪽으로 기울어지는 것과 같다. 초전 현상을 일으키는 물질은 1,000여 종 이상 발견되었고, 작은 열로 순간적으로 발생하는 전압을 측정하는 센서로 사용하기에 적합하다. 발전 방식으로도 일반적인 내연기관의 효율에 가까운 물질이 계속해서 발견되고 있지만, 아직 상용화에 이르지는 못한 미래 신기술 중 하나로 구분할 수 있다.[11]

　온도나 압력의 차이가 균형을 깨뜨려 순간적으로 높은 전압을 만들어낼 수 있다면, 또 다른 도전이 가능해진다. 온도만큼이나 일상적이고 중요한 환경 조건인 습기도 하나의 균형 요소가 될 수 있다. 흔히 습도는 전 지구적인 작용을 통해 기후나 환경이라는 거대한 조건에서 조절되는 특징으로 여기기 쉽다. 하지만 밤과 낮의 기온 차이가 거대한 만큼, 비나 안개로 습도가 자주 바뀌는 지역도 다양하다. 더욱 고무적인 측면은 우리가 호흡하면서 들이마시는 대기와 커다란 물주머니라고도 볼 수 있는 몸속에서 내뱉는 날숨은 습도가 다르다는 점이다. 걷는 동작과 휘젓는 팔에서 압전과 마찰전기를 끌어모으려는 것처럼, 우리의 호흡을 활용한 습도차 발전도 최근 연구 분야에서는 높은 관심을 끌고 있다.

환경 파괴에 맞서는 새로운 방법

먼 과거부터 인간의 생명과 안전을 위협하는 대상은 어디에나 숨어 있었으며 다양한 방법으로 이를 극복해왔다. 거대한 육식동물의 습격은 무기와 함정을 이용한 사냥으로 두려움의 꺼풀을 벗기 시작했고, 새롭게 개발된 자동차 등 빠르고 강한 운송 수단과 충돌하는 사고는 법과 규정으로 계속해서 개선하고 있다. 주위의 모든 생명체와 도구, 사물은 시행착오를 여러 번 거치며 위험성을 벗고 유용함으로 바뀌어왔다.

우리가 맞닥뜨린 위험성은 이제 거대한 대상에서 눈에 보이지도 않을 정도로 작은 쪽으로 옮겨가고 있으며, 그 파급력은 두려울 정도다. 새로운 위협은 산업이 발달하면서 공기 속을 가득 채운 미세먼지, 지구 기후 변동에 가속도를 붙여가는 온실 기체, 새롭게 출몰하고 변이하는 병원균과 바이러스, 편리함에 가려진 채 사람 몸속에서 모든 호르몬 기능을 뒤섞는 교란 물질 외에도 다양하다. 위험 물질의 크기가 클 때는 오히려 간단했다. 거름종이나 필터로 걸러내는 것만으로도 상당량을 제거할 수 있었다. 전에는 이처럼 물리적인 제거 방식이 핵심이었다면, 말 그대로 나노의 세계에 가까이 접근한 새로운 위협을 제거하는 데는 새로운 기술이 필요했다. 이열치열이나 이한치한이라는 말마따나 화학물질 규모의 세계에서 일어나는 일을 제어하고 극복하는 데는 다시 한번 화학이 제격이다.

가장 파괴적이며 극단적인 유해 물질 제거 방식은 바로 직접적인 분해다. 물리적으로 잘게 자르는 것으로는 부족하다. 만약 플라스틱 조각을 자르고, 갈고, 으깨고, 분쇄해 보이지 않을 정도로 나눠놓는다 해도 더 염려스러운 미세 플라스틱으로 바뀔 뿐 안전해지는 것과는 아무런 관계가 없다. 하지만 화학적으로는 다른 이야기로 흘러갈 수 있다. 여름날 자연을 물들이는 식물의 초록색은 엽록소라는 탄소와 산소, 질소가 고리 모양으로 짜인 작은 분자에 의해 만들어진다. 분자의 크기가 작은 만큼, 하나만 바뀌어도 완전히 다른 결과를 낳는다. 엽록소의 한가운데 박힌 마그네슘$^{magnesium, Mg}$을 철로 바꾸고, 고리 가장자리의 작은 곁가지 하나만 교체하면 붉은색으로 변한다. 사람을 비롯한 척추동물의 몸속에서 산소를 옮기는 적혈구 속 가장 작고 중요한 색소인 헴^{heme}이 된다.

분해의 첫 단계라 할 수 있는 결합의 절단은 확연한 변화를 만들어낸다. 초록빛 엽록소가 다른 무엇인가로 바뀌는 현상은 날이 조금씩 서늘해져 가을에 접어들면 어디서나 보인다. 단풍이 든다고 표현하는 식물의 노화는 엽록소의 고리 한 곳을 끊어 분자가 길쭉한 모양으로 풀려난 결과물이다. 헤모글로빈을 구성하는 붉은 혈색소 헴의 노화는 의외로 더 흔하다. 노화되거나 죽은 헴은 적혈구에서 빠져나와 몸 속 여러 대사 과정을 거치며 고리 한 곳이 깨지고 주위 곁가지가 조금 더 잘려 나가 노란색으로 보이는 유로빌린 urobilin이 되어 소변으로 몸에서 빠져나간다. 더러운 오물로 여겨지는 샛노란 색의 소변은 생명을 유지할 수 있게끔 쉼 없이 산소를 나르던 적혈구가 분해된 부산물인 것이다.

화학 구조가 잘리거나 변화하며 단순히 색이 바뀐다거나 쓸모가 다함을 이야기하려는 것이 아니다. 잘린 엽록소는 광합성을 할 수 없으며, 분해된 헴은 산소를 나르지 못한다. 결합이 하나만 다르더라도 완전히 다른 물질이며, 그들의 기능, 즉 특성이 조금의 유사성도 없을 정도로 바뀔 수 있다.

높은 에너지를 가하면 인위적으로 화학 결합을 끊어서 구조를 파괴할 수 있다. 고기를 불에 구울 때 색이 변하고 향이 발산되며 새카맣게 타들어 가는 모습은 모두 화학 결합과 구조의 변화에서 온다. 하지만 직접적으로 고온의 열을 이용하는 것은 에너지의 효율성 측면과 안전성 측면 모두에서 큰 장점을 찾아볼 수 없다. 오히려 조리 과정에서 여러 개의 방향성 육각형 탄소 고리가 연결된 발암성 화합물polycyclic aromatic hydrocarbon, PAH이 연기를 타고 발생해 환경과 보건 문제가 뒤따를 뿐이다. 조금 더 직접적이며 효과적인 유기 구조의 분해는 높은 에너지를 갖는 빛에서 완성된다. 천연염료로 염색한 직물이 태양광에 자주 노출되며 색이 바래 점차 노랗고 하얗게 변해가는 모습이나, 컵라면 용기에 늘어 붙은 붉은색 고추기름이 햇볕에 내어두면 며칠 새 색을 잃고 깨끗해지는 사례에 해당한다. 태양광, 그중에서도 유독 강한 에너지를 갖는 자외선은 화학

나노화학

물질의 결합을 이루는 전자를 들뜨게 만들어 다른 위치로 가거나 연결 방식을 바꾸도록 몰아세운다.

전자를 들뜨거나 튀어나오거나 옮겨가도록 하려면 단순히 태양광 아래에서 시간이 흐르기를 기다리는 것만으로는 부족하다. 그런 변화가 우리 희망대로 빠르게 일어날 수 있었다면 두 가지 결말 중 하나가 그려졌을 것이다. 청소부처럼 태양이 지구에 떠도는 독성 유기물질을 자연스럽게 분해해 우리가 환경을 우려할 필요가 없었거나, 반대로 인체를 구성하는 유기물도 태양광 아래에서 빠르게 부서져 환경을 걱정할 우리가 없었을 것이다.

조금 더 섬세한 태양광의 활용과 전자의 제어가 필요하다. 비슷한 이야기를 이미 여러 차례 함께 나눈 기분이다. 바로 반도체 물질을 이용한 광촉매의 차례다.[12] 정확히는 높은 표면적과 에너지 간격 조절이 가능한 반도체성 나노물질이 사용된다. 태양광을 흡수해서 발생한 들뜬 전자와 그 전자가 이동한 빈자리에 남은 정공은 흐름을 통해 전류를 발생시키는 대신 이름 그대로 화학 반응을 더욱 빠르게 만드는 촉매 역할을 하기 시작한다. 나노물질의 표면에서 들뜬 전자는 주위 유기물로 옮겨가며 환원을 일으키고, 정공은 주위 유기물의 전자를 빼앗으며 산화를 진행한다. 산화와 환원이라는 대표적인 화학 반응이 동시에 진행되며 인접한 모든 것을 빠르게 바꾼다. 포도주 속 에탄올이 산화되어 시큼한 아세트산으로 변하는 것과 전혀 다르지 않다. 에탄올이라는 쓸쓸하며 마시면 뇌가 마비되는 화학물질이 산화를 통해 산성 물질의 일종인 아세트산으로 변한 것이다. 이 변화는 생체 교란 물질로 언제나 언급되는 비스

페놀A나 벤젠과 페놀, 나프탈렌류의 PAH 등이 본질을 잃고 새로운 물질이 되도록 변화시켜 독성을 세상에서 지운다.

유기물의 분해는 곧 더 큰 대상을 배제하는 데로 이어진다. 적어도 지구와 태양계, 인간의 인지가 닿는 범위 안에서 기계 또는 무기물로 이루어진 생명체는 존재하지 않는다. 탄소의 연결과 다른 원소들의 조합으로 머리끝부터 발끝까지의 모든 것이 이루어지는 만큼(뼈도 칼슘이 대부분이지만 콜라겐 등의 유기물이 다수 뒤섞여 있다) 광촉매를 이용한 화학적 분해는 생명체에게도 적용된다. 그렇다고 사람이나 동물을 살상할 용도로 적용된다는 의미는 아니다. 얼마든지 가능하겠지만, 역사 속 끝없는 전쟁에서 더 효과적이고 저렴한 무기들이 만들어져왔으니 적어도 당장 광촉매를 그런 용도로 쓸 일은 없다.

2차 오염 없는 정화와 항균

작은 세계에 접근하려면 더 작은 도구가 필요하다. 광촉매 나노물질은 하나씩 집어 빼내거나 단순히 걸러내는 것으로 해결될 수 없는 아주 작은 생명체에 유용하다. 물론 환경과 보건에 위험 요소로 작용하는 세균(박테리아)이 주된 목표다. 인간이 수많은 물질이 제각각 작용하며 고도로 정교하게 짜인 결과물이듯, 작은 세균도 세포벽과 내부의 유전정보를 포함한 섬세한 유기물로 이루어진 자연의 창조물이다. 광촉매가 산화 또는 환원을 일으킨다면 세균의 구

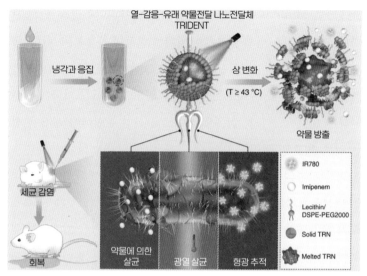

열-감응-유래 약물전달 나노전달체
TRIDENT

냉각과 응집 → 상 변화 (T ≥ 43 ℃)

약물 방출

세균 감염

회복

약물에 의한 살균 | 광열 살균 | 형광 추적

○ IR780
○ Imipenem
Lecithin/ DSPE-PEG2000
● Solid TRN
● Melted TRN

[그림 7-5] 나노물질을 이용한 박테리아 대처법 근적외선 활성화 트라이던트는 항생제 내성 박테리아를 죽일 수 있다.(출처: G. Qing et al., Nature Communications, 2019)

조나 기능이 달라져 자연스럽게 사멸로 이어진다.

꼭 빛이나 열, 다른 작용이 포함되어야만 나노물질이 보건 환경에서 쓰임새가 생겨나는 것은 아니다. 구리가 포함된 항균성 필름으로 손이 많이 닿는 엘리베이터의 버튼이나 손잡이를 덮어둔 모습은 전염성 질병이 자주 발생하는 요즈음 어디서나 찾아볼 수 있다. 또한 세탁기나 손 세정제, 칫솔, 공기 청정 필터까지 간혹 '은 나노입자 함유'라는 표기가 눈에 띄기도 한다. 은이나 구리는 설명 그대로 세균을 죽이는 성능이 있는 원소다. 정확히는 세균 속으로 은과 구리가 녹아 들어가며 이온의 형태로 강력한 독성을 발휘한다.

아무리 은과 구리가 유용하다고 해도 값비싼 금속인 이들을 얇은 금속판이나 포일 형태로 가공해 온갖 곳을 감싸는 것은 불가능하다. 가능하더라도 도둑맞을 위험성이 높을 수밖에 없다. 남은 선택지는 가장 적은 양의 재료로 광범위한 면적에 활용할 수 있는, 독성이 없으면서 보이지 않을 크기로 제조하는 나노입자가 된다. 특히 구리나 은은 같은 족으로 구분되는 금과 더불어 크기나 형태를 원하는 대로 조절하기 쉬운 원소이므로 산업 분야에서 관심을 받는 것도 자연스러운 과정이었다.

작은 크기의 위험을 떠나 조금 더 직접적인 환경 파괴에 대처하는 나노물질과 화학도 살펴보자. 가장 쉽게 연상되는 것은 나노 필터의 쓰임새다. 물이나 공기 등 매질에 떠다니는 작은 알갱이를 걸러내는 가장 간단한 방식은 섬유가 촘촘하게 짜인 필터를 이용하는 것이다. 알갱이가 작을수록 더욱 가느다란 섬유로 빼곡하게 필터를 구성해야 하며, 이를 위해 나노미터 두께의 섬유를 사용해야 한다. 더 신기하고 새로운 나노섬유의 이용은 해양 기름 유출을 해결할 가능성으로 알아볼 수 있다. 최근 기술은 물고기가 바닷물을 입으로 들이마신 후 플랑크톤을 비롯한 먹이는 아가미로 걸러내 섭취하고 물만 배출하는 방식을 인공적으로 구현한다. 플랑크톤과 물이 섞이지 않는 것처럼, 섞이지 않는 물과 기름을 분리한다면 지금처럼 흡착포를 사용하는 것보다 자원 소모나 부가적인 폐기물 생성을 줄일 수 있다.

연구진은 실제로 사용하기 쉬운 스테인리스 철망에 산화 코발트 Co_3O_4 나노물질을 키워 물고기의 아가미 기능을 모사했다. 철망의 구멍 크기에 따라 물의 통과 여부가 결정되었으며, 실험 결과, 물 위에 떠 있는 유출된 기름을 쓰레받기로 먼지를 모으듯 빗면으로 쓸

나노화학

어주는 것만으로도 분리가 이루어졌다. 물은 망 아래로 떨어져 다시금 바다로 흘러가고, 기름은 흡착시키거나 불로 태우는 작업 없이도 빗면을 타고 올라가 저장고 속에 깨끗이 회수할 수 있었다.[13]

우리는 눈앞의 거대한 환경 문제를 완화하기 위해 또 다른 환경 오염을 만들곤 한다. 화석연료 문제를 해결하려고 태양광 발전에

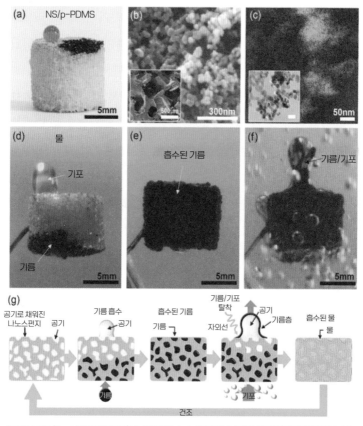

[그림 7-6] 나노 스펀지의 기름 흡수 및 제거 수소성 코팅 스펀지로 기름을 흡착해 회수하는 방식이다.(출처: D. H. Kim et al., Scientific Reports, 2015)

주목하지만, 태양광 발전판을 만들면서 생겨나는 화학물질과 중금속 문제가 조금씩 고개를 들고 있다. 수력, 풍력, 태양광 발전을 위해 설치하는 설비들은 산과 들판을 흉측하게 깎아내 지역의 원주인인 동물들에게는 비극이다. 편리해지고자 사용하는 화석연료가 유출된 바다를 복구하려고 기름망으로 바다 위에 모아 불태우거나 흡착포를 썼지만, 오염의 위치가 수질에서 대기로 옮겨갔을 뿐임은 불편한 진실이다. 우리가 지향해야 할 방식은 아가미를 나노소재로 구현했듯 파생되는 오염 없이 처음 상태로 되돌리는 친환경적인 방식일 것이다.

물과 섞이지 않지만 기름과는 높은 친화력을 보이는 소수성 코팅 스펀지 등으로 기름을 흡착해 회수하는 방식도 유용하다. 기존의 물품에 큰 변화 없이 새로운 기능을 부여하는 데는 나노물질과 기술이 중요하게 작용한다. 온실 기체인 이산화 탄소를 금속 원소와 유기화합물이 연결되며 만드는 나노 크기의 금속-유기 격자metal organic framework, MOF의 공간에 가둬 회수하려는 시도, 귀금속 원소들이 혼합된 촉매 변환기로 유독성 기체를 독성 없는 물질로 바꾸는 작업, 전기 대신 태양광을 이용해 수소나 산소를 만들고 연료를 합성하는 모든 노력은 나노물질과 나노화학의 탄생과 맞물려 빠르게 새로운 시대를 열어가고 있다. 볼 수 없던 시절에는 환경적 유해 요소인 먼지와 다를 바 없던 나노물질이 이제는 환경을 보존하는 데 앞장서고 있으니 흥미롭다.

8장

나노물질로
화학 반응을
지배하다

촉매, 효소, 나노물질

각 원자의 개수와 순서에 따른 배치는 화합물이라는 결과로 물질 특유의 성질을 결정한다. 두 개의 탄소, 여섯 개의 수소, 한 개의 산소로 이루어진^{C_2H_6O} 화합물이라도 산소의 위치에 따라 성질은 전문적인 화학 지식과 경험 없이는 예측조차 하기 어려울 정도로 달라진다. 산소가 가장 끝에 연결되면 술이나 소독약으로 사용되는 에탄올^{CH_3CH_2OH}이 되어 물과 섞이며 독성이 낮은 화합물이 된다. 하지만 산소가 중간에 놓이면 물과 섞이지 않고 쉽사리 휘발되는 다이메틸에터^{CH_3OCH_3}라는 물질이 탄생한다.

그렇기에 화학 반응을 설계하고 수행하는 화학자에게 결과물의 동질성은 중요한 요인이다. 높은 수율, 부반응과 불순물 없이, 빠르고 안전하게 목표 물질을 합성하는 것은 탄소 골격의 유기화합물을 추구하는 데 가장 기본적이자 최종적인 목적이다. 가장 달성하기 어려운 요건이기 때문이다. 한 종류의 최종 생성물만 만들어내는 화학 반응일지라도 넣어준 양의 1~2%만 성공한다면 효용성이 없을 것이고, 빠르고 간단히 완료되더라도 제거하기 어려운 유독성 또는 위험성 불순물이 뒤섞이는 반응은 아쉽게도 결격 사유가 된다. 사실 해결책은 간단하다. 깔끔하게 목표 물질만 만드는 화학 반응이 잘 진행되도록 실험 조건을 다시 고민하거나, 불필요한 물질이 뒤섞이는 반응의 조건을 정교하게 조절해 하나의 목적지를 향한 일방통행으로 다시 설정하는 것이다. 다행히 이 두 아이디어는 하나로 연결된다.

우회하여 산에 오르다

화학 반응의 형태는 다양하다. 앞서 요리를 예로 들었듯이 불이나 빛이라는 직접적이고 강한 에너지에 드러내거나, 고르게 퍼트릴 수 있는 용매에 넣고 끓이거나 찌는 방식 등에서 시작된다. 화학자가 조절할 수 있는 환경 요소가 수없이 많은 듯하면서도 의외로 한정적이다. 재료 물질의 초기량이 많을지 적을지와 연관되는 '농도', 화학 반응이 진행될 환경이 기체일지 액체일지, 또는 서로 다른 각각의 혼합물일지를 의미하는 '용매', 조리 시간과 맞물리는 '반응 시간', 그 외에도 혼합 방식의 차이나 첨가되는 또 다른 물질들을 고민해볼 수 있다.

모든 조건이 중요하겠지만, 기존 화학 반응에 첨가되는 새로운 물질로 뒤바뀌는 화학 반응의 경로와 평형이 가장 흥미롭다. 화학 반응의 경로는 출발지(반응물)에서 목적지(생성물)까지 이르는 과정을 의미한다. 화학 반응도 우리의 일상과 크게 다르지 않다. 높은 산이나 나지막한 오르막길을 넘어가야 할 때도 있고, 반대로 가파른 내리막길을 멈추지 못하고 달려가기도 한다. 높은 산일수록 넘는 데 더 많은 에너지가 필요하며, 가장 높은 지점을 지난 후에는 별다른 조절 없이도 편하게 나아갈 수 있다. 화학의 에너지 산은 '활성화 에너지'라 불린다.

화학 반응에서 열을 가해 끓이거나 전기 불꽃, 초음파 또는 빛을 가하는 작업은 모두 활성화 에너지 장벽을 넘기 위한 채찍질인 셈이다. 쉽게 진행될 수 없는 화학 반응이더라도 반응물에 충분한 에너지와 기회가 주어진다면 화학 반응이 이루어질 수 있다. 물론 그 과정에는 더욱 빠르고 효율적으로 진행되는 것 역시 포함된다. 하지만 높은 에너지가 언제나 성공적인 결과로 이어지지는 않는다. 산 정상에 다다른 사람에게는 하산할 경로를 선택할 순간이 주어지는데, 원하는 목적지가 아닌 엉뚱한 장소로 발걸음을 옮기게 될 수도 있다. 우리는 이 불편한 종착점을 '부산물by-product'이라 일컫는다. 불순물이나 오염, 의도한 반응의 손실과 같은 의미다.

촉매는 이 모든 문제를 해결하기 위한 기발한 발상이다. 가령 높은 산에 올라가야 한다면 굳이 일직선을 고집할 필요는 없다. 조금은 옆으로 구불구불 돌아가더라도 정상을 향해 다가갈 수 있으며, 걸어야 하는 거리는 더 늘어나더라도 드는 힘은 확연히 줄어든다. 화학 반응과 촉매에 대한 가장 큰 오해는 촉매가 산의 높이 자체를 낮춰주는 역할을 한다고 착각하는 데 있다. 촉매는 정해진 장벽을 낮추는 대신 우회할 수 있는 샛길, 쉼터, 징검다리를 제공한다. 촉

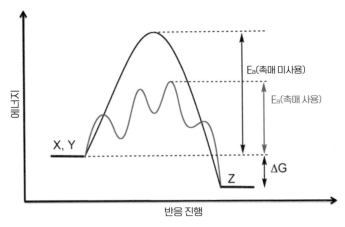

[그림 8-1] 촉매의 반응 진행 촉매 효과가 여러 단계에서 발생하는 과정을 보여주는 표. 촉매가 반응 속도를 늦추어서 대체 경로를 제공한다.(출처: 위키백과)

매가 있는 화학은 없는 것과 비교해 경로와 특징이 완벽히 똑같지 않다. 하지만 우리 눈앞에 드러나는 최종 결과는 똑같다.

촉매의 가장 극적인 등장은 많은 글에서 다루듯 프리츠 하버^Fritz Haber^의 암모니아 합성이다. 코를 찌르는 자극적이고 충격적인 냄새, 때에 따라 지린내로 묘사되기도 하는 암모니아는 질소 하나와 수소 세 개만으로 이루어진 아주 작고 가벼우며 간단한 물질이다. 하지만 암모니아를 만드는 과정은 순탄치 않았다. 모든 문제는 질소에 있었다. 지구 공기 중 무려 78%나 차지하는 질소가 어째서 호흡이나 화학 반응에 관여하지 않을지를 고민해본다면 누구나 이유를 추측할 수 있다. 질소는 너무나도 안정하고 게으른 기체다. 모름지기 화학 반응을 통해 시작 물질이 변형되거나 새롭게 만들어지려면 처음의 틀을 벗어던져야 한다. 파괴가 새로운 창조의 시작이

나노화학

라는 표현이 가장 잘 들어맞는 것은 화학일지도 모른다. 질소 원자들 사이의 결합을 단호히 끊고, 대신 수소와 새롭게 연결한다면 암모니아의 냄새가 피어오를 것이다. 질소는 몇몇 금속들 간의 결합을 제외하고는 가장 많은 결합의 개수로 구분되는 삼중의 결합이어서 단순히 뜨겁게 채찍질하는 것만으로는 끊을 수 없을 정도로 아득히 높은 에너지의 장벽이 가로막고 있다는 사소한 문제만 제외한다면 말이다.

인간 앞에 놓인 현실적인 어려움에도 질소를 사용해야 할 이유는 너무나 명확했다. 식물이 자라는 데 필요한 가장 중요한 세 가지 원소(포타슘, 인, 질소) 중 하나였으며, 식물도 질소 기체를 호흡할 수는 없었기 때문이다. 뿌리혹박테리아와 공생함으로써 질소를 얻거나 가끔 내려치는 벼락의 어마어마한 에너지에서 발생하는 질소 화합물을 이용하는 것이 전부였다. 토머스 맬서스^{Thomas Robert Malthus}가 예언한 기하급수적인 인구 증가를 산술급수적인 후생(특히 식량)이 감당하지 못해서 필연적으로 뒤따르게 되는 빈곤이라는 덫에서 벗어나기 위해서라도 질소를 다루는 능력은 중요했다.[1]

공기로 비료를 만들어 곡물의 재배하고 식량을 생산하기까지의 과정은 이제 '공기의 연금술' 같은 말로 멋들어지게 표현된다. 질소를 암모니아로 변환하는 촉매의 시작은 우리 주위 어디서나 찾아볼 수 있는 원소였다. 바로 금속인 철과 열을 이용해 벼락의 도움 없이도 게으른 질소를 유용한 화합물인 암모니아 형태로 변환했다.

촉매의 특징은 화학 반응의 속도를 빠르게 또는 느리게 바꿀 수 있다는 점과 소모되지 않는다는 것에 있다. 일반적으로 원하는 화학 반응을 빠르게 끌어내는 용도로 사용되지만, 반대로 반응 속도를 늦추기 위한 촉매도 있다. 반응의 속도를 느리게 만든다는 표현으로 인해 모호함이 발생하기도 하지만, 촉매의 작용 방식이 활성화 에너지라는 장벽과 관련되었다는 사실을 기억한다면 오히려 간단하게 이해된다. 반응 속도를 늦추는 '부촉매negative catalyst'는 에너지의 장벽이 더욱 높아지는 경로를 형성해 느려지거나 거의 진행되지 않을 정도로 억제한다. 어차피 진행될 화학 반응을 느리게 제어하는 것이 어떤 쓸모가 있을지 고민해본 경험이 있다면, 억제한다는 표현을 통해 중요성을 체감할 수 있다. 실제로 대표적인 부촉매는 과산화 수소H_2O_2의 자발적인 분해를 막는 인산H_3PO_4이나 아황산소듐Na_2SO_3의 산화를 억제하는 알코올 첨가제 등이다.

부촉매의 유용함도 인상 깊지만, 우리에게 주어진 한정된 시간을 더 현실적이고 효율적으로 사용하도록 돕는 '정촉매positive catalyst'의 반응 가속은 경제, 산업, 화학 측면에서 매력적이다. 철을 촉매로 사용해 암모니아를 비교적 손쉽게 얻는 것 외에도 중요한 모든 물질의 생산과 가공에는 촉매가 쓰인다. 화학의 역사 속 큰 흐름의 시작이자 전 세계에서 가장 많이 생산되는 화학물질로 꼽히는 진한 황산H_2SO_4의 공정 과정에서는 오산화 이바나듐V_2O_5이 촉매로 사용된다. 황을 태워 발생하는 이산화 황SO_2은 공기 속 산소와 만나서 자연스럽게 삼산화 황SO_3으로 바뀌지 않는다. 질소와 철의 관계처럼 바나듐 촉매가 그런 변화를 끌어낸다.

원유를 작은 조각으로 분해해 휘발유나 경유, 석유 가스 등을 만드는 크래킹cracking에도 제올라이트zeolite라는 작은 구멍이 잔뜩 뚫린 물질이 촉매로 쓰인다. 대기 오염을 일으키는 자동차 배기가스 속 유해 기체를 무해하게 변화시키는 데도 백금이나 팔라듐, 로듐 rhodium, Rh을 비롯한 귀금속 원소들이 촉매로 쓰이고, 탄소 골격의 구조를 바꿔 고효율의 연료를 만들거나 고무 생산에 사용할 재료를 만드는 공정에도 염화 알루미늄^{AlCl_3}이 촉매로 쓰인다. 생소한 촉매들과 쓰임새일지라도 화석연료의 사용과 환경을 염두에 둔 뒤처리가 가장 중요한 시대를 살아가는 우리에게 촉매는 가장 핵심적인 단계를 틀어쥐고 있음을 부정할 수 없다. 촉매 없이는 이 모든 물질의 생산이 멈추게 될 테니 말이다.

우리 몸에 작동하는 나노 효소

한정된 시간과 유의미한 반응 속도라는 관점에서 촉매에 주목한다면, 주인공은 자연스럽게 '효소enzyme'로 넘어가게 된다. 한정된 시간이란 생명과 직결된다. 우리 개인에게 주어진 가장 긴 시간은 세상을 살아가는 80~100년 남짓한 생애다. 살아 있기 위해서는 1년의 계절 변화를 견디고 1일의 밤낮과 기온 변동을 무사히 넘겨야한다. 하루 몇 번의 식사와 소화, 영양소 흡수를 성공적으로 끝내야함은 당연하고, 매 순간 들이쉬고 내쉬는 공기를 온몸으로 퍼뜨리는 가장 중요한 활동도 만만치 않다. 성장을 위한 세포의 분열과 증식이나 다음 세대로 생명을 넘겨주기 위한 유전 정보의 복제도 아무 제약 없이 진행될 리 없다. 만에 하나 장벽 없는 내리막길을 달

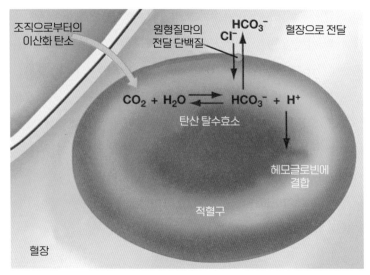

[그림 8-2] **염화물의 이동** 사람 몸속의 이산화 탄소는 산탄의 형태로 바뀐 후 이온 상태로 혈액에 녹은 채 이동하다가 폐에 도착하면 다시 이산화 탄소 상태로 되돌아간다. (출처: 플리커)

리듯 생화학 반응이 일어난다면 끝없이 분열하고 증식하는 암이 되어버린다.

우리 몸에서 지금도 가장 바쁘게 일하는 효소 중 하나는 '탄산 탈수 효소carbonic anhydrase'라는 혈액 속 물질이다. 사람은 호흡을 통해 산소를 공급받고 사용한 후 이산화 탄소의 형태로 배출한다. 상상 속에서는 적혈구가 산소 방울을 싣고 세포에 옮겨준 후 세포의 대사 과정에서 발생한 이산화 탄소를 다시금 싣고 폐로 이동해 던져줄 듯하다. 하지만 현실은 산소 분자가 적혈구 속 붉은 색소 물질인 헴에 화학 결합한 상태로 혈액을 타고 이동한다. 이산화 탄소는 조금 더 크게 우리의 기대를 깨뜨린다. 기체의 상태도 아닌, 탄산의

나노화학

형태로 바뀐 후 이온 상태로 해리되어 혈액에 녹은 채 이동한다.

$$CO_2 + H_2O \rightarrow H_2CO_3 \rightarrow H^+ + HCO_3^-$$

마치 탄산음료처럼 액체에 녹은 채 옮겨진 이산화 탄소는 최종 목적지인 폐에 도착하면 정반대의 화학 반응을 통해 처음 상태로 되돌아간다.

$$H^+ + HCO_3^- \rightarrow H_2CO_3 \rightarrow CO_2 + H_2O$$

제아무리 몸속 부분에 따라 산성도를 비롯한 환경이 다르다지만, 완벽히 반대되는 방향의 화학 반응이 숨 쉬는 몇 초 사이에 오고 갈 수는 없을 것이다. 탄산에서 물 분자를 제거해 이산화 탄소를 만드는 폐의 화학 반응은 실제로 5초의 반감기(물질의 초기 양이 절반으로 줄어드는 데 드는 시간)가 필요하다. 분명 우리는 5초보다 짧은 간격으로 호흡하고 있다. 이산화 탄소를 배출하려면 화학 반응 속도를 급격히 빠르게 만들어줄 요소가 필요하다는 의미이며, 그 역할은 생체 촉매, 곧 효소가 맡고 있다. 실제로 탄산 탈수 효소는 무려 770만 배나 빠르게 이루어지는 우회로를 제공한다.

'카복시펩티데이스 A carboxypeptidase A'라는 효소는 단백질의 특정한 부분을 분해하는데, 7.3년의 반감기를 1,900억 배라는 상상하기 힘들 정도의 비율로 단축한다. 효소가 없었다면 단백질을 섭취해 아미노산으로 분해하는 과정이 평생토록 횟수를 손으로 셀 수 있을 만큼만 가능할 뻔했으니 효소의 중요성이 더욱 와닿는다. 이 외에도 인간의 생애를 넘어설 정도의 중요한 생명 화학 반응은 산재했다.

활동하는 데 필요한 에너지와 관련된 물질이기도 하며 DNA를 구성하는 네 가지 조각 중 하나인 아데닌^{adenine}과 관련된 '아데노신 일인산 뉴클레오시데이스$^{AMP\ nucleosidase}$'가 없다면 반감기는 69,000년이다. 고대 이집트 문명이 시작되어 현재에 이르기까지 물질은 절반에 한참 미치지 못할 정도만 반응에 참여했을 것이다. 그리고 이 효소는 6조 배 가속하는 경로를 찾아내 초당 60개 이상의 물질이 반응하도록 상황을 반전시킨다. 가장 극단적인 경우는 DNA의 구성 요소인 피리미딘^{pyrimidine}을 생체 합성하는 화학 반응인데, 반감기는 백악기 후기에서 지금까지의 시간인 7,800만 년이다. 그리고 기대를 저버리지 않고 '오로티딘 탈탄산효소$^{OMP\ decarboxylase}$'는 14경(140,000,000,000,000,000) 배만큼 빠른 우회로를 만든다.[2]

효소가 반응 속도를 과감하게 높일 수 있는 것은 선택성이 있기 때문이다. 주위 모든 화학 반응에 참여하는 게 아니라 정확히 들어맞도록 설계된 단 하나 또는 한 종류의 화학 반응에만 적용되니 부담 없이 사용될 수 있다. 반응에 대해 최적점이 있는 것처럼 효소가 작동할 수 있는 온도나 산성도, 보조 물질의 환경 역시 최적화된 조건이 있다. 투명한 달걀흰자에 열을 가하면 단단히 굳어지며 처음 상태로 돌아갈 수 없는 것처럼, 단백질로 이루어진 효소도 높은 온도에 노출되면 변성되어 모든 기능을 잃어버린다. 일반적으로 몸속

나노화학

에서 활성을 보이는 만큼 체온과 같은 온도에서 가장 뛰어난 가속 효율을 보인다. 완벽하고 정교하게 설계된 생체 화학 반응의 조절 능력은 분명 매력적이지만, 그 효용성을 더 폭넓게 사용하려는 순간에는 독이 된다. 정교하지만 들어맞지 않거나, 간단히 이가 나가 버리는 톱니바퀴와 같다.

촉매나 효소의 작용을 새롭게 만들어내기 위해서는 나노물질과 나노화학이 대안이 된다. 사실상 모든 촉매 반응은 물질의 표면에서 일어난다. 직접적으로 물질이 변화하거나 결합 또는 분리되려면 접근할 수 없는 깊은 내부 물질이 아닌, 부딪히고 달라붙는 자리인 표면이 유일한 공간일 수밖에 없다. 같은 부피여도 표면적이 거대한 나노물질은 표면이라는 특성을 이용할 수 있는 최선이다. 화학물질이 달라붙는 선택성은 나노물질이 어떤 종류의 원소로 구성되었는지에 따라 달라질 것이다. 화학 반응에 대한 선택성 역시 나노 세계에서 조절될 수 있는 필요조건이 되는 셈이다.

점차 드러난 촉매와 효소의 기본 원리와 더불어 가장 작은 세계에서 물질과 화학을 다루는 지식이 확보됨으로써 인류의 기술을 나노 촉매라는 새로운 영역으로 끌어들였다. 가장 작은 세계의 가장 거대한 화학이 본격적으로 작동하기 시작한다.

나노물질을 촉매로 사용하는 사례는 앞서 몇 차례 살펴보았다. 정확히는 태양광이나 근적외선 등 원하는 파장의 빛을 이용해 전자를 이동시키거나 활성산소종을 만들어내고, 나아가 오염 물질과 감염성 세균을 죽여 없애는 광촉매가 있었다. 빛은 분명히 거리와 공간의 제약을 가장 적게 받는 에너지 공급 방식이어서 유용했다. 하지만 많은 경우 정확한 파장과 출력의 빛을 넓은 영역에 공급하기는 현실적으로 어려우며, 완벽히 조절된 방식으로 원하는 결과만 나오도록 제어하는 것 또한 어려워 보인다.

선택적으로 화학 반응을 보일 촉매 또는 효소를 나노 세계에 접목할 수 있는지 자세히 들여다보려면 조금 더 구체적인 화학 반응을 대상으로 삼는 것이 좋다. 화학 반응을 통해 분자를 연결하거나 끊고 뒤바꾸는 가장 본질적인 화학에 말이다. 최초였으며 가장 많은 부분이 밝혀진 나노물질인 금 나노입자를 첫 대상으로 삼아보자. 금은 변질하지 않으며 독성이 없고 가장 안전하며 안정한 원소이자 물질임을 수없이 되뇌고 있다. 그렇다면 금은 비활성 기체와 마찬가지로 그 무엇과도 반응하지 않는 상태로 머물러야만 한다. 물론 에너지를 공급하면 그 변함없음을 뒤틀어 환경 변화를 끌어낼 수 있었다. 빛을 쪼여 열로 바꿈으로써 주위의 온도를 조절해 종양 조직을 불태운다거나 하는 목적으로 금 나노입자의 안정성을 변화시킨다.

금의 촉매 기능 중 가장 뜻밖의 사실은 알코올을 산화시키는 능력이 있다는 점이다. 과거에는 포도주를 납으로 만든 주전자에 담아두거나, 감미료를 만들기 위해 납 냄비에 넣고 졸여 사용했다. 과발효된 포도주는 알코올이 산화되어 신맛이 나는 아세트산으로 바뀐다. 그리고 아세트산은 납과 화학 반응을 일으켜 단맛을 내는 아세트산 납[lead acetate]이 되어 먹기 불편했던 신맛 나는 포도주를 맛있게 만들어준다. 물론 이런 방식으로 단맛을 추구한다면 독성 중금속인 납에 중독되어 비참한 결말을 맞이하겠지만, 적어도 과거에는 유용했다.

반대로 포도주를 금으로 만든 용기에 넣어둔다면 평소보다 빠르게 과일식초로 변할 것이다. 액체에 녹아 있거나 공기 속에 있는 산소가 금 표면에 달라붙으며 알코올[-CH₂OH]을 알데하이드[-CHO]를 거쳐 아세트산[-COOH]으로 점차 변화시킨다. 비록 납은 화학 반응에 직접 참여했으니 촉매라 부를 수는 없지만, 적어도 두 종류의 금속이 하나의 화학 반응에서 정반대의 결과를 가져왔음을 고려할 수 있다.

더 나은 촉매를 찾으려는 시도들

달콤해지는 포도주나 빠르게 만들어지는 식초도 흥미롭지만, 그리
고 용매이자 소독약이고 술이며 유기화학 반응의 좋은 재료인 알
코올이나 산성 물질인 아세트산(범용적인 용어로 카복실산$^{carboxylic\ acid}$이
라는 갈래로 구분)도 흥미롭지만, 가장 중요한 것은 산화의 중간 단계
처럼 이야기된 알데하이드다. 알데하이드는 탄소와 산소가 이중결
합(C=O)으로 연결된 카보닐이라는 분류로 묶이는데, 탄소보다 전
자를 끌어당기는 힘이 강한 산소가 많은 양의 전자를 빼앗아 가므
로 언제나 전자가 부족한 상태의 탄소가 만들어진다. 전자가 부족
할 때 양(+)이온이 만들어지던 것처럼 부분적으로 전자가 부족하면
오히려 전자가 여유롭고 풍부한 다른 원소 또는 분자를 끌어오거
나 결합하려 한다. 이 때문에 촉매 없이는 한없는 시간을 섞어두어
도 서로 이끌림이나 연결됨이 생겨나지 않을 물질들이 관측이 가
능한 시간 안에서 화학 반응을 일으킬 수 있는 일종의 '활발한' 물
질이 알데하이드라고도 말할 수 있다.

알코올을 '화학적으로' 더욱 유용한 알데하이드로 만드는 방법
도 오랫동안 연구되어왔다. 강한 산화 반응으로 인해 카복실산까
지 변환되지 않고 일종의 중간 산화 단계에서 멈추도록 조절하는
것이다. 나노물질을 사용하기 전에는 금속으로 이루어진 화합물을
통해 이루어졌다. 존스 시약$^{Jones\ reagent}$이나 염화크로뮴산 피리디늄
$^{pyridinium\ chlorochromate,\ PCC}$, 콜린 시약$^{Collins\ reagent}$처럼 크로뮴이 포함된
약한 산화제를 사용하거나, 다이메틸설폭사이드$^{dimethyl\ sulfoxide,\ DMSO}$

를 이용한 스원Swern 산화법, 템포tetramethylpiperidine 1-oxyl, TEMPO라는 산화제를 사용한 방법 등으로, 환경에 유해하며 인체에 유독하고 복잡한 방법이라는 문제가 있기는 하지만, 알데하이드로 바꾸는 데는 유용하다.

전문 화학자에게는 위험성이나 어려움이 심각한 축에 속하지 않는 정도의 물질과 반응이지만, 구태여 독극물을 묘사하듯 과장해서 이야기한 것은 나노 촉매에는 이런 한계점이 없다고 해도 무방하기 때문이다. 같은 크로뮴 물질이어도 알코올 산화의 종착지가 달랐듯, 금 나노입자도 알데하이드에서의 반응을 원하는 지점에서 멈출 수 있다. 반도체 물질이나 탄소 소재를 비롯해 다양한 지지체에 고정한 금 나노입자는 조절된 화학 촉매 작용을 보인다.[3] 바꿔 말해 한정된 촉매의 사용 범위를 벗어나 얼마든지 원하는 대로 설계할 수 있다. 나노화학에서 강조하던, 작은 조각들을 마음대로 바꿔 조립해서 특별한 완성품을 창조할 수 있으리라는 기대가 촉매 화학 분야로 들어서며 현실임을 체감하게 된다. 물론 이 모든 과정에는 나노물질의 작은 크기와 거대한 표면적도 한몫한다.

나노 소재를 촉매로 사용하려는 시도는 금을 시작으로 빠르게 널리 퍼졌다. 정확히는 이전에 모든 원리가 밝혀져 과학 및 산업에 사용되던 방식들이 나노화학을 기틀 삼아 대체될 수 있을지에 대한 시도다. 대표적인 사례가 2010년 노벨 화학상의 주인공이자 여러 단계를 거쳐야만 달성할 수 있었던 탄소-탄소 결합을 만드는 팔라듐 촉매 교차 결합 반응이다. 리처드 헥Richard Heck과 네기시 에이이치根岸英一, 스즈키 아키라鈴木章가 1979년 보고해 현재 가장 많이 사

[그림 8-3] 팔라듐 결정체 팔라듐을 촉매로 사용해서 탄소-탄소 결합을 만들 수 있다.(출처: 위키백과)

용되는 탄소-탄소 교차 결합 반응은 두 종류의 유기화합물을 연결하는 효율적인 기술로 구분된다. 실제로 탄소끼리 연결해 더욱 긴 사슬을 만드는 것은 의약품의 합성이나 화석연료의 변환을 비롯해 온갖 분야에서 환영받는 기술이다. 1912년 노벨 화학상을 받은 빅토르 그리냐르Victor Grignard의 유기-마그네슘-할로젠X(X=염소, 브로민bromine, Br, 아이오딘) 결합 시약,[4] 가장 최근인 2022년 노벨 화학상을 받은 클릭 화학Click chemistry 역시 화합물을 연결하는 새로운 기술을 핵심으로 한다.

팔라듐 촉매 교차 결합 반응도 완벽하지 않다. 예외적으로 적용되기 어려운 상황은 제외하더라도, 가장 흔히 언급되는 한계점은 촉매로 사용되는 팔라듐이 값비싼 귀금속이라는 데 있다. 더 적

나노화학

은 양으로 효율적인 화학 반응을 빠르게 이뤄내기 위해 팔라듐 촉매의 구조를 계속해서 개량해왔지만, 여전히 값비싼 원소가 사용되어야 한다는 부분은 부담으로 남아 있다. 또한 의약품이나 식품 등 인체와 직접 연관되는 물질은 생산에 사용된 촉매를 비롯한 불순물이 완전히 제거되어야만 한다. 팔라듐은 독성이 심한 중금속은 아니지만, 약물에 남은 팔라듐 촉매는 문제를 일으키기 충분하다. 실제로 의약품 3kg을 생산하기 위한 원재료 화합물의 가격이 250,000달러라 할 때, 화학 반응을 위해 필요한 팔라듐 촉매의 가격은 40%에 달하는 100,000달러다. 게다가 사용한 팔라듐 촉매를 제거하는 정제 과정에는 30,000달러가 더 들어간다.[5]

촉매를 제거하는 데 비용이 많이 드는 이유는 생각보다 다양한 문제를 일으키기 때문이다. 심지어 최근까지도 문제가 반복되고 있다. 2003년 영국에서는 한 연구팀이 팔라듐 대신 구리와 전자기파를 이용해 탄소-탄소 결합을 만들려고 도전했다. 실험은 성공했지만, 최종 결론은 실패였다. 예상하지 못했지만 화학 반응은 성공적으로 진행되었고 연구진은 모두 흥분에 휩싸였다. 하지만 발표 후 연구진이 미국 코네티컷으로 근무지를 옮긴 후 갑작스럽게 모든 '팔라듐 무첨가' 촉매 반응은 거짓말처럼 단 한 번도 재현되지 못했다. 추적 끝에 드러난 원인은 간단했다. 영국에서 사용하던 영국 화학업체의 시약들에는 미국 제품에서는 완전히 정제되어 사라진 팔라듐이 50ppb(=0.0000001%)가량 남아 오염되어 있던 것이다.

가장 최근에는 2021년 중국 연구팀이 금속 없는 탄소-탄소 결합에 성공했다고 보고한 적이 있었다. 과학은 가려져 있을 수는 있지만 거짓말하지는 않는 만큼, 연구팀은 온 힘을 다해 팔라듐을 제거했다. 우리에게는 색소 분리에 유용한 기술로 친숙한 크로마토그래피로 정제하고, 팔라듐을 잡아채서 떨어뜨리는 제거제(스캐빈저)를 넣어 또다시 제거한 후, 금속을 녹이는 강한 산성 물질인 질산을 이용해 남아 있을지 모르는 팔라듐은 다시 한번 제거했다. 팔라듐이 어떤 형태로도 더는 남아 있을 수 없을 만한 상황에서 의도대로 결합 반응은 성공했다. 하지만 오랜 경험상 팔라듐이 어딘가 숨어 있어 생겨나는 기이한 일이라고 확신하던 전 세계의 많은 화학자가 팔라듐을 찾아 나섰다. 그리고 오래지 않아 수많은 정제 시도에도 불구하고 살아남은 팔라듐이 유기물에 달라붙은 형태로 작용하는 것을 확인했다.[6]

나노화학과 촉매의 아름다운 결합

팔라듐 대신 다른 촉매를 발굴하려는 노력은 비용과 오염의 우려로 인해 끝없이 진행 중이다. 이제는 니켈이나 구리, 철처럼 더 저렴한 금속 원소를 촉매로 사용하는 교차 결합도 보고되었다.[7] 그리고 나노화학은 다른 접근 방식을 이야기한다.

화학 반응이 일어나는 형태는 플라스크 속 찰랑대는 용액이거나 보이지 않지만 격렬하게 뒤섞이고 있는 기체인 경우가 많다. 촉매도 이 속에 뒤섞여 화학 반응을 가로막는 에너지의 장벽을 극복할 수 있게 돕는다. 각기 다른 특성을 갖는 여러 종류의 물질을 섞어둔 상태를 혼합물이라고 부른다. 그리고 화학물질과 촉매의 혼합물은 상의 차이에 따라 두 종류로 나뉜다. 층이 갈라지지 않는 액체와 액체의 혼합, 또는 기체와 기체의 혼합처럼 같은 상으로 이루어진 '균일homogeneous' 혼합물, 그리고 액체와 고체 또는 액체와 기체처럼 구분되는 상으로 이루어진 '불균일heterogeneous' 혼합물이다.

균일과 불균일 형태의 촉매는 각기 명확한 장단점을 갖는다. 균일상의 촉매라면 완벽히 뒤섞이므로 가장 효율적이고 빠르게 작용할 수 있다. 하지만 완벽히 뒤섞였기 때문에 마지막 분리 과정이 복잡하고 수고롭다. 반대로 불균일상의 촉매는 노출된 촉매의 가장 바깥쪽 표면에서만 실질적인 화학 반응이 일어나므로 속도 측면에서는 약간의 단점이 있다. 그러나 거르거나 자석으로 끌어당기고, 용기에 넣고 빠르게 회전시켜 원심력을 작용시키는 등 다양한 방식으로 손쉽게 분리 및 회수할 수 있다. 거의 모든 경우 촉매가 값비싼 귀금속 원소임을 고려할 때 불균일상 촉매의 회수와 재사용은 일시적인 반응 속도의 불리함을 뒤엎는 강력한 장점이 된다.

나노물질은 눈에 보이지 않는 아주 작은 고체 알갱이 형태로 원소들이 쌓여 있는 것이라서 액체나 기체 반응 어디에 포함해도 불균일 촉매가 된다. 균일상 촉매보다는 덜 섞이지만 단순한 불균일상 촉매보다는 부피 대비 표면적이 압도적으로 넓다. 큰 알갱이의 불균일상 촉매보다는 분리하는 데 에너지와 시간이 조금 더 필요한 때도 있으나 균일상 촉매보다는 회수와 재사용의 가능성이 확연히 높다. 값비싼 촉매와 분리 비용, 오염의 가능성을 갖는 탄소 교차 반응에서의 팔라듐도 나노입자의 형태로 적용되며 새로운 유

용함이 주목받고 있다.[8]

　나노화학과 촉매의 결합은 가장 아름다운 독창성과 다양성으로 이어진다. 만약 철을 촉매로 사용한다면 우리에게 주어지는 선택지는 몇 종류의 철의 상태와 산화수(금속 상태의 Fe^0, 2+ 산화수의 FeO, 3+ 산화수의 Fe_2O_3, 2+와 3+의 혼합인 Fe_3O_4)가 전부다. 하지만 다양한 합성 기술로 만들어지는 철 및 산화 철 나노입자라면 크기와 형태에서부터 차이가 드러난다. 결정상crystallinity을 시작으로 결정들이 하나의 선 또는 면을 기준으로 맞닿은 쌍결정형성twinning도 어떠한 화학 반응에 이바지할지 결정짓는 새로운 요소가 된다.

　변화를 주기 시작하면 나노 촉매의 가치가 한 번 더 높아진다. 화합물과 혼합물이 구분되었던 것처럼 두 가지 물질의 혼합이 반응 없이 새로운 특성으로 바뀌는 경우는 흔치 않다. 소금과 설탕은 미각을 기준으로 짠맛과 단맛이라는 독특한 성질을 갖는다. 그리고 소금과 설탕을 혼합해 맛봐도 두 맛이 함께 느껴질 뿐, 맵거나 떫거나 시다는 새로운 성질로 바뀌지 않는다. 별개의 방식으로 준비된 두 종류의 촉매도 제각기 독립적인 화학 반응에 이바지할 뿐, 완전히 새로운 기능이나 효율이 나타나지는 않는다. 물론 하버-보슈법을 통한 암모니아의 합성에서 철과 산화 알루미늄 등 몇 종류의 물질이 서로 달라붙어 함께 촉매로 작용하기도 한다. 하지만 근본적인 조합과 변형은 물질의 합성 단계부터 보텀업 방식으로 설계할 수 있는 나노물질에서 극대화된다.

　몇 종류의 원소가 완전히 균일하게 뒤섞인 합금은 가장 흔한 종류다. 합금의 특별함은 건축이나 제조 모든 분야에서 잘 드러난다.

녹이 슬지 않는 금속, 부딪혀도 불꽃이 발생하지 않는 금속, 가장 가벼우며 튼튼한 금속 등 현대 기술의 발전에는 합금이 핵심을 차지해왔다. 촉매에서도 크게 다르지 않다. 오히려 더욱 독특하기도 하다. 촉매로 흔히 사용되는 귀금속 중 로듐은 높은 가격대를 형성하고 있다. 귀금속과 사치품의 대명사인 금보다 최소 2배 이상 비싸다. 심지어 금조차 녹이는 강산 혼합물인 왕수$^{Aqua \, regia}$에도 완전히 녹지 않아 전자기파를 쪼이는 등 더욱 격렬한 환경을 만들어야만 한다. 주기율표에서 로듐의 왼쪽에는 태양광 발전을 비롯해 광촉매에 자주 사용되는 루테늄$^{ruthenium, \, Ru}$이 자리 잡고 있고, 오른쪽 옆에는 탄소 교차 결합 반응의 핵심이던 팔라듐이 있다. 루테늄은 로듐에 비해 1/10가량, 팔라듐은 1/4가량 저렴한 귀금속이다. 만약 루테늄과 팔라듐을 아주 균일한 합금 형태로 뒤섞는다면 어떻게 될까? 혹시나 했던 것처럼 로듐이 보이던 촉매 특성이 나올 수 있다. '유사^{pseudo}' 로듐이라 불리는 합금 나노물질의 발견은 주기율표를 들여다봐야 할 이유를 다시금 던져줬으며, 기능의 재현과 조절과 더불어 경제성과 현실성이라는 새로운 요건마저 만족시킬 수 있는 단서가 되었다.[9]

아몬드가 들어 있는 초코볼의 겉과 속은 서로 다른 두 가지로 구분된다. 이처럼 가운데 박힌 핵^{core}과 겉을 감싼 껍질^{shell}로 이루어진 구조를 코어셸$^{core-shell}$이라고 한다. 코어셸 구조의 나노물질은 두 종류의 특성이 함께 발현되지만, 촉매로 사용하는 데는 제한점이 있다. 촉매 화학 반응은 물질의 표면을 매개체로 진행되는 만큼, 아몬드 초코볼을 입에 넣었을 때 처음에는 속에 틀어박힌 아몬드 대신 바깥쪽 초콜릿의 달콤함만 느껴지는 현상과 마찬가지로 생각할 수 있다. 그렇다면 굳이 두 물질이 구분되어 깔끔하게 감싸인 코어셸 구조를 만들어야 할 필요가 있을까? 모든 작용이 표면과의 접촉으로 이루어지는 것은 아니다. 자력에 의해 끌려오는 자성 나노입자가 코어를 구성한다면 사용한 나노 촉매를 회수하는 작업이 아주 간단해진다. 그리고 코어에 금이나 은, 알루미늄을 비롯한 플라스몬 나노입자가 박혀 있다면 빛을 쪼여 에너지를 제공해 촉매 반응을 더 가속하거나 새로운 형태의 반응 경로를 추가할 수 있다.[10, 11]

양파처럼 여러 겹의 껍질을 차곡차곡 쌓는 방식도 흥미롭지만, 현재 가장 많이 주목받기 시작한 분야는 '고엔트로피 합금high-entropy alloy, HEA'이다. 물리와 화학에서 자주 등장하는 엔트로피는 존재하지만 일로 변환될 수 없는 에너지로 이야기되곤 한다. 깃털로 가득한 바닥에 발을 디딜 때 필연적으로 깃털은 에너지를 받아 주위로 흩날리는 방식으로 일하게 된다. 무한에 가까운 속도로 다가가 아주 천천히 살짝 딛는다면 흩날리지 않겠지만, 제자리에서 작은 또는 보이지 않을 정도의 진동이나 움직임을 만들 수도 있다. 우리가 온도, 압력, 열량, 엔트로피 등의 여러 요소를 이용해 원자나 분자의 거동과 상태를 설명하는 이유가 여기 있다. 하지만 이보다 직관적이고 친숙한 엔트로피의 설명은 '무질서'한 정도로 요약된다.

여러 요소가 무질서하게 뒤섞인 상태는 엔트로피가 높을 것이고, 반대로 정확히 종류별로 영역을 구분해 질서 잡힌 상태는 엔트로피가 낮다고 표현할 수 있다. 이 여러 요소는 화학의 영역에서 원자나 분자 같은 물질의 단위로 연결된다. 여러 종류의 원소로 이루

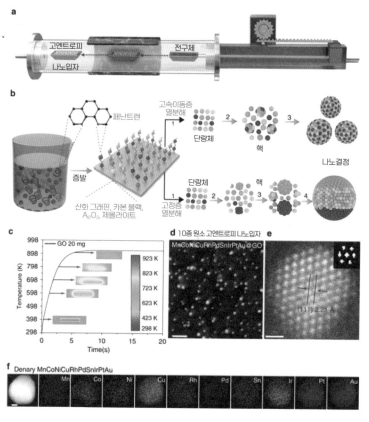

a

고엔트로피
나노입자
전구체

b

페난트렌
증발
산화 그래핀, 카본 블랙,
Al₂O₃, 제올라이트

고속이동층
열분해
단량체
핵
나노결정

고정층
열분해
단량체
핵

c

998
898
798
698
598
498
398
298

GO 20 mg

923 K
823 K
723 K
623 K
423 K
298 K

Temperature (K)

0 5 10 15 20
Time(s)

d 10종 원소 고엔트로피 나노입자
MnCoNiCuRhPdSnIrPtAu@GO

e

(111) 2.21 Å

f Denary MnCoNiCuRhPdSnIrPtAu

Mn Co Ni Cu Rh Pd Sn Ir Pt Au

[그림 8-4] 고엔트로피 합금 나노입자를 만드는 방법 다섯 종류 이상의 원소가 균일하게 뒤섞인 물질이 고엔트로피 합금이다.(출처: S. Gao et al., Nature Communications, 2020)

어진 합금, 그것도 다섯 종류 이상의 원소가 균일하게 뒤섞인 물질을 고엔트로피 합금으로 정의한다. 단순히 눈으로 바라보거나 간단한 분석에서 적당히 금속들이 섞인 수준을 의미한다면 무질서가 강조되는 고엔트로피라는 표현을 사용하지 않았을 것이다.

나노 촉매의 무한한 가능성

금속은 수많은 원자가 연결되어 만들어진 물질로, 늘어나거나 휘어지기도 하며, 원자들이 공공재처럼 자유롭게 사용하는 전자들로 인해 전기와 열을 빠르게 전달한다. 이 때문에 간혹 금속은 원자들이 차곡차곡 자신의 자리에 쌓이는 대신 모든 공간을 활용해 연결되어 있으리라 생각되기도 하지만, 금속 원자들도 정해진 결정성이 있다. 거대한 규모를 구성하는 결정을 모두 그리거나 표현하는 것은 사실상 불가능에 가까운 무의미한 반복 작업에 도전하는 것과 같다. 결정성이라는 특성상 특정한 작은 단위가 모든 방향으로 반복되어 나열될 것이며, 우리는 이 기본 단위를 결정격자$^{unit\ cell}$라고 부른다.

가장 간단한 결정격자는 여덟 개의 꼭짓점을 갖고 모두 같은 거리만큼 상하좌우로 나열된 정육면체 모양이다. 가장 기본적인 구조인 만큼 이보다 촘촘하고 밀접하게 원자들이 배열된 다른 구조들이 오히려 더욱 흔하다. '단순 입방 결정$^{simple\ cubic\ crystal}$'이라는 정육면체의 각 꼭짓점에 원자가 자리한 금속은 매우 강력한 방사선을 내뿜어서 사용할 수 없는, 최악의 방사성 중금속인 폴로늄이 유일하다. 단순 입방 결정에서 원자를 더 끼워 넣는다면 가능한 공간이 두 곳 있다. 첫 번째는 정육면체의 정중앙 공간에 배치하는 것이며, 두 번째는 정육면체의 여섯 면 중앙 공간에 각각 끼워 넣는 것이다. 중앙의 경우를 '체심 입방$^{body-centered\ cubic}$', 면의 경우를 '면심 입방$^{face-centered\ cubic}$'으로 구분한다. 꽤 많은 금속이 여기에 해당하는

나노화학

데, 체심 입방에는 철, 텅스텐, 크로뮴, 타이타늄 등이, 면심 입방에
는 구리, 은, 금, 백금 등이 속한다. 결정 구조는 이 외에도 정육면체
를 벗어나 다양한 형태로 분류된다. 고엔트로피 합금은 이러한 결
정 구조 수준에서의 무질서함을 의미한다. 단순 입방 결정의 각 꼭
짓점, 총 8개의 자리에 서로 다른 금속 원소가 이웃하거나 자리한
다. 당연히 원자의 크기나 결정을 이루는 온도 등 금속의 상이 분리
되지 않고 무질서하게 뒤섞이기 위해 고려해야 할 요소가 많다. 그
런데도 고엔트로피 합금 나노물질이 커다란 관심을 받는 것은 우
리가 나노 세계와의 첫 만남에서 느꼈고 지금도 기대하는 예상할
수 없음에 있다.

　가장 유력한 미래 에너지원인 물을 분해해서 수소를 만들어내는
작업은 촉매로 완성된다. 정확히는 촉매 없이는 경제성 있는 수소
를 생산할 수 없다. 지금까지 발견되어 사용 중인 촉매 중에서는 백
금이 가장 뛰어난 효율을 보인다. 하지만 백금은 귀금속의 일종인
만큼 비용이 문제가 된다. 백금을 덜 사용하거나 백금이 아닌데도
능가하는 효율을 보이는 촉매를 찾아내는 것이 오늘날 화학 연구
분야의 거대한 흐름 중 하나다. 고엔트로피 합금은 이 두 가지 개선
전략과 일치한다. 대표적으로 니켈, 코발트, 철, 백금, 로듐의 다섯
원소가 무질서하게 뒤섞인 아주 작은 나노입자는 순수한 기존 백
금 촉매보다 41.8배나 뛰어난 효율을 갖는다는 연구 결과가 있다.[12]
고엔트로피 합금은 가장 최근의 연구 분야이며, 뛰어난 효율을 갖
는 조합과 예상하지 못한 효과를 발견하는 것, 그리고 얼마나 많은
종류의 원소를 한 덩어리로 뒤섞을 수 있는가 하는 도전으로 달려

가고 있다.

　에너지나 탄소 결합의 형성을 예로 들었지만, 나노 촉매는 사실상 모든 촉매 반응에 적용될 수 있다. 유독성 기체인 일산화 탄소를 무해하게 바꾸거나, 온실 효과로 지구 온난화를 가속하는 공기 속 이산화 탄소로 연료를 만들고, 낮은 등급의 연료를 화학 반응으로 변환시켜 높은 등급으로 바꾸는 등 나노 촉매의 가능성은 무한하다. 자연스레 궁금증은 다음으로 넘어간다. 시험관 속에서 화학 반응을 가속하는 촉매가 생체 내에서는 효소로 구분되듯, 나노 촉매도 나노 효소로 불릴 만한 의미와 자격이 있을까?

나노자임과
생명의 미래

특정한 화학 반응에서 성능을 보이는 촉매도 특별하지만, 정교한 조절이 필요한 생체 시스템에서 이루어진 효소는 그 정도가 더욱 엄격하다. 생체의 여러 작용은 뇌하수체에서 지시되는 호르몬이나 신경 신호 전달, 특정한 관련 화학물질의 양에 따라 연쇄적으로 조절되는 되먹임feedback을 비롯한 복합적인 과정으로 이루어진다. 단순히 화학물질을 산화시키려는 가장 일반적인 반응에도 온도와 더불어 환경의 산성도 적합성, 활성화될 수 있도록 효소의 형태를 만들어주기 위한 주위 물질들, 방아쇠처럼 효소 반응이 진행될 수 있도록 돕는 비타민이나 금속 이온까지 고려해야 할 사항이 많다.

언제나 하나의 유용하고도 복잡한 발견이 이루어지면 두 가지 방향으로 대처하게 된다. 첫째는 알려진 모든 내용을 완벽히 적용하는 방식으로 이전에는 한계라고 느끼던 부분까지 새롭게 도전하는 진보성이고, 두 번째는 조금은 간략하고 범용적인 방식을 찾아내 확인된 기능을 다양한 분야에서 이차적으로 활용할 수 있도록 만드는 확대성이다.

나노물질로 이루어진 효소는 확대성과 기능성에 무게를 둔 최근의 연구 분야다. 작은 나노물질이 사용되었음을 의미하는 'nano'와 효소enzyme를 모사하기 위한 활용이라는 의미를 결합해 '나노자임nanozyme' 또는 '인공효소artificial enzyme'라 이름 지어졌다. 나노자임의 목적은 생체에서 관찰되는 효소의 기능을 할 수 있는 물질을 시험관 속에서 찾아내 다시금 활용하는 것이다.

생체 효소를 모방한 나노자임

최초의 나노자임은 언제나처럼 가장 간단하고 흔한 나노물질에서 시작되었다. 바로 쇳가루라 이야기할 수도 있을 산화 철 나노입자다. 철은 몸속에서도 산소를 옮기는 적혈구 속 헴 분자의 정중앙에 당당히 결합해 있다. 심지어 금속 상태의 철도 아닌 물에 잘 녹을 수 있으며 안정한 2+의 산화수를 갖는 형태다. 철이 없으면 적혈구가 산소를 옮길 수 없으니 몸속에 철분이 부족하면 빈혈을 비롯한 이상 현상이 급격히 발생하는 것도 이상한 일이 아니다.

혹시 상처가 생겨 피가 배어나 소독해본 경험이 있다면, 그것도 붉은색의 포비돈-아이오딘 팅크처가 아니라 고전적인 방식으로 약 3%의 과산화 수소수를 발라본 적이 있다면 철의 작용을 이해할 수 있다. 핏속의 철은 과산화 수소를 빠르게 분해해 물과 산소로 바꾼다. 철이라는 촉매는 에너지 장벽을 에돌아 화학 반응 속도를 매우 빠르게 만든다. 과산화 수소는 피와 접촉하자마자 끓어오르는 듯한 모습으로 거품이 퍼져나간다. 물론 철이 없어도 과산화 수소는 천천히 물과 산소로 바뀐다. 자발적으로 분해되는데도 과산화 수소를 사용할 수 있는 것은 화학 반응이 에너지 장벽을 넘어서기 힘들도록 그늘지고 시원한(또는 차가운) 곳에 보관하면 상당 부분 억제할 수 있기 때문이다. 실제로 농도가 30%나 되는 과산화 수소도 냉장 보관하면 여러 달 이상 분해 없이 온전한 상태를 유지할 수 있다.

철이 과산화 수소를 분해하는 유일한 촉매이자 무기물은 아니다. 산화 철 나노입자의 이런 화학 반응은 '카탈레이스catalase, CAT'라는 효소가 하는 작용과 똑같다. 감자 조각을 과산화 수소에 넣어도 감자 속의 카탈레이스에 의해 발생하는 산소가 공기 방울의 형태로 확인된다. 가장 큰 차이점이라면 감자에 열을 가해 익혔을 때는 카탈레이스를 비롯한 생체 효소 모두가 변성되어 더는 과산화 수소를 분해할 수 없다. 반면 몇천 도의 열이 가해지지 않는 한 녹거나 변질하지 않는 금속 원소인 철은 높은 온도에서도 촉매로 작용한다. 오히려 효율이 더욱 높아지기도 한다. 온도가 높으면 반응물의 초기 에너지가 높으므로 촉매 없이 처음부터 존재하던 에너지의 장벽을 뛰어넘기 편하다. 온도가 10℃ 높아질수록 일반적으로 화학 반응 속도가 2배가량 빨라진다는 사실을 고려한다면 일정한 작동 및 유지 한계 온도가 필요한 생체 효소에 비해 원하는 만큼 빠르게 계속해서 가속할 수 있는 나노자임이 편리하기도 하다.

나노자임은 효소처럼 정교한 3차원 구조이고, 구조에 들어맞는 기질에 대해서만 작용하지 않는다는 사실을 유념해야 한다. 표면의

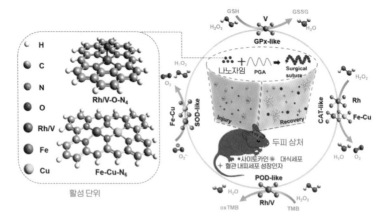

[그림 8-5] 나노자임의 개발 생체 효소보다 뛰어난 촉매 활성을 갖는 단일 원자 나노자임.(출처: S. Zhang et al., Nature Communications, 2022)

원소와 노출된 작용기, 형태가 관여할 수 있다면, 그리고 원소의 특성과 맞물린다면 여러 종류의 촉매 기능이 동시에 나타날 수도 있다. 산화 철 나노입자는 카탈레이스로 작용할 수도 있지만, 과산화수소를 활성산소의 일종인 수산화 라디칼$^{hydroxy radical, HO·}$로 쪼개는 '과산화 효소$^{peroxidase, POD}$' 기능이 더 활발하다. 화학 결합은 원자들 간에 +와 −의 정전기적인 인력에 의해 이루어지거나, 둘 사이의 공간에 있는 전자를 공유함으로써 만들어진다. 공유는 일방적으로 이루어질 수 없는 만큼, 하나의 결합을 만들기 위해 각 원자는 전자를 하나씩 공유한다. 두 개의 전자가 하나의 화학 결합과 같은 것이다. 라디칼은 전자가 쌍을 이루지 못하고 홀로 존재하는 물질이다. 자연스레 모자란 전자를 채워 온전한 형태를 갖추고 싶어질 테니, 전자를 여유 있게 가지고 있는 주위의 다른 물질에서 강제로 빼앗으려는 성격이 강하다.

나노화학

이번에는 라디칼에 전자를 빼앗긴 물질이 도리어 결핍되고 불안정한 상황에 놓이게 되어 또 다른 주위 물질에서 전자를 빼앗거나 의도치 않은 방식으로 서로 연결되고 뒤엉킨다. 몸속에서 라디칼이 발생한다면 직접적인 문제가 된다. 인체에는 활성산소를 제거하고 감내하는 기능이 여럿 포함되어 있지만, 자외선에 노출되는 등 높은 에너지 환경에 놓이면 많은 양의 라디칼이 생성되며 무분별하게 몸속 중요한 물질들을 파괴한다. 특히 DNA에 작용하면 기능 오류나 변이가 발생하기도 하고 종양이라는 무서운 결말로 향한다. 자외선에 오래 노출되면 피부암이 발생하는 것이 이 과정의 결과다.

라디칼을 무조건 해롭고 불필요한 것으로 단언할 수도 없다. 산업 측면에서는 가장 유용한 발명 중 하나인 섬유나 플라스틱 등 고분자 물질을 만드는 데 라디칼을 이용하기도 하며, 인체 및 환경 독성을 갖는 유기물질을 분해하고 독성을 제거하는 데 쓰이기도 한다. 몸속에서도 원하는 위치에서 특정한 시점에만 라디칼을 만들어낼 수 있다면 빛을 이용해 라디칼로 치료를 완성했던 광역학 치료와 마찬가지로 종양 세포만 제거하는 데 사용되기도 한다. 몸속 특정한 곳으로 전달 및 축적할 수 있는 나노물질이 인공효소 기능을 갖는다면 위험성이 유용함으로 바뀌게 된다.

몸속에서 과산화 수소나 활성산소 라디칼이 생겨나는 것은 자연적인 측면도 있다. 대사 과정을 통해 에너지를 만드는 주체인 미토콘드리아는 그 과정에서 산소를 물과 초과산화물$^{superoxide, O_2^-}$이라는 또 다른 산소 라디칼을 만들어낸다. 초과산화물의 제거와 안전 확보도 효소로 달성된다. '초과산화물 불균등화효소$^{superoxide\ dismutase,}$

SOD'라는 이름의 효소가 작동하려면 금속이 필요하다. 효소의 정밀함과 특이성이 드러나는 부분인데, 망가니즈와 결합한 SOD는 의도대로 초과산화물을 산소와 과산화 수소로 분해한다. 항산화 기능의 효소다. 물론 발생한 과산화 수소는 조금 전 이야기했던 카탈레이스에 의해 산소와 물로 분해된다. 자체 보호를 위한 모든 과정은 망가니즈가 부족해지면 반대로 흘러간다. 망가니즈가 부족하며 대신 철이 풍부해져 같은 SOD에 대신 결합하는 순간 항산화antioxidant가 아닌 산화 촉진제pro-oxidant로 작동하기 시작한다. 산화 철 나노자임은 과산화 효소로 기능이 바뀐 것이다.[13]

광역학 치료의 한계를 넘어서다

몸의 70%라는 물에도, 생체 분자와 단백질을 이루는 아미노산에도, 유전자와 세포를 구성하는 인산에도 산소가 포함되어 있다. 자연스레 물이나 산소와 관련된 효소의 종류도 다양하다. POD와 CAT, SOD 모두 과산화 수소나 초과산화물을 분해해 산소와 물 등을 만든다. 반대로 산소를 과산화 수소로 바꾸는 능력은 필요하지 않아서 없는 것일까? 예상되는 질문의 의도처럼 과산화 수소 역시 몸속에서 쓸모 있는 순간이 있다. 가장 대표적으로 피부나 조직에 상처가 생겨 회복해야 할 때 과산화 수소나 활성산소의 자극에 따라 더욱 빠르게 재생이 진행된다. 산소를 이용해 과산화 수소를 만드는 효소는 '산화 효소oxidase, OXD'로 불리며, 그중 네 종류의 효소는 산소나 물을 대상으로 연결되어 있어 불필요한 물질을 줄이거나 필요한 화합물을 발생시키는 데 관여할 수 있다.

호흡에 사용되는 기체인 산소와 높은 에너지와 반응성을 갖는 활성산소가 나노자임을 이용해 인위적으로 발생을 조절하려는 가장 큰 목표다. 몸속에 작은 나노물질을 투여하는 경우는 지속적인 건강의 관리와 유지보다는 문제 요소를 찾아내 제거하는 치료의 목적이 크다. 원하는 시점에 몸속에서 활성산소를 급격히 만들어내는 것은 세균이나 종양을 파괴하고 제거하기 위해서다. 항생제나 항암제에 저항성을 갖거나 내성이 생기는 등 화학 약품을 이용한 치료법은 한계가 있다. 이는 열을 이용해 생물질의 변성과 기능 정지를 강제하거나 활성산소 라디칼을 발생시켜 유전자, 미토콘드리아, 효소 등 대상의 핵심 장치를 붕괴시키는 방식으로 발전했다. 이제는 면역 치료 등 새로운 기술이 확보되었고, 기존의 치료법들과 복합적으로 적용되고 있다. 이들 중 활성산소 라디칼을 통한 치료가 가장 좁은 부위에서 파괴적인 치료를 구현할 가능성이 크다.

앞에서 반도체 나노물질이나 플라스몬 나노입자를 이용해 광역학 치료를 시도하는 방식을 소개했다. 지금에야 밝히지만, 광역학 치료는 한계가 명확하다. 빛을 사용하는 방식은 분명 다른 에너지 공급에 비해 피해가 적고 편리하지만, 제아무리 투과성이 높고 몸속 물질들과의 교란이 적은 적외선을 사용한다 해도 깊숙한 부위까지 다다르기는 어렵다.[14] 전달할 수만 있다면 자체적으로 무동력 효소 반응을 진행하는 나노자임의 쓰임새가 주목받는 이유가 여기 있다.

특히 빛과 나노물질 또는 실제 치료에 사용되는 광감각제를 이용해 활성산소를 생성하는 치료법은 세포나 조직 속에 녹아 있는 용존산소가 모두 소모되는 경우나 기본적으로 저산소 환경인 종양의 경우 잠시 작동한 이후에는 무용지물이 되는 한계가 있다. 최근에는 몸속 과산화 수소 농도가 높은 췌장암 등을 대상으로 나노자임을 이용해 지속해서 산소를 발생시킴으로써 저산소 환경을 개선해 근본적인 치료 효율이 높아지도록 시도하고 있다.

물과 산소와 관련된 나노자임의 이야기로 시작한 것은 인공효소의 발견이 과산화물의 분해를 촉진하는 현상에서 처음 발견되었기 때문이다. 분명한 것은 인공효소가 화학 원소 자체의 특성 또는 그들 간의 연결과 노출되는 표면의 형태로부터 유래한 현상인 만큼, 더 복잡한 반응을 끌어낼 가능성이 있어서 발굴할 가치가 충분하다는 점이다.

섭취한 단백질을 작게 잘라 흡수와 사용에 편리한 아미노산으로 만들려면 물에 의해 화학 결합이 끊어지는 '가수분해^{hydrolysis}' 과정을 거쳐야 한다. 매끈하게 끝이 마감된 두 개의 나무토막을 연결하려면 조금씩 깎아내 정확히 들어맞는 모양으로 가공해야 한다. 나무토막이라면 그 과정에서 나무 부스러기나 톱밥이 떨어져 나오겠지만, 화학물질에서는 대부분 물이 떨어져 나온다. 물 외에도 암모니아나 알코올 등 간단한 분자들이 떨어져 나오며 화학 결합이 생겨나는 반응을 '축합^{condensation}'이라 부른다.

화학 반응은 나무가 연소해 빛과 열, 재, 기체로 나뉘는 극단적인 상황 등을 제외하면 정방향과 역방향 모두가 열려 있는 가역적인 관계다(물론 연소의 결과물인 이산화 탄소와 수증기 등을 나무의 성분으로 되돌릴 수도 있다. 매우 많은 에너지와 과정이 필요하며 결과물이 처음의 나무는 아니겠지만 화학적 성분을 따라갈 수는 있을 것이다). 물이 빠져나오며 분자들이 연결되는 탈수 축합의 반대 방향이 가수분해다.

물은 흔한 물질이고 인체든 지구 표면이든 절반 이상을 차지하지만, 그렇다고 가수분해가 간단히 일어나지는 않는다. 만약 그랬다면 인간은 스스로를 구성하는 물에 의해 작은 조각으로 녹아 사라지고 말았을 것이다. 가수분해 반응도 산성도 등 몇 가지 조건이 맞아야만 에너지 장벽이 넘을 만한 수준이 되어 비로소 진행된다. 가수분해는 단백질 외에도 길고 복잡하게 만들어진 물질을 다시금 처음 조각들로 분리하는 데 쓰인다. DNA의 사슬 골격이나 호르몬 작용의 세포 내 전달 인자인 고리형 AMP 등의 생체 분자들은 인산(PO_4^{3-})을 연결고리로 사용한다. 이들을 끊어내는 효소가 '인산 가수 분해 효소^{phosphatase}'이며, 인공적으로는 금 나노입자의 겉에 아연 이온$^{Zn^{2+}}$이 달라붙은 유기물을 붙여 같은 효과를 볼 수 있다.

산화 반응을 일으키는 나노자임도 대상에 따라 종류가 세세하게 나뉜다. 포도당을 산화시키는 글루코스 옥시데이스$^{glucose\ oxidase}$, 아황산(SO_3^{2-})을 황산(SO_4^{2-})으로 산화시켜 황화물 결핍을 개선하는 설파이트 옥시데이스$^{sulfite\ oxidase}$, 페놀과 폴리페놀 물질들을 산화시키는 라케이스^{laccase} 등이 원소와 조합, 구조에 의해 만들어진다.[15]

기대되는 사실은 나노물질이 특정한 나노자임 효능을 갖게 되었다고 해서 그 이전의 모든 특성이 사라지는 것은 아니라는 점이다. 플라스몬 나노입자는 여전히 빛을 받으면 온도를 상승시켜 인공효소 반응의 속도를 높이고, 자성 나노입자는 자력 근처에서 끌려와 사용이 끝난 인공효소를 회수하고 재활용하는 데 편리하다. 반도체 나노입자도 빛을 받아 활성산소를 추가로 만들거나 몸속 위치를 발광으로 표시하는 스마트 전달체로 기능하니 전기 전자 분야 외에도 쓰임새가 더욱 높아지는 추세다.

나노화학은 인공 세포를 설계할 수 있을까

단순히 작다는 물리적인 특징에서 표면적의 광활함과 쓰임새를 찾았고, 빛이나 전기, 자력, 온도 등 환경과 자극에 반응하면서 보여준 새로운 기능은 나노화학 시대가 열리는 기폭제가 되었다. 이제 나노화학은 기술의 발달과 맞물려 인공효소나 태양광 발전, 물의 분해와 고효율 촉매 및 치료까지 모든 요구를 채워가고 있다.

다룰 만한 크기와 더불어 기능을 조절할 수 있는 물질의 확보는 어디로 이어질 수 있을까. 산업 및 응용 분야에 더 효율적이고 새로운 방식을 제공할 수 있다는 점은 충분히 의미 깊지만 흥미롭지는 않다. 같은 과정의 변혁과 진보를 우리는 수천 년간 이어왔으니 말이다. 나노의 세계가 화학의 마지막 경계선에 걸쳐 있듯, 나노물질과 화학, 기술을 통해 학문의 경계와 인간에게 허락된 영역 너머에 도전할 수 있다. 물질을 산화 환원하고, 연결하고 끊어주며, 붙이고 조립했다가 흩트린다. 호흡부터 대사, 흡수와 번식까지 생명체가 하는 모든 작용은 분자 수준에서의 화학 반응으로 설명된다. 그렇다면 이 모든 작용에 관여하고 제어할 수 있는, 하나의 세포보다도 비교할 수 없을 정도로 작은 물체를 다루게 된 화학자들은 어떤 생각이 들까. 기능하는 각각의 물질을 살아 있는 세포 같은 주머니 속에 가둬 하나로 묶어둔다면, 증식이나 번식은 어려워도 호흡하고 에너지를 만들며 특정한 물질을 생산하는 인공 세포도 설계할 수 있지 않을까.

에너지를 생산하는 미토콘드리아나 불필요한 물질을 분해하는 리소좀, 결합을 연결하고 끊는 효소의 작용까지 모든 주요 반응은 나노자임과 화학물질의 조합으로 모사할 수 있다. 자연 속에서 영감을 받아 기능을 모사하던 시도는 수많은 정보를 누적하게 해주었고, 최종적으로는 플라스크 속에서 자연의 한 조각을 만들어내는 곳에 도달하도록 허락할지도 모른다. 간혹 생명체나 생체 반응을 만들어내는 것이 창조에 대한 도전이나 윤리의 위배라고 평가되기도 한다. 하지만 우주가 탄생하고 아득한 시간이 지나 지구가 차갑게 식어 물로 뒤덮였으며, 대기 조성의 변화와 함께 아미노산과 유전물질을 거쳐 생명체가 만들어지기까지의 과정은 여전히 명확하지 않다. 수없이 많은 '잃어버린 고리^{missing link}'를 이어가며 과거로 거슬러 올라가던 우리에게 마지막으로 남은 비밀은 지구라는 광대한 화학자에 의한 물질의 진화와 생명이 탄생하는 순간이다. 여러 추론과 단서를 얻는 노력은 많은 학문 분야에서 이루어지고 있지만, 심증이 아닌 물증으로 다가가서 인간에 이르는 마지막 비밀을 찾아내는 것은 화학, 또는 나노화학에 주어진 기회이자 도전이겠다.

1장 나노 세계의 문을 열다

1 많은 매체에서 나노가 유래한 고대 그리스어 'νάνος'의 의미를 '난쟁이'로 표현하고 있다. 하지만 이 책에서는 비하적 용어로 구분되는 난쟁이의 사용을 지양했다. 난 쟁이 대신 사용할 수 있는 용어 중 비하적 의미가 없는 단어가 없어서 'νάνος'의 마 지막 의미인 '신화 속 소인'이라는 표현으로 갈음했다.

2 E. Drexler, "There's Plenty of Room at the Bottom" (Richard Feynman, Pasadena, 29 December 1959), Eric Drexler's blog: Metamodern: The Trajectory of Technology, 29 December 2009.

3 S. Padovani, D. Puzzovio, C. Sada, P. Mazzoldi, I. Borgia, A. Sgamellotti, B. G. Brunetti, L. Cartechini, F. D'Acapito, C. Maurizio, F. Shokoui, P. Oliaiy, J. Rahighi, M. Lamehi-Rachti, E. Pantos, "XARS Study of Copper and Silver Nanoparticles in Glazes of Medieval Middle-East Lustreware(10th-13th Century)", Appl. Phys. A: Mater. Sci. Process, 2006, 83(4), 521-528.

4 C. Mirguet, P. Fredrickx, P. Sciau, P. Colomban, "Origin of the Self-Organisation of Cu^0/Ag^0 Nanoparticles in Ancient Lustre Pottery. A TEM Study", Phase Transitions, 2008, 81(2-3), 253-266.

5 S. Padovani, C. Sada, P. Mazzoldi, B. Brunetti, I. Borgia, A. Sgamellotti, A. Giulivi, F. D'Acapito, G. Battaglin, "Copper in Glazes of Renaissance Luster Pottery: Nanoparticles, Ions, and Local Environment", J. Appl. Phys., 2003, 93, 10058-10063.

6 F. Montanarella, M. V. Kovalenko, "Three Millennia of Nanocrystals", ACS Nano, 2022, 16(4), 5085-5102.

7 M. Verità, P. Santopadre, "Analysis of Gold-Colored Ruby Glass Tesserae in Roman Church Mosaics of the Fourth to 12th Centuries", J. Glass Stud., 2010, 52, 11 -24.

8 D. J. Barber, I. C. Freestone, "An Investigation of the Origin of the Colour of the Lycurgus Cup by Analytical Transmission Electron Microscopy", Archaeometry, 1990,

32(1), 33 – 45.

9   T. K. Bhowmick, A. K. Suresh, S. G. Kane, A. C. Joshi, J. R. Bellare, "Physicochemical Characterization of an Indian Traditional Medicine, Jasada Bhasma: Detection of Nanoparticles Containing Non-Stoichiometric Zinc Oxide", J. Nanopart. Res., 2009, 11(3), 655 – 664.

10 C. L. Brown, G. Bushell, M. W. Whitehouse, D. Agrawal, S. Tupe, K. Paknikar, E. R. Tiekink, "Nanogold-pharmaceutics", Gold Bulletin, 2007, 40(3), 245 – 250.

11 D. J. Barillo, D. E. Marx, "Silver in Medicine: A Brief History BC 335 to Present", Burns, 2014, 40(S1), S3 – S8.

12 F. Pascalis, "Gold Employed to Cure Syphilis and Other Diseases of the Lymphatic System", *The Medical Repository of Original Essays and Intelligence, Relative to Physic, Surgery, Chemistry, and Natural History (1800-1824)*: New York, 1811, 197(3).

13 T. G. Benedek, "The History of Gold Therapy for Tuberculosis", J. Hist. Med. Allied Sci., 2004, 59(1), 50-89.

2장 전자로 나노입자를 들여다보다

1   D. Konstan, "Atomism and Its Heritage: Minimal Parts", Anc. Philos., 1982, 2, 60-75.

2   K. Hentschel, "Atomic Models, J. J. Thomson's "Plum Pudding" Model", In: D. Greenberger, K. Hentschel, F. Weinert ed., *Compendium of Quantum Physics*, Berlin, Heidelberg. DOI:https://doi.org/10.1007/978-3-540-70626-7_9

3   E. Rutherford, "The Scattering of α and β Particles by Matter and the Structure of the Atom", Philos. Mag., 1911, 6(21), 669-688.

4   H. Geiger, E. Marsden, "The Laws of Deflexion of α Particles through Large Angles", Lond. Edinb. Dublin Philos. Mag. J. Sci., 1913, 25(148), 604-623.

5   H. Nagaoka, "Kinetics of a System of Particles Illustrating the Line and the Band Spectrum and the Phenomena of Radioactivity", Lond. Edinb. Dublin Philos. Mag. J. Sci., 1904, 6(7), 445-455.

6   N. Bohr, "On the Constitution of Atoms and Molecules", Lond. Edinb. Dublin Philos. Mag. J. Sci., 1913, 26(6), 1-25.

7   H. T. Lawless, D. A. Stevens, K. W. Chapman, A. Kurtz, "Metallic Taste from Electrical and Chemical Stimulation", Chem. Senses, 2005, 30(3), 185-194.

8   B. Teng, C. E. Wilson, Y. -H. Tu, N. R. Joshi, S. C. Kinnamon, E. R. Liman, "Cellular

and Neural Responses to Sour Stimuli Require the Proton Channel Otop1", Curr. Biol., 2019, 29(21), 3647-3656.e5.

9   레이저는 '복사 유도 방출에 의한 광증폭(Light Amplification by Stimulated Emission of Radiation)'의 줄임말로 LASER로 표기하는 것이 옳으나, 현재는 일반명사처럼 쓰이며 'Laser'로 표기된다. 레이저의 빛도 에너지를 받아 들뜬 원자 속 전자들이 안정화되며 방출하는 빛을 외부에서 쏘아주는 빛으로 유도 방출해 한 방향으로 증폭되어 나아가게 하는 원리다.

10   A. Lewis, "Rayleigh Scattering: Blue Sky Thinking for Future CMB Observations", J. Cosmol. Astropart. Phys., 2013, DOI: 10.1088/1475-7516/2013/08/053.

11   S. D. L. Mitchell, "Parameterization of the Mie Extinction and Absorption Coefficients for Water Clouds", J. Atmos. Sci., 2000, 57(9), 1311-1326.

12   형광을 검출하는 광학현미경은 수십 나노미터 이하의 분해능을 갖기도 한다. 초고해상도 형광 현미경super-resolution fluorescence microscope 기술은 2014년 노벨 화학상의 주인공이었다.

13   H. Seiler, "Secondary Electron Emission in the Scanning Electron Microscope", J. Appl. Phys., 1983, 54(11), R1.

14   J. L. Ong, L. C. Lucas, "Auger Electron Spectroscopy and Its Use for the Characterization of Titanium and Hydroxyapatite Surfaces", Biomaterials, 1998, 19(4-5), 455-464.

15   V. N. E. Robinson, "Imaging with Backscattering Electrons in a Scanning Electron Microscope", Scanning, 1980, 3, 15-26.

16   P. Burdet, S. A. Croxall, P. A. Midgley, "Enhanced Quantification for 3D SEM-EDS: Using the Full Set of Available X-Ray Lines", Ultramicroscopy, 2015, 148, 158-167.

17   B. Yao, T. Sun, A. Warren, H. Heinrich, K. Barmak, K. R. Coffey, "High Contrast Hollow-Cone Dark Field Transmission Electron Microscopy for Nanocrystalline Grain Size Quantification", Micron, 2010, 41(3), 177-182.

3장 나노물질을 만드는 법

1   Y. Wang, Y. Xia, "Bottom-Up and Top-Down Approaches to the Synthesis of Monodispersed Spherical Colloids of Low Melting-Point Metals", Nano Lett., 2004, 4(10), 2047-2050.

2   L. D. Marks, L. Peng, "Nanoparticle Shape, Thermodynamics and Kinetics", J. Phys.: Condens. Matter, 2016, 28:053001.

3 기름과 물이 만나면 생겨나는 계면에서만 화학 반응이 일어나도록 만들고 싶다면 오히려 유용한 선택지가 된다. 매우 성질이 다른 두 종류의 물질이 한정된 공간에서 만나, 너무 빠르거나 지나치지 않은 속도로 반응을 일으키고 싶을 때 주로 사용된다. 우리에게 친숙한 합성 고분자인 나일론도 두 종류 액체 사이 계면에서 일어나는 반응이다.

4 M. Faraday, "The Bakerian Lecture: Experimental Relations of Gold (and Other Metals) to Light", Philos. Trans. Royal Soc. Lond., 1857, 147, 145-181.

5 C. D. De Souza, B. R. Nogueira, M. E. C. M. Rostelato, "Review of the Methodologies Used in the Synthesis Gold Nanoparticles by Chemical Reduction", J. Alloy Compd., 2019, 798, 714-740.

6 J. Stetefeld, S. A. McKenna, T. R. Patel, "Dynamic Light Scattering: A Practical Guide and Applications in Biomedical Sciences", Biophys. Rev., 2016, 8(4), 409-427.

7 R. Mueller, L. Mädler, S. E. Pratsinis, "Nanoparticle Synthesis at High Production Rates by Flame Spray Pyrolysis" Chem. Eng. J., 2003, 58(10), 1969-1976.

8 G. -F. Han, F. Li, Z. -W. Chen, C. Coppex, S. -J. Kim, H. -J. Noh, Z. Fu, Y. Lu, C. V. Singh, S. Siahrostami, Q. Jiang, J. -B. Baek, "Mechanochemistry for Ammonia Synthesis under Mild Conditions", Nat. Nanotechnol., 2021, 16, 325-330.

9 A. Ulman, "Formation and Structure of Self-Assembled Monolayers", Chem. Rev., 1996, 96(4), 1533-1554.

10 J. J. Richardson, J. Cui, M. Björnmalm, J. A. Braunger, H. Ejima, F. Caruso, "Innovation in Layer-by-Layer Assembly", Chem. Rev., 2016, 116(23), 14828-14867.

4장 주기율표가 알려주는 나노물질의 특성

1 장홍제, 《화학 연대기》, EBS Books, 2022.

2 E. Scerri, "Trouble in the Periodic Table", Education in Chemistry, 1 January 2012.

3 흔히 e는 '자연상수'라는 이름으로 교육과정 중에 접하곤 하지만, 자연상수라는 용어는 없다. 올바른 표현은 '자연로그의 밑'이다.

4 J. Ashenhurst, "Conjugation and Color(+How Bleach Works)", Spectroscopy, 25 January, 2020.

5 L. Poncini, F. L. Wimmer, "Color Classification of Coordination Compounds", J. Chem. Educ., 1987, 64(12), 1001-1002.

6 K. Rogoff, "Costs and Benefits to Phasing out Paper Currency", NBER Macroeconomics

Annual, 2015, 29(1), 445-456.

7 E. Petryayeva, U. J. Krull, "Localized Surface Plasmon Resonance: Nanostructures, Bioassays and Biosensing - A Review", Anal. Chim. Acta, 2011, 706(1), 8-24.

8 E. C. Dreaden, A. M. Alkilany, X. Huang, C. J. Murphy, M. A. El-Sayed, "The Golden Age of Gold Nanoparticles for Biomedicine", Chem. Soc. Rev., 2012, 41, 2740-2779.

9 X. -B. Li, C. -H. Tung, L, -Z. Wu, "Semiconducting Quantum Dots for Artificial Photosynthesis", Nat. Rev. Chem., 2018, 2, 160-173.

10 정확히 자철석은 페리자성ferrimagnetism으로 아주 작은 영역들이 정렬되어 자성이 나타나는 형태이며, 강자성은 철, 니켈, 코발트 같은 원소에서 관찰되는 매우 강한 영구 자석 효과를 뜻한다. 네오디뮴 자석의 경우 철, 붕소와 혼합되어 자성을 크게 강화할 수 있어 대표적인 강한 소형 자석으로 사용된다.

11 S. Wen, J. Zhou, K. Zheng, A. Bednarkiewicz, X. Liu, D. Jin, "Advances in Highly Doped Upconversion Nanoparticles", Nat. Commun., 2018, 9:2415.

12 Y. Qin, Z. Dong, D. Zhou, Y. Yang, X. Xu, J. Qui, "Modification on Population Paths of β-NaYF₄:Nd/Yb/Ho@SiO₂@Ag Core/Double-Shell Nanocomposites with Plasmon Enhanced Upconversion Emission", Opt. Mater. Exp., 2016, 6(6), 1942-1955.

5장 나노로봇, 우리 몸을 치료하다

1 D. P. Sierra, N. A. Weir, J. F. Jones, "A Review of Research in the Field of Nanorobotics", U.S. Department of Energy - Office of Scientific and Technical Information Oak Ridge, RN. SAND2005-6808, 1-50.

2 A. P. Usher, A History of Mechanical Inventions, USA: Courier Dover Publications, 1988. ISBN 978-0-486-25593-4

3 E. Schrödinger, What Is Life?: The Physical Aspect of the Living Cell, Cambridge University Press, 1944. ISBN 0-521-42708-8

4 A. M. Vargason, A. C. Anselmo, S. Mitragotri, "The Evolution of Commercial Drug Delivery Technologies", Nat. Biomed. Eng., 2021, 5, 951-967.

5 N. Parker, M. J. Turk, E. Westrick, J. D. Lewis, P. S. Low, C. P. Leamon, "Folate Receptor Expression in Carcinomas and Normal Tissues Determined by a Quantitative Radioligand Binding Assay", Anal. Biochem., 2005, 338(2), 284-293.

6 N. Amreddy, A. Babu, R. Muralidharan, J. Panneerselvam, A. Srivastava, R. Ahmed, M. Mehta, A. Munshi, R. Ramesh, "Recent Advances in Nanoparticle-Based Cancer Drug

and Gene Delivery", Adv. Cancer Res., 2018, 137, 115-170.

7   L. M. Lima, B. N. M. da Silva, G. Barbosa, E. J. Barreiro, "β-Lactam Antibiotics: An Overview from a Medicinal Chemistry Perspective", Eur. J. Med. Chem., 2020, 208:112829.

8   P. D. Hsu, E. S. Lander, F. Zhang, "Development and Applications of CRISPR-Cas9 for Genome Engineering", Cell, 2014, 157(6), 1262-1278.

9   D. Jaque, L. Martínez Maestro, B. del Rosal, P. Haro-Gonzalez, A. Benayas, J. L. Plaza, E. Martín Rodríguez, J. García Solé, "Nanoparticles for Photothermal Therapies", Nanoscale, 2014, 6(16), 9494-9530.

10 S. S. Lucky, K. C. Soo, Y. Zhang, "Nanoparticle in Photodynamic Therapy", Chem. Rev., 2015, 115(4), 1990-2042.

11 M. R. Bernsen, J. Guenoun, S. T. Van Tiel, G. P. Krestin, "Nanoparticles and clinically applicable cell tracking", Br. J. Radiol. 2015, 88: 20150375.

12 N. Aslan, B. Ceylan, M. M. Koç, F. Findik, "Metallic Nanoparticles as X-Ray Computed Tomography (CT) Contrast Agents: A Review", J. Mol. Struct., 2020, 1219:128599.

13 L. Du, H. Qin, T. Ma, T. Zhang, D. Xing, "In Vivo Imaging-Guided Photothermal/ Photoacoustic Synergistic Therapy with Bioorthogonal Metabolic Glycoengineering- Activated Tumor Targeting Nanoparticles", ACS Nano, 2017, 11(9), 8930-8943.

6장 나노 판화와 디스플레이가 펼치는 이미지

1   J. Gorman, "Photography at a Crossroads: In this digital era, the future of historical photos is at stake", Science News, 2002, 162(21), 331-333.

2   레이아웃 과정에서 해상도의 문제를 해결하는 방식으로 '광학 근접 보정optical proximity correction, OPC'이라 부른다. 빛의 산란이나 회절로 인해 직사각형 등의 꼭 짓점이나 모서리의 패턴이 선명하게 새겨지지 않고 둥글게 나타나는 현상을 보정 하려고 패턴의 형태를 인위적으로 설계한다. 만약 보정이 없다면 전자기기의 제조 과정에서 전류량이나 저항이 실제 값보다 작아져 문제가 발생한다.

3   에너지와 빛의 파장의 관계는 E=hc/λ(에너지 E, 플랑크상수 h(= 6.6261×10⁻³⁴J · s), 광속 c(= 2.9979×10⁸m/s), 파장 λ)로 표현되며, 주석의 92eV는 13.4765nm에 해당한다.

4   Y. Zhang, J. Haitjema, S. Castellanos, O. Lugier, N. Sedegh, R. Ovsyannikov, E. Giangrisostomi, F. O. L. Johansson, E. Berggren, A. Lindblad, A. M. Brouwer, "Extreme

Ultraviolet Photoemission of a Tin-Based Photoresist", Appl. Phys. Lett., 2021, 118:171903.

5 D. Qin, Y. XIa, G. M. Whitesides, "Soft Lithography for Micro- and Nanoscale Patterning", Nat. Protoc., 2010, 5, 491-502.

6 A. Ulman, "Formation and Structure of Self-Assembled Monolayers", Chem. Rev., 1996, 96(4), 1533-1554.

7 금은 청산이라고도 불리는 사이안화음이온(CN⁻)에 의해 녹으며, 은은 암모니아수 (NH₃)나 질산(HNO₃)에 녹는다. 유리는 높은 내산성을 갖지만 유일하게 '불산'이라 고도 불리는 플루오린화수소산(HF)에 녹는다.

8 Y. Yao, Z. Huang, P. Xie, S. D. Lacey, R. J. Jacob, H. Xie, F. Chen, A. Nie, T. Pu, M. Rehwoldt, D. Yu, M. R. Zachariah, C. Wang, R. Shahbazian-Yassar, J. Li, L. Hu, "Carbothermal Shock Synthesis of High-Entropy-Alloy Nanoparticles", Science, 2018, 359(6383), 1489-1494.

9 R. D. Piner, J. Zhu, F. Xu, S. Hong, C. A. Mirkin, "Dip-Pen Nanolithography", Science, 1999, 283(5402), 661-663.

10 Z. Weng, S. C. Dixon, L. Y. Lee, C. J. Humphreys, I. Guiney, O. Fenwick, W. P. Gillin, "Wafer-Scale Graphene Anodes Replace Indium Tin Oxide in Organic Light-Emitting Diodes", Adv. Opt. Mater., 2022, 10(3): 2101675.

11 접미사 '-ene'은 이중결합을 포함하는 유기화합물의 명명에 사용된다. 이중결합 이 존재하는 탄소는 평면구조를 가지므로 평면구조의 나노물질에 이름을 붙일 때 결합과 무관하게 '-ene'을 사용한다. 과거에는 이를 엔ᵉⁿ이라 발음했지만, 현재는 영어식 발음을 따라 인ⁱːⁿ을 채용한다.

12 K. A. Lozovoy, I. I. Izhnin, A. P. Kokhanenko, V. V. Dirko, V. P. Vinarskiy, A. V. Voitsekhovskii, O. I. Fitsych, N. Y. Akimenko, "Single-Element 2D Materials beyond Grephene: Methods of Epitaxial Synthesis", Nanomaterials, 2022, 12(13): 2221.

13 준금속 또는 반금속은 열이나 전기를 전달할 수 있는 자유전자가 있지만 금속보다 는 밀도가 훨씬 작은 물질들을 의미한다. 비금속처럼 절연체로 작용하지는 않지만, 전도성 자체는 금속보다 떨어진다.

7장 환경을 지키고 에너지를 만드는 나노기술

1 Y. A. Kozlovsky, *The Superdeep Well of the Kola Peninsula*, 1987, Springer Verlag, Berlin, p. 558.

2 I. S. Yunus, Harwin, A. Kurniawan, D. Adityawarman, A. Indarto, "Nanotechnologies in Water and Air Pollution Treatment", Environ. Technol. Rev., 2012, 1(1), 136-148.

3 Q. Zhai, A. Narbad, W. Chen, "Dietary Strategies for the Treatment of Cadmium and Lead Toxicity", Nutrients, 2015, 7(1), 552-571.

4 A. Weir, P. Westerhoff, L. Fabricius, K. Hristovski, N. von Goetz, "Titanium Dioxide Nanoparticles in Food and Personal Care Products", Environ. Sci. Technol., 2012, 46(4), 2242-2250.

5 D. Malara, C. Mielke, M. Oelgemöller, M. O. Senge, K. Heimann, "Sustainable Water Treatment in Aquaculture — Photolysis and Photodynamic Therapy for the Inactivation of *Vibrio* Species", Aquac. Res., 2017, 48(6), 2954-2962.

6 Y. Lin, H. Xu, X. Shan, Y. Di, A. Zhao, Y. Hu, Z. Gan, "Solar Steam Generation Based on the Photothermal Effect: From Design to Applications, and Beyond", J. Mater. Chem. A, 2019, 7, 19203-19227.

7 C. Wu, A. C. Wang, W. Ding, H. Guo, Z. L. Wang, "Triboelectric Nanogenerator: A Foundation of the Energy for the New Era", Adv. Energy mater., 2019, 9(1): 1802906.

8 R. Zhang, H. Olin, "Material Choices for Triboelectric Nanogenerators: A Critical Review", EcoMat., 2020, 2(4): e12062.

9 J. Briscoe, S. Dunn, "Piezoelectric Nanogenerators — A Review of Nanostructured Piezoelectric Energy Harvesters", Nano Energy, 2015, 14, 15-29.

10 R. Feng, F. Tang, N. Zhang, X. Wang, "Flexible, High-Power Density, Wearable Thermoelectric Nanogenerator and Self-Powered Temperature Sensor", ACS Appl. Mater. Interfaces, 2019, 11(42), 38616-38624.

11 H. Ryu, S. -W. Kim, "Emerging Pyroelectric Nanogenerators to Convert Thermal Energy into Electrical Energy", Small, 2021, 17(9): 1903469.

12 J. Luo, S. Zhang, M. Sun, L. Yang, S. Luo, J. C. Crittenden, "A Critical Review on Energy Conversion and Environmental Remediation of Photocatalysts with Remodeling Crystal Lattice, Surface, and Interface", ACS Nano, 2019, 13(9), 9811-9840.

13 Y. Dou, D. Tian, Z. Sun, Q. Liu, N. Zhang, J. H. Kim, L. Jiang, S. X. Dou, "Fish Gill Inspired Crossflow for Efficient and Continuous Collection of Spilled Oil", ACS Nano, 2017, 11(3), 2477-2485.

1 K. Hendrik, R. Rousenhorst, P. M. Krzywda, N. E. Benes, G. Mul, L. Lefferts, "Chapter 4: Ammonia Production Technologies", *Techno-Economic Challenges of Green Ammonia as Energy Vector*, Elsevier, 2021, 41-83. ISBN: 978-0-12-820560-0

2 L. Stryer, J. Berg, J. Tymoczko, G. Gatto, *Biochemistry*, 9th ed., W. H. Freeman & Co Ltd., 2019. ISBN: 978-1-31-911465-7

3 A. S. Sharma, H. Kaur, D. Shah, "Selective Oxidation of Alcohols by Supported Gold Nanoparticles: Recent Advances", RSC Adv., 2016, 34, 28688-28727.

4 그리냐르 시약에 플루오린은 사용되지 않는다. 마찬가지로 아스타틴은 자연에 가장 적게 존재하는 원소인 만큼 사용할 수 없으며 테네신^{Ts}은 0.08초의 반감기를 가져 붕괴하므로 사용할 수 없다.

5 A. Remmel, "Why Chemists Can't Quit Palladium", *Nature*, 2022, 606, 448-451.

6 Z. Novák, R. Adamik, J. T. Csenki, F. Béke, R. Gavaldik, B. Varga, B. Nagy, Z. May, J. Daru, Z. Gonda, G. L. Tolnai, "Revisiting the Amine-Catalyzed Cross-Coupling", Nat. Catal., 2021, 4, 991-993.

7 A. Fürstner, A. Leitner, M. Méndez, H. Krause, "Iron-Catalyzed Cross-Coupling Reactions", J. Am. Chem. Soc., 2002, 124(46), 13856-13863.

8 P. J. Ellis, I. J. S. Fairlamb, S. F. J. Hackett, K. Wilson, A. F. Lee, "Evidence for the Surface-Catalyzed Suzuki-Miyaura Reaction over Palladium Nanoparticles: An Operando XAS Study", Angew. Chem. Int. ed., 2010, 49(10), 1820-1824.

9 K. Kusada, H. Kobayashi, R. Ikeda, Y. Kubota, M. Takata, S. Toh, T. Yamamoto, S. Matsumura, N. Sumi, K. Sato, K. Nagaoka, H. Kitagawa, "Solid Solution Alloy Nanoparticles of Immiscible Pd and Ru Elements Neighboring on Rh: Changeover of the Thermodynamic Behavior for Hydrogen Storage and Enhanced CO-Oxidizing Ability", J. Am. Chem. Soc., 2014, 136(5), 1864-1871.

10 A. Bayles, S. Tian, J. Zhou, L. Yuan, Y. Yuan, C. R. Jacobson, C. Farr, M. Zhang, D. F. Swearer, D. Solti, M. Lou, H. O. Everitt, P. Nordlander, N. J. Halas, "Al@TiO₂ Core-Shell Nanoparticles for Plasmonic Photocatalysis", ACS Nano, 2022, 16(4), 5839-5850.

11 G. J. Sherborne, A. G. Gevondian, I. Funes-Ardoiz, A. Dahiya, C. Fricke, F. Schoenebeck, "Modular and Selective Arylation of Aryl Germanes (C-GeEt₃) over C-Bpin, C-SiR₃ and Halogens Enabled by Light-Activated Gold Catalysis", Angew. Chem. Int. ed., 2020, 59(36), 15543-15548.

12 G. Feng, F. Ning, J. Song, H. Shang, K. Zhang, Z. Ding, P. Gao, W. Chu, D. Xia, "Sub-2 nm Ultrasmall High-Entropy Alloy Nanoparticles for Extremely Superior Electrocatalytic Hydrogen Evolution", J. Am. Chem. Soc., 2021, 143(41), 17117-17127.

13 D. Ganini, J. H. Santos, M. G. Bonini, R. P. Mason, "Switch of Mitochondrial Superoxide Dismutase into a Prooxidant Peroxidase in Manganese-Deficient Cells and Mice", Cell Chem. Biol., 2018, 25(4), 413.

14 적외선이 의료에 사용되는 것은 피부에 대한 자극이 적다는 특징 외에도 생체 물질에 의한 흡수가 적기 때문이다. 피부와 지방, 혈액 속 헤모글로빈에 의한 흡수가 주된 요인이며, 가장 흡수가 적은 700~900nm의 빛을 근적외선-I(near infrared I, NIR-I)라 부르며 1,000~1,400nm를 NIR-II, 1,500~1,800nm를 NIR-III로 부른다. 이들 모두 최근 의료 분야에 사용되며, NIR-II와 NIR-III는 단파적외선(SWIR)으로 묶어 설명한다.

15 D. Jiang, D. Ni, Z. T. Rosenkrans, P. Huang, X. Yan, W. Cai, "Nanozyme: New Horizons for Responsive Biomedical Applications", Chem. Soc. Rev., 2019, 48(14), 3683-3704.

나노화학

1판 1쇄 발행일 2023년 6월 5일
1판 3쇄 발행일 2024년 6월 10일

지은이 장홍제

발행인 김학원
발행처 (주)휴머니스트출판그룹
출판등록 제313-2007-000007호(2007년 1월 5일)
주소 (03991) 서울시 마포구 동교로23길 76(연남동)
전화 02-335-4422 **팩스** 02-334-3427
저자·독자 서비스 humanist@humanistbooks.com
홈페이지 www.humanistbooks.com
유튜브 youtube.com/user/humanistma **포스트** post.naver.com/hmcv
페이스북 facebook.com/hmcv2001 **인스타그램** @humanist_insta

편집주간 황서현 **기획** 전두현 **편집** 김선경 **디자인** 이수빈
용지 화인페이퍼 **인쇄** 삼조인쇄 **제본** 해피문화사

ⓒ 장홍제, 2023

ISBN 979-11-6080-698-4 03430